THE THEORY

OF MORAL SENTIMENTS

道德情操论

THE THEORY OF MORAL SENTIMENTS

〔英〕亚当·斯密◎著

尹丽丽◎译

中国文联出版社
http://www.clapnet.cn

图书在版编目（CIP）数据

道德情操论 /（英）亚当 · 斯密著；尹丽丽译. -- 北京：中国文联出版社，2016.10（2019.4重印）

（翰墨文库）

ISBN 978-7-5190-2049-1

Ⅰ. ①道… Ⅱ. ①亚… ②尹… Ⅲ. ①伦理学－思想史－英国 Ⅳ. ①B82-095.61

中国版本图书馆CIP数据核字（2016）第230301号

道德情操论

著　　者：（英）亚当 · 斯密　　译　　者：尹丽丽

出 版 人：朱　庆

终 审 人：奚耀华　　复 审 人：蒋爱民

责任编辑：陈若伟　　责任校对：郑红峰

装帧设计：余　微　　责任印制：陈　晨

出版发行：中国文联出版社

地　　址：北京市朝阳区农展馆南里 10 号，100125

电　　话：010-85923053（咨询）85923000（编务）85923020（邮购）

传　　真：010-85923000（总编室），010-85923020（发行部）

网　　址：http://www.clapnet.cn　http://www.claplus.cn

E-mail：clap@clapnet.cn　　chenrw@clapnet.cn

印　　刷：北京德富泰印务有限公司

装　　订：北京德富泰印务有限公司

法律顾问：北京市德鸿律师事务所王振勇律师

本书如有破损、缺页、装订错误，请与本社联系调换

开　　本：880 × 1230　　1/32

字　　数：216 千字　　印　　张：10

版　　次：2016 年 10 月第 1 版　　印　　次：2019 年 4 月第 4 次印刷

书　　号：ISBN 978-7-5190-2049-1

定　　价：28.00 元

译者序

众所周知，亚当·斯密是18世纪欧洲著名的经济学家，他所著的《国富论》一书，建立了“富国裕民”式的古典经济学体系，被称为“经济学之父”。但同时，斯密也是一位思想深邃的伦理学家，其主要伦理思想体现在《道德情操论》中，而书是先于《国富论》出版的。

1723年6月5日，斯密出生于苏格兰法夫郡的卡柯尔迪，父亲是当地海关的监督，在斯密还没出生时就去世了，母亲是一大地主的女儿。斯密童年时孱弱多病，又无兄弟姐妹，一生同母亲相依为命，以钻研学术为最高理想，未曾结过婚。

斯密童年时就对书籍非常痴爱，在卡柯尔迪上小学时以超人的记忆力而引人注目。1737年，他以优异的成绩考入格拉斯哥大学，主修拉丁语、希腊语和伦理学等课程。1740年，斯密毕业后被推荐到牛津大学深造。在那里，他致力于钻研拉丁语和希腊语的古典著作，认真研究了《人性论》等古今伟大思想家的作品，打下了坚实的哲学基础。

1748年秋，斯密成为爱丁堡大学的讲师，主要讲授经济学。1751年，他被选为格拉斯哥大学的逻辑学教授，第二年，改任该校的道德哲学教授，直到1764年辞去教职为止。这13年是他学术思想形成的重要阶段，正如他自己所说，这是他“一生中最有用和最幸福”的时期。

1759年4月，斯密出版了他的伦理学著作《道德情操论》，他以“同情”为情感基础，论述人类的仁慈、正义等美德的产生根源及其特征，阐明具有利己本性的个人是怎样控制他的感情或行为的，尤其是自私的感情或行为，以及怎样建立一个有确定行为准则的社会。

《道德情操论》出版后，斯密并没有就此搁浅，而是继续深入研究伦理道德理论。此后，他不断听取了一些研究哲学的朋友们的意见，对《道德情操论》作了很多修改，于1761年出了第二版。在这一版中，他提出了有关公正的旁观者的理论，认为良心是一种社会关系的产物。

1763年冬，斯密辞去了大学教授职务，作为巴克勒公爵的家庭教师，随其进行了为期近3年的欧洲大陆旅行。在这期间，斯密的生活比较悠闲，于是他根据访问法国、瑞士一些城市时收集的资料，开始撰写他的经济学著作——《国富论》。回到伦敦后，斯密又利用刚刚建立的英国博物馆所藏的丰富资料，对《国富论》中所要论述的一些重要问题进行研究，一直到1776年3月，这部经济学巨著才最终问世。在书中，他首次提出了全面系统的经济学说，为该领域的发展打下了良好的基础，在经济思想史上具有划时代的意义。

斯密在创作《国富论》时，也没有完全放下对伦理道德理论的研究。1767年，他又修订出版了《道德情操论》第三版，将《论语言的起源》一文附于书中。1774年，当《国富论》处于定稿阶段时，斯密修订出版了《道德情操论》的第四版，作了一些有关词汇现代化的修改。1781年，斯密又对该书中不完美的细节作了完善性修改，出版了第五版。

斯密的《国富论》和《道德情操论》两部著作在学术界和社会上产生了深远的影响，也为他的母校格拉斯哥大学增添了很大的光彩。为此，格拉斯哥大学师生在1787年11月和1788年11月两次推选斯密担任该校名誉校长，给了他极高的荣誉。

在斯密一生的最后几年里，他的主要工作是对《道德情操论》第六版进行修订，这是他长期思考研究的结果，也是最具实质性的一次修订。其中，增写了第一卷第三篇第三章《嫌贫爱富、趋炎附势的风气对道德情操的败坏》；重新改写了第三卷的第二、三节内容，发展了“良心的旁观者理论”；增写了整个第六卷“有关美德的品质”，论述了个人的品质可能对别人的幸福产生的影响以及自我克制等问题；重新改写了第七卷第一章“论在道德情感理论中需要讨论的问题”，集中论述和诠释了其它有关学派的学说。

由于斯密意识到这次修订是对《道德情操论》的最终审订，为了使其成为一个最完美的版本，他做得非常细致，修订工作进展缓慢，直到1790年斯密逝世前几个月，此版本才告出版。本次对《道德情操论》的翻译，所根据的就是1790年发行的第六版。

《道德情操论》以“行为的适当”为第一卷，并且将这一观点贯穿于整部著作中，这事实上暗示了斯密把行为的“适当”作为普通人都应该和可以达到的美德标准。斯密从人性出发，提出人是激情的动物，其中除了自私外，还有同情。他认为道德的基本核心是同情，同情是一种人们通过情感迁移和换位思考，对他人的行为与情感的正当性的认同。紧接着他转入对仁慈与正义这两种美德的阐述。斯密认为，仁慈是一种普遍的情感，它源自于对他人适当性行为和情感的肯定认同，当我们与他人产生情感上的共鸣时，我们就会对他产生一种仁慈的情感行为。它强调的是当事人的情感与自我情感的和谐一致，对他人的怜悯和帮助源自于我们对他人的仁慈，人类如果能够通过一种爱的纽带联结起来就会组合成一个充满温情的社会。

在斯密看来，经济社会的自我控制主要包括审慎和正义。前者对自我的幸福起着至关重要的作用；后者是社会存在的根基，也是社会中的每个人实现和保持幸福的前提。审慎是一种智慧和远见，其目的主要是为了避免自身受到伤害和促进自身未来的幸福。但仅有个人的审慎，还不能确保个人幸福的长久。因为，人是社会的动物，必须存在于社会中，个人的幸福只能依靠社会的稳定与和谐。而要实现稳定与和谐，就需要避免公民之间相互伤害，这种伤害包括对人身、财产和自由的伤害，这就需要正义的力量来调节。

然而，令很多学者迷惑不解的是，斯密在《道德情操论》中把人的行为归结于人性中同情的原则，在《国富论》中却把人的行为归结于自私原则。从表面上看来，这两本书之间存在着某种难以解释的逻辑上的断裂和矛盾。但是，如果我们细细分析，就可以看出这两种态度在本质上是密切联系的。

《道德情操论》主要是阐述伦理道德问题，《国富论》主要阐述经济发展问题。如果从现在的观点来看，伦理学与经济学是两门不同的学科，但斯密把《国富论》看做是自己对《道德情操论》中思想的继续和发展，这无疑有他的道理。《道德情操论》和《国富论》两部著作，虽在内容范围、论述语气和话题重点上存有不同，但就围绕"自利行为的动机"这一中心话题来说，本质上是一致的。

在《国富论》中，斯密认为实现个人利益是人们从事经济活动的出发点，他把从利己出发从事经济活动的人称之为"经济人"。而在《道德情操论》中，他把这种基于个人利益的利己主义称为"自爱"。他指出，支配人类行为的动机有自爱、同情心、追求自由的欲望、正义感、劳动习惯和交换倾向等；人们自爱的本性是与同情心相伴随的，然而，人在本能上又是自私的，总是在自爱心的引导下追求自己的利益，从而妨碍了同情心的充分发挥，这也就是社会存在丑恶和残酷现象的原因。

同时，斯密也肯定了利己主义的社会作用。他认为，"自爱"是人类的一种美德，它绝不能跟"自私"相混淆，人们追求自身利益的"自爱"是一切经济活动的必要条件。斯密在《道德情操论》和《国富论》中，就从这种"经济人"活动的利己主义出发，探讨了人类沉迷于"对财富的追求"的原因。他认为，"经济人"天生具有一种创造欲望和创新能力，这种欲望和能力驱使他去开展经济活动，最大限度地增加财富，从而也使他对发明、改良和革新等行为产生

“迷恋”。正是这种“迷恋”激起了人们辛勤工作的热情，鼓励着人类去创造物质文明和精神文明。斯密对人们追求利益的这种论述，在他的《国富论》中是作为一种常识加以接受和发挥的。

在斯密看来，为追求财富而奋力工作是出于实现和维持他的社会地位的需要。人需要别人的同情，但别人的同情更倾向于同情自己的欢乐而不是悲伤，所以在旁观者面前，每个人都想要夸耀自己的财富，而尽力掩饰贫穷。由此可见，斯密实际上是从人与人之间的关系出发来研究人们追求财富的动因的。《国富论》和《道德情操论》之间的联系也就在这里，斯密把人类经济活动的动因归于道德的和情感的因素，认为只有资本主义生产关系才是合理的、完美的。因此，他把资本主义生产关系人格化的“经济人”描绘成一个个富有“同情心”美德的人，这也是他思想中的局限和狭隘所在。

总之，在《道德情操论》一书中，斯密把人的同情心作为核心，对西方伦理学传统中的各种“美德观”进行了分类、梳理和批判，以此为基础，开出了解决新兴经济社会与传统美德观之间矛盾的药方，也为他在《国富论》中全面论述其经济学思想奠定了伦理学基础。目前，我国经济处于高速发展之中，如何平衡财富与道德伦理的关系，是一个不容忽视的问题，尤其是作为企业家，“不仅仅要懂得经营企业，身上更要流着道德的血液。”因此，本书对今天的中国读者来说，有着重要的现实意义，值得一读。

在本书的翻译过程中，既有直译，也有意译，以求得文句的通畅和原义的清楚表达。因此之故，译文既没有完全拘泥于原文，也没有先辈严复先生那种“我注四经，四经注我”的意译。也许，这种尝试更能表达我们对原著者与读者的尊重，如果它能在原著者和读者之间达成一座畅通无阻的沟通之桥，则我们将无憾于亚当·斯密，无憾于读者了。

目 录

第一卷

论行为的适当

第一篇　适当感

第一章　论同情

人的天性中，总有一些看起来不可思议但却是根深蒂固的东西。一个简单的例子是，无论人们认为某人如何自私刻薄，他却可能对别人的某些遭遇十分关心，对那些与他完全无关的事情非常热心，即使他自己从中捞不到什么好处，却也由衷地为别人的幸福感到高兴。这看上去实在不可思议，但是，当我们亲眼目睹或者仅仅是设身处地地想象了他人的不幸，我们的内心便常常会泛起怜悯之情。这种感情，正如人性中所有与生俱来的感情一样，绝不专属于正人君子——虽然他们可能对此最为敏锐——因为即使是一个罪大恶极的无赖，无视一切社会规范，却也不会完全丧失同情心。同情，是人类与生俱来的情感之一。

我们并非他人，因此要想对他人所处的境遇有所体会，只能通过想象这个途径。而当我们关闭想象的大门时，即使是我们的亲兄弟正在忍受酷刑折磨，我们也会因为感受不到他的痛苦而无动于衷。因为人们的感官不可能超越自身直接经验的限制去感受他人的痛苦与愉悦，只有通过想象，我们才能对他人的感受略有所知。但是想象也并非是万能的，它除了告诉我们如果身临其境会怎么样，其实也没有别的作用。因为想象只是一个模拟的过程，我们由此得出的印象并不是他人真实的感受。在想象过程中，我们将自己置身于他人的境遇，自己仿佛进入他人体内，与他合二为一，经受着同样的痛苦。于是，当我们全然接收了他的痛苦并且在意识里，把它变为自己的痛苦时，我们开始为之所动，一想到他的感受（事实上，此时已经成为了我们自己感受）就不由得浑身颤抖。因为，任何的痛苦或者忧伤都有可能激起悲伤的情绪，当我们在头脑中为自己模拟出这样一种受苦的情境时，就会产生相应的情绪，进而影响到我们的行为。

人类的同情心正是产生于我们设身处地地想象别人的痛苦，并由此产生与他们相似的感情。当我们看到别人的手脚将要被鞭打的时候，会情不自禁地缩缩自己的手脚，仿佛这一下会打在我们自己身上。当一个舞蹈者在松弛的绳索上表演着翻腾、摇摆动作，努力保持身体平衡，紧盯着他的观众也会不自觉地做出类似的轻微举动，因为下意识里他们觉得自己仿佛也正在绳上做着上述动作。那些身体较弱的人还常常抱怨，当他们在街上看到乞丐暴露在外的脓疮溃疡时，自己身体的相应部位也会感到非常不舒服。之所以会产生这种情况，是由于他们联想到自己也有可能经受这种痛苦，而对这种痛苦的恐惧就会在身体的相应部位造成强烈的反应。这种意念的力量足以让他们本就虚弱的身体感到搔痒和不适。同样，再刚强的人看到别人疼痛的眼睛时，自己的眼睛也常常会莫名其妙地感到不舒服，因为眼睛是人身上最脆弱的器官，无论强者的还是弱者的，都一样脆弱。

其实，让我们产生同情的不仅仅是别人的痛苦和悲哀。对于一个敏感的旁观者来说，他所关注对象的任何一种激情都能让他产生相应的反应。因为一旦联想到自己正身临其境，他的心中就会涌起一种类似的情绪。当我们看到悲剧或浪漫故事中自己喜爱的人物成功地脱离险境，总是会不由自主地感到高兴。我们对那些与他患难与共的朋友抱有与主人公同样的感激之情，对那些陷害他、背叛他的恶徒痛恨不已。我们为他的幸福感到欣慰，对他的不幸抱有深切的同情。而这一切感情的产生，都来自于人类的同情。通过设身处地的想象，旁观者产生与当事人一致的情感，这些情感，包括了震撼人类心灵的每一种激情。

当我们对别人的忧伤表示同感的时候，常常使用“悲悯”“怜恤”这样的词。“同情”跟它们几乎是同义词，只不过现在“同情”也可以用来表达对各种情绪的同感了。

有时候“同情”来得很突然，我们受到别人的情绪的感染就会产生与他们相似的情绪，即使还不知道当事人为什么如此激动。一个合理的解释是，激情往往在瞬间从一个人身上传染到另一个人身上。明显流露的大喜大悲的情绪很容易在旁观者心中激起共鸣。和蔼的笑脸使人如沐春风因而处处受到欢迎，而忧戚的面容则令人倍感沮丧、压抑。当然这并不是说同情就是盲目的，有时候一些情绪，如果我们不知道它们从何而来就不会接受它。因此也就不难理解，面对愤怒者的出格的行为，我们的第一感情往往是反感，觉得这个人无理取闹，没有理智。此时对他们，我们非但不会报以同情，反而可能觉得这个人非常讨厌。而对于那些成为他撒气的对象的人，不管此前原因如何，他们现在正是受害者。出于对弱者的同情，我们往往就站到他们这一边，去反对那个不知何故而怒气冲冲的人。

我们了解好运或厄运会给人们的日常生活带来什么，因此我们会格外关心身处其中的人。正是那些快乐或悲伤的表情，让我们判断出别人的情绪是好是坏，进而使我们产生快乐或悲伤的感情。而这些情绪只会对有心去感觉它们的人产生影响。但是人们对待怨愤的态度则不同，出于平素对愤怒的不佳印象，我们常常不会去同情那些发怒的人。因为怨愤使我们联想起所有我们关心的人以及同他作对的人可能在别人的愤怒之下受到的伤害。这样看来，似乎人们天生就对愤怒这种感情抱有反感，因而如果不知道发怒的原因，大概都会持反对态度。

但是，对别人产生深切的同情还是需要基于对他人的悲伤或快乐的缘由的了解，否则的话即使我们受到影响，也是非常有限的。举一个简单的例子，基于常识，我们都知道痛哭流涕是受难者内心痛苦的表现，但是在知道当事人悲痛的原因之前，面对这样的情景，我们首先会问：发生了什么事？他的悲伤只是会让我们产生刨根问底的好奇心，或至多是某种同情的愿望，而不是与他一同悲伤。因而这样的情绪，还算不上真正意义上的同情。在弄清楚事情的原因之前，虽然我们会有点于心不安——因为隐约感觉到他的不幸，但更多的是费尽心机去揣测他的遭遇究竟是什么。

因此，与其说我们对别人产生同情是受到对方激情的感染，不如说是由产生这种激情的环境引起的。我们有时会从别人的行为里感受到一种激情，而当事人却浑然不觉。因为当我们设身处地地考虑他人的处境时，有时会不由自主地产生一种可能当事人并没有感觉到的感情。常见的例子是，看到别人不合礼数的行为，我们自己会感到羞愧，虽然他自己可能并不觉得有什么不对的地方。而在想象中，我们会觉得，假如做出了这种可耻的举动，我们自己肯定会感到无地自容。

在人类可能面对的种种不幸之中，丧失理智可能是最为可怕的一种。对于那些敏感又善良的人来说，他们比别人更害怕这种深重灾难的降临。因为他们看到，那些身处其中的可怜人对自己的悲剧浑然不觉，还有说有笑地唱唱跳跳。他们因为目睹此情此景痛心疾首，而当事人自己却浑然不觉。他们一面想象着假如自己落入同样的不幸境遇，同时又能用正常的理智和判断力去思考，那该是多么的痛苦，因此他也对丧失理智的人产生了同情，但是事实上这种情况是不存在的。

一个贴切的例子是，婴儿由于还不会说话，因此生病了只能“咿咿呀呀”地呻吟，却没有办法清楚地表达他哪里不舒服，而孩子的母亲因此备受煎熬。她心疼孩子小小年纪还不能开口说自己的不适，又害怕孩子的病会治不好，这些担忧的联想让她忧心忡忡，愁肠百结。可实际上婴儿所感受到的只是暂时的不适，他不久就会康复。婴儿不会想得那么多、那么远，正因如此，他们反而得以免除恐惧和忧虑。而他的母亲却因为心疼她心爱的宝贝遭受折磨——这真是人类的不幸，即使是理性和哲理也无法抗御笼罩着成人心灵的巨大痛苦。

甚至联想到死者死后的可怕遭遇也会引起我们的同情。使我们产生惊恐与同情的主要是死者将要安眠的令人恐惧的环境——我们想象着他们即将安眠的地方是多么的可怕：不见天日，与世隔绝，躺在冰冷的墓穴里腐朽生蛆，从这个世界上永远消失，甚至亲朋好友也不再记得，多么悲惨啊！我们理所当然地认为，对遭遇如此可怕不幸的人应该报以最大的同情。其实对于死者来说，那根本就不是问题。我们忽视了对于他们来说至关重要的东西——充满未知的来世。只要想到他们可能被世人遗忘，我们的心情更是加倍地沉重。出于同情心和一时的感伤，或者还有对我们自己将来也不可避免的境遇的担忧，我们努力保持着对他们的回忆。可是我们的同情非但不能安慰死者，反而使他们的不幸看上去更为不幸。到头来，一切都无济于事。尽管我们竭力宽慰死者的亲友，减轻他们内心的眷恋、愧疚和伤痛，但是这些都与死者无关，只能平添我们自己的忧伤。死者已然长眠于地下，不再理会世事的纷扰。我们觉得死者永远处于阴森恐怖之中，这是因为我们把自己的感觉和他们的环境联系在一起。恕我直言，我们设身处地地想象让我们将自己鲜活的生命注入死者僵硬的尸体，导致恐惧之情油然而生。这种对于死亡的幻象让我们如此恐惧，因而尽管我们死后不会有任何痛苦，但是生前却为此备受折磨。对死亡的恐惧，成为人性中最根本的一项原则。它一方面破坏着人的幸福，另一方面还人类以公平；它一方面让个人痛苦不堪，另一方面在某种程度上捍卫了社会。

第二章　论相濡以沫的快乐

不管出于什么理由，当我们身处逆境的时候，别人发自内心的同情总让我们感到温暖；相反，那些对我们的不幸无动于衷的人则毫无疑问地让我们感到失望甚至生气。因此，有些自觉了解人性的人，开始用他们的原则去揣度人类的这种情感。根据他们的说法，人们在感到软弱无助的时候，别人的同情使他们相信自己能够获得帮助，因而感到欣慰；而别人的冷漠则会加剧他们的挫折感，从而使他们更加沮丧。但是，这些自负的人忽略了，人们的喜怒之情转瞬即逝，常常来得莫名其妙，并且往往不是刻意为之。一个人使尽浑身解数去逗他的同伴开心，到最后却发现除了自己没人觉得他的笑话好笑，他当然会对此感到非常沮丧。反之，如果大家都被他的笑话逗得捧腹大笑，他会从中感受到朋友对他的认同，觉得获得了最大的奖赏。

他人的同情可以为快乐锦上添花，而无人回应也会让我们尝到失望的痛苦。或许我们已经对一本反复阅读过多次的书或一首诗感到毫无新意，但是当我们为朋友朗读的时候仍然会劲头十足。因为朋友觉得它很新鲜，即便我们自己已经不再感到新奇和有趣，却仍然能够从朋友的角度去体味其中的意蕴，并且为一种如获知己的感觉而兴奋不已。相反，如果朋友对此毫无兴趣，我们会马上兴致全无，无心继续朗读下去。这又一次证明，同伴们的认同无疑是我们快乐的源泉，而他们的冷漠定然会令我们失望。这在一定程度上解释了我们情绪高涨或者低落的原因，却不是唯一的源头。心有灵犀让我们快乐，知音难求使我们痛苦。当我高兴的时候，朋友的同感会锦上添花；但是当我陷入忧伤的时候，朋友的同情如果不能雪中送炭，却有可能加剧我的悲伤。然而通常情况下，同情总能另辟蹊径，增添快乐，又能温暖人心，减轻痛苦。所以说，与高兴的时候相比，我们在不高兴的时候更希望找个人一吐为快，此时出现的同情如同救急的粮草，比平时更能安抚我们不安的心灵。

因此我们也就不难理解，为什么说最能让不幸的人感到宽慰的事情莫过于找到一个愿意倾听他们不幸的对象。因为他人的同情使不幸者卸下了心头的部分重担，分担了他们内心的一部分痛苦，他们的痛苦与焦灼在某种程度上得以缓解。因为在这个过程中，他不仅和他们一样感受到痛苦，而且与他们共同承担痛苦，从而减轻了他们心灵的重负。在倾诉的过程中，那些恼人的忧伤在头脑中重演，唤醒了过去的伤心事，情绪得以宣泄，他因此涕泪横流，沉浸在悲痛之中，然而，他也从倾听者那里得到了安慰，重新唤起的悲痛在别人的同情中获得了更大的补偿，因此悲痛过后他们如释重负；与此相对的是，对不幸的人最大的侮辱莫过于轻视他们的不幸，对他们的不幸充耳不闻，由此激发起来的怨恨与恼怒，在一般人看来不可理解，但确是万分真实的。因此，如果你们不与朋友一起分享快乐也就仅仅被看作是缺乏礼貌，但是倘若你们不能神情庄重地倾听他们的苦恼，那就真的是不近人情了。

爱给人带来愉悦，恨则让人产生不快，独享快乐应该得到理解，独自承受不快却显然是艰难的。因此，虽然我们希望朋友分享我们的快乐，但更渴望他们理解自己的不幸。当我们身处顺境时，即使朋友很少关心我们，我们也往往不会太计较。但是当我们受到伤害时，如果朋友们表现得无动于衷，我们就难免愤愤不平。即使朋友没有与我们分享快乐，但是身处顺境我们可能并不太在意这些。而假如当我们身处逆境中时，朋友们对我们的不幸不闻不问则会让我们怒火中烧。一个类似的例子是，我们对朋友的朋友并没有太多的兴趣，但是对那些与我们的对头接近的人却很容易心怀敌意。那是因为即使我们对朋友的朋友抱有成见，也能保持礼貌的克制。但是对跟我们的对头友好相处的人就用不着那么客气了。如果说爱和快乐总是令人惬意，让人们内心满足，别无他求，那么悲痛和愤懑则总是让人耿耿于怀，它强烈地需要别人的同情来抚慰。

对于同情心的施予者来说，得知自己所表达的关心会使得他人得到极大的安慰，那么我们是会非常乐于献出自己的爱心的，并且会在无法提供同情的时候感到自责。我们不仅对成功人士表示祝贺，也会去安慰那些在逆境中的人。对我们肝胆相照的朋友，虽然在分担他的痛苦的时候我也感到痛苦，但是这些痛苦与我们交往过程中得到的欢愉比起来，又是多么的微不足道啊！假如我不能在他需要的时候给予他安慰，分担他的痛苦，那么相较于与他同甘来说，我会觉得自己不是一个合格的朋友。然而千万不可因此就在朋友面前肆意表达自己不恰当的情绪。因为如果我们看到一个人因为不幸而痛哭失声，设身处地地考虑他的遭遇之后觉得自己不致如此，我们就会认为他小题大做、胆小怕事。另一方面，如果有人因为捡了一点小便宜就得意洋洋，我们也会瞧不起他，觉得他目光短浅。如果我们听到一个平淡无奇的笑话，而朋友却为此大笑不止，甚至没了分寸，我们也会感到很不高兴。

第三章　论我们的感情与别人是否一致并帮助我们判断其恰当性

我们能够在多大程度上影响别人的情绪？怎样的表达方式才是恰当的？这里并没有唯一的标准，但是一个很有参考价值的判断标准是：如果旁观者的情绪与当事人的完全一致，他就会认为这种情绪是得当的；相反，当他设身处地地体验这种情绪时发现自己的感觉与当事人的有出入，那么很自然地，他会觉得当事人的反应有些过火了。因此，当我们通过自己的想象去感受，进而实实在在地认同了他人的感情，就很容易对对方的反应表示同情，反之，则难以对他产生认同感。想象一下，假如一个人对我所受到的伤害感到气愤，并且与我一样义愤填膺，他就很容易认同我的观点。而一个自始至终对我的悲痛表示同情的人，也会自然而然地认为我悲伤是合情合理的。如果一个人跟我一样欣赏同一首诗或同一幅画，他一定会对我的赞美之辞点头称是。如果一个人跟我听了同一个笑话并且开怀大笑，他当然不会觉得我的笑声有何不妥。相反，在所有这些场合与我的感受完全不同的人，便难免会对我的反应持有异议，因为我们的感情格格不入。无论是我的仇恨超过了朋友的义愤，还是我的悲伤压倒了他们能够接受的程度；无论是我的评价或高或低总之不合他意，还是我的笑声或大或小反正与他不同，总之，只要他在设身处地地权衡了客观情况以后认为我们的感受多少有些差异，就会对我或多或少地有些心怀不满。在这种情况下，他会用自己的感情作为标准和尺度来衡量我的感情。

事实上，赞同的下一步就是行动。我们对别人意见的赞同往往意味着我们倾向于采纳它们，反之亦然。如果我们都赞成一个观点，那么显然我会同意你的看法，否则我会表示反对。同样，我也不太可能同意你的看法却不采用你的意见。我们赞同别人的意见，实际上往往是因为这些意见符合我们的看法。这一点也同样适用于感情。

有时我们在理智上赞同一件事，但是情感上的反应却不完全合拍，很多时候我们在表示赞成的同时内心没有一丝同情。可是只要稍加思考我们就会承认，哪怕在这种情况下，我们理智上的赞同也还是来源于我们的同情。在日常琐事中，人们的判断不容易被错误的理论误导，让我举一个最普通的例子：我们经常会觉得一个笑话很不错，而且朋友们的笑声也非常自然，但是我们自己并没有笑。因为那时我们或许正好忧心忡忡或者心不在焉。可是根据经验，我们知道一般情况下什么样的笑话会引起哄堂大笑，而这个笑话正巧是这一类。虽然当时的情绪不允许，但是知道如果是平时的话，我们完全会跟大家一起开怀大笑，所以我们并不不会对朋友的笑声产生反感，理智告诉我们那是一种很正常的反应。

这种理智与情感不一致的情况同样可能出现在别的场合。一个面容悲戚的陌生人在街上与我们擦肩而过，继而有人告诉我们他刚刚收到父亲去世的噩耗。毫无疑问，我们能够想象他此时的悲痛心情。虽然我们并不是冷血动物，却难以切身感受他悲痛欲绝的心情，甚至根本想不到应该对他表示一点关心。也许因为我们与他和他的父亲素不相识，也许因为我们自己正杂务缠身，没有时间去想象他此时的处境。只是我们的日常生活经验就告诉我们，遭遇如此不幸的人必然是痛不欲生的，而且我们清楚，如果有时间周到地为他着想，我们无疑会对他的遭遇深表同情，且认可他的悲痛。正是因为我们意识到这种同情的出现是有一定条件的，即使有时实际上并未产生同情，我们也会如此表现。因为日常经验使我们懂得在什么样的场合应该有什么样的情感，这种规则能够修正我们暂时的不合适的情绪。

人们的行动是由内心的情感引起的，并且决定了行为结果的善恶是非。我们在考察一项行动的时候无非是从两个方面出发：一方面是产生它的原因或者动机，另一方面是它的目的或后果。激发某种行动的感情的动机，决定了随之而来的行为是彬彬有礼还是野蛮粗俗。一种感情的意图是行善还是作恶，决定了其后果是有益还是有害，该赏还是该罚。

近年来，哲学家们都把自己考察的焦点集中在人类感情的目的上，很少留意感情产生的原因。但是我们在日常生活中对人的情感及其行为进行判断的时候，往往离不开以上两个标准。我们责怪一个人对自己的爱恨缺乏自制，我们考虑的不仅是可能导致的不良后果，还有造成他内心激动的微妙因素。我们可能会认为他不至于那么激动，他所欣赏的人物并非那么出色，他的遭遇并不是特别悲惨，激怒他的事情也不是那么糟糕。但是只要他的情绪还不算特别离谱，我们还是能够谅解和容忍。

判断一种感情是否恰如其分，其实除了我们自己对他人的情感的认同感之外，并没有其他可以依据的标准。当我们设身处地地考虑之后，发现自己的感情与之完全吻合，就自然会认为它是恰如其分的；如果我们觉得它太过火，当然就不会表示赞同。

人总是用自己的感觉去衡量别人的感觉：我只能用我所看到的去衡量你的视觉，用我所听到的去衡量你的听觉，用我的理智去衡量的你的理智，用我的爱恨去衡量你的爱恨。除此之外，我找不到其他更合适的方法。

第四章　续前章

我们根据自己是否对别人的情感产生认同，来判断这种情感是否恰如其分。这个标准又有两种不同的情况：一是激发感情的事物与我们和当事人都没有特殊的关系，二是它们对我们当中的某些人有特别的影响。具体分析如下：

1．在面对那些与我们双方都没有什么特殊关系的客观事物时，如果对方的感觉时时与我们相吻合，我们就会觉得他品味高雅、见识不凡。壮丽的河山、华美的建筑、绘画的构图、演说的谋篇布局、第三者的所作所为、数字的奥妙、宇宙大体系中各个构件神秘的运转，所有这些有关科学和品味的事物，与我们都没有什么特殊关系。我们可以从相同的角度去观察它们，而且没有必要对它们报以同情，因为我们与对象之间不需要感情上的和谐一致。但是，由于我们各自的生活经历不同，使我们对于复杂事物的关注角度不同；又或者由于我们意识的敏感性差异很大，对于同样的事物我们也常常会有不同的感受。

面对同一个事物，如果朋友对它的观感与我们完全一致，但是却没有任何特别的见解，虽然我们内心会表示赞同，却不会觉得钦服景仰。但是如果他们在观察对象的时候留意到我们所忽视的大量细节，使得他们的观点不仅与我们的相同，而且还能从别的角度指引和点拨我们，那么我们不仅会感到英雄所见略同，而且会被他们过人的敏锐和悟性所折服，仰慕之情油然而生。这是因为说出尽人皆知的真理并不能让人钦佩，人人都知道认为绝代佳人胜过丑陋的残废，或者二加二等于四，而只有那些品味不凡的鉴赏家能够在毫发之间鉴别出美丑高下，那些头脑清晰的数学家能够不费吹灰之力就解决一团乱麻似的难题，他们是具有敏锐和精确欣赏力和鉴别能力的人，只有他们才受得起我们的仰慕，无愧于我们的颂扬，因为这些艺术和科学领域的天才指引着我们，他们广阔的视野和超凡的见识总是出乎常人的思维之外。

人们或许认为，我们之所以赞赏这种才气是因为它有用，它的实际效果赋予它特殊的价值。实际上，我们最初在肯定别人的见解时往往并没有考虑它的效用。只是因为感觉它正确得当，实事求是地表示赞同。毋庸置疑，我们觉得别人有眼光只是因为他们的看法正合我们的意愿，此外别无其他原因。同样，我们最初对别人的品味表示赞同也并不是因为它有用，而是因为它公允精到，恰如其分。评价其功用只不过是事后的想法。

2. 面对那些跟我们和对方都有特殊关系的事物时，我们往往很难做出心平气和的判断。我的朋友当然不会完全从我的角度去看待我所遭遇的厄运和伤害。这不像欣赏一幅画、一首诗或者讨论一套哲学理论那么简单，因为我所受的影响更为直接。如果朋友对我所欣赏的一幅画、一首诗甚至一套哲学理论感到不以为然，我们不会为此争吵起来，从常理上讲我们都会认为双方没必要对此太介意。因为这些对于我们双方都无关紧要，所以即使我们的看法针锋相对，也不致为此伤了和气。即使在个人趣味或者思维方式上我们有各自不同的方式，我们也都可以很大度予以地接受。如果大家心情不错的话，还可以兴致勃勃地探讨这些话题。但是如果事情跟你我都息息相关，那就大不一样了。在我厄运缠身、悲痛欲绝的时候，作为朋友的你既不报以同情也没有为我分忧；在我蒙冤受屈、满腔激愤之时，你却毫无同感，更不用说仗义执言，那我们之间就不必相互容忍了。我们可能会互相看不惯对方进而指责对方，你可能会反感我的激动狂热，我也痛恨你的冷漠无情，最后导致的结果极有可能是两个人交恶。

即便出现这样的情况，旁观者和当事人之间仍然可以达到心灵的沟通。只要旁观者尽可能地体谅对方的处境，从最微小的细节上设身处地地考虑对方的痛苦，还是有可能实现沟通的。

但是做出这样的努力之后，旁观者的感受仍然难免与受难者本人有很大差距。因为虽然人类天性慈悲，但也不至于为了别人的痛苦让自己陷入同样的困扰之中。设身处地地想象虽然能够产生同情，但不会长久。在意识深处人们总会觉得自己是安全的，并没有真正地遭受折磨。虽然在想象中他们多少可以产生与受难者相似的感觉，但是不会那么深切。当事人虽然也明白这个道理，但还是渴望得到更深切的同情，一种感到旁人与他悲喜与共的安慰。在自己内心激烈的挣扎中看到旁人与自己心意相通，是他唯一可能得到的慰藉。但是他只有控制自己的情绪，让旁观者可以接受它进而产生同情才行。事实是，为了照顾其他人的心情，他不能任性而为，口无遮拦。旁观者在潜意识里总是觉得他对当事人处境的体会不过是一种想象，这不仅降低了同情的程度，而且改变了同情的性质。因此，他人的同感和自己的悲伤从来就不是一回事，两者的感觉总是存在差别。但是这两种情感之间的协调一致已足以维系社会的和睦。

出于人类的天性，旁观者与当事人为了互相沟通都会努力去设想对方的处境。旁观者经常设身处地地去体会当事人的情绪，当事人也同样会把自己放在旁观者的位置，用对方的眼光来冷静地看待自己的命运。旁观者常常想如果倒霉的是自己会有什么感觉，受难者也时常顾影自怜。同情让他们学会了从对方的角度反观自己的处境。在旁观者面前，受难者感到旁人会公正无私地看待自己的遭遇并深深为之感动，他内心的波澜必然会因此平息不少。

朋友在身边会让心乱如麻的人平静下来，知己的出现会让我们的心灵得到某种宽慰。同情会产生立竿见影的效果，我们一想到他正在关心着自己的处境，就开始像他那样可怜自己。我们不能指望一个普通相识像至交一样同情我们，他不会不厌其烦地倾听我们的唠叨，因此我们在他的面前显得非常镇静，尽量三言两语就把自己的情况说个大概。我们更不能指望一群素不相识的人会对我们多加关心，因此我们在他们中间更加镇静，努力将自己的情绪控制在他们能够接受的范围内。这不仅仅是装模作样，还与我们面对的环境以及听众有关。

只要我们能够控制自己，一个普通相识比一位知己更能给我们带来安宁，身处一群陌生人中间比面对一个熟人更能让我们平静。

因此，无论何时，如果我们不能控制自己的情绪，参加社交和谈话都是调节心情的好办法，能让我们恢复平静和愉快，自得其乐。离群索居、爱好苦思冥想的人，经常为了自己的烦恼忧伤而闭门郁郁不乐，虽然他们慷慨仁慈、自尊自爱，却很难获得凡人常有的平和心态。

第五章 论和蔼可亲和可敬的美德

将心比心是一种难能可贵的美德。旁观者设身处地地去体会当事人的感受，当事人尽量控制自己的情绪来照顾旁观者的感受，在双方的共同努力下，事情会朝着好的方向发展。这一方面体现了旁观者的温文尔雅、和蔼可亲、公正无私和谦逊仁慈的美德；另一方面体现了当事人雍容持重、自我克制的人品。正是将心比心把激情纳入了自尊自爱、合理恰当的轨道。

一个人如果能够以慈悲的心肠感受着他人的点滴感受，为他们的不幸而伤心，为他们的遭遇而不平，为他们的好运而欣喜，在众人眼中他会是一个多么和蔼可亲的人啊！即使是我们这样的旁观者，只要想一想，假如我们拥有这样一位贴心的朋友，该是多么的幸运。相反，一个铁石心肠、自私自利、对别人的欢乐和痛苦无动于衷的人，在我们看来又是多么面目可憎！此时，我们也完全能够理解他周围的人因为他的冷漠而承受的额外痛苦。

另一方面，有些人把自尊看作一种高贵的品质，因而时刻注意克制自己的情绪，在任何环境中都能做到处变不惊，在芸芸众生之中他们得体的风度显得鹤立鸡群。而那些只会唉声叹气、哭天抹泪、吵吵闹闹来博得同情的人只会让人望而生厌。但是，千万不要以为哀痛就是可耻，要想想那种庄重沉静的悲哀——只有在红肿的双眼、颤抖的嘴唇以及看似冷淡平静却动人心弦的举止中才有所表露的痛苦——实在是令我们肃然起敬。为了表示我们对这庄重的哀伤的敬意，我们往往会不自觉地忐忑不安地检查着自己的行为，生怕自己举止不当破坏了这和谐的宁静。

同样，当人们放任胸中的怒火蔓延，随之而来的那种傲慢蛮横的态度是最令人讨厌的，那种虽然处于愤恨之中却不失宽宏大量的气度才让人由衷钦佩。因为这样的气度，使得当事人即使在遭受莫大的伤害时，它也不会超越公正的旁观者发自良心的义愤，纵容自己内心的怒火恣意地反击。它不允许言行越过情理的界限，甚至要求自己的内心也像一个与己无关的过客一样保持平和，它不索要更痛快的报复和更沉重的惩罚。然而也正是这样的沉静，反而使人肃然起敬。

因此，在我们看来，完美无瑕的人性，就是关心他人胜过关心自己，就是公正无私和慈善博爱的情怀。唯有如此，人与人之间才能达到感情上的沟通与和谐，人们才能在得体适度的行为中交往。基督教戒律规定，要像爱自己一样去爱我们的邻人，我们对自己的爱不要超过给予邻人的爱，换言之，我们爱自己不要超过邻人爱我们，这是基督教徒行为处事的基本法则。

如果我们对某种品味和见识赞不绝口、深感敬佩，那么毫无疑问，产生这种品味和见识的那种细腻的感觉和敏锐的眼光必然是难得一见的。同样，在人们看来，敏感和自制的品质也只有卓尔不群之士才能具备。仁慈这种美德人人向往，因为它使得拥有它的人总是给人一种和蔼可亲的感觉，不过需要具备仁慈这种品质，却需要远非俗人所能想象的细腻情感。宽宏大量这种崇高的美德，它要求它的主人具有软弱的常人所无法达到的自制力。就像小聪明中产生不了天才一样，日常的伦理规范也造就不了美德。美德是卓越非凡、崇高优异的品质，远远超过了世俗的人们对自身所提出的道德标准。善解人意到了某种程度就会使人感到和蔼可亲，它往往表现为温文尔雅的态度和对别人无微不至的关怀。自我控制到了一定的程度不得不令人肃然起敬，因为能够抑制常人按捺不住的激动，而这确实需要惊人的意志力。

因此我们也就不难理解，在高尚的品行与常见的品行之间存在着的巨大的差距。因为在一般的场合下，多数人通常所具备的那些敏感和自制（有时甚至连这点都不用）就足以使他们表现得合理得体。举一个非常粗俗的例子，在一般场合，肚子饿了就吃东西当然是无可非议的。但是我们如果说吃东西就是美德，就会让人感到很滑稽。相反，在那些需要竭力克制自我才能表现得体的场合，人们的行为即使看上去并不那么完美，但是其中体现的个人的自制也仍然可以被看作美德。人类天生存在缺陷，当遭遇强烈的刺激时，即使已经做了最大限度的克制，软弱的人性总要发出叫喊，而无法将内心的激动限制在旁人能够容忍的程度。因此，即使此时受难者的行为不是十分得体，也仍然值得称道。因为这种自制力虽然不是无可挑剔却也是常人力所不及的，比起在这种难堪的场合中司空见惯的失态行为来说，已经接近于尽善尽美了。

在我们决定如何对一种行为加以评价的时候，常常会采用两个不同的标准。首先是得体适度、完美无缺。但是在大多数场合中，人们的行为不可能达到完美，总是有可以指责的地方。第二个标准是虽不完美但是竭力接近，这是大多数人努力在做的。人们通常认为，只要超过了特定的标准，即使行为还有欠缺，也应该受到表扬；但是假如达不到这个标准，那么众人的指责就不可避免。

我们在评价艺术作品的时候采用的也是同样的方法。如果一个评论家用所有作品都从未达到过的完美的标准来要求大师们的诗歌和绘画，那么他看到的就只有败笔和瑕疵。但是，如果他将大师的作品与同类作品相比较，在这个标准之下，大师们的作品就是这类作品通常所能达到的最高水平，它们比大多数作品看上去更接近于艺术上所要求的完美，因此也就应该得到最高的赞赏。

第二篇　合适得体的各类激情

引　言

显然，我们对于其他事物所产生的每一种激情，只有在中庸之道中驾驭，才可能做到合适得体，也才更容易获得他人的理解。因为无论感情是过于激烈还是过于低沉，旁观者都会觉得难以接受。大多数人会因为个人遭受的不幸或伤害而悲愤过度，在极少的情况下又有人表现得无动于衷。但是情绪过分激动会被看作意志薄弱或脾气暴躁，而过分冷淡又会变成糊涂、麻木不仁或心灵萎缩。无论是哪一种，都会让我们感到难以接受，甚至产生反感。

可是中庸之道在各种激情之中也会表现各异，它时而高涨，时而低落。有些感情不宜强烈地表现出来，即使在公认为我们不可避免地会极为强烈地感受到它们的场合。另外有些极其强烈地表现出来的激情，或许其本身并不一定达到了如此强烈的程度，但是这样的表达方式在当时的场合却是合乎情理的。前一种激情因某种理由而很少得到同情，后一种激情因另一种理由却常常为人们所接受。如果对人类的各种激情做一番调查，我们就会发现，各种情绪是否得体适度，完全取决于他们想对这些情绪表示多大的同情。

第一章　论源于身体的种种激情

1. 我们的身体是我们各种欲望的承载体，它整天忙忙碌碌地试图去获得我们想要的一切。但是由身体的某种状态或欲望而产生的情绪也不应该表现得过于强烈，因为别人的身体可能并没有处于相同的需求状态。比如说，饥饿虽然是人的正常生理反应，但是狼吞虎咽的吃相仍然被看作坏习惯。但是在其他情况下，人们也会对食欲产生某种程度的同情。当朋友们愉快地享受美餐时，仅仅由于受当时气氛的感染，我们在一旁也能感受到进食的愉快。一部战争时期的围城日记或航海日志中所描写的大饥荒的情景会引起我们的同情。我们在头脑中重现当时的情景，连同当时人们的悲伤、恐惧和惊恐也一并涌上心头，使我们震惊痛苦。但即便在此时，只要在我们读书的时候并没有感到真正的饥饿，说我们对他们的饥饿表示同情就不太合适。

吸引两性结合的情欲也是一样。哪怕在所有世俗和宗教的戒律都不会加以任何禁止的两个人之间，这种最为自然的火热情感也不是随时随地都合适的。但无论怎样，这种激情或多或少还能赢得人们的同情，因为大家都知道，这是人之常情。我们都知道这样的规则：与女士交谈不应该采取面对男人时的态度，而是应该显得更为轻松、幽默、彬彬有礼。那些对女性漠不关心的人，甚至在男人眼里都是可鄙的。

由于各种历史原因，我们对一切源于身体的激情都会产生本能的反感，而如果谁强烈地表现出这样的欲望，则会让我们感到厌恶。一些古代哲人认为，这些人类与动物所共有的冲动削弱了人性的尊严。但是这种说法令人难以信服，因为我们和野兽共有的许多其他情绪并不让我们那么反感，例如感恩、感动，甚至怨恨。其实，别人身体的欲望之所以会让我们觉得非常恶心，是因为我们对此没有同感。其实就是那些身在激情中的人，一旦欲望得到满足，激情得以释放，也许那些从前让他着迷的东西对他就不再有吸引力，甚至会感到讨厌。只是一瞬间，那些刚才还让他如痴如醉的魅力已经无影无踪，现在他跟旁人一样无法理解自己的情绪。正如晚餐过后我们就会吩咐收拾餐具，任何使肉体产生强烈欲望的客观对象也会被我们以同样的方式处置。

因此对身体欲望的克制也被称为节制的美德。我们以谨慎的态度把这些欲望限制在健康和财富容许的范围内，让它们符合大方得体、谦和有礼的要求。

2. 人们对受到病痛折磨的身体也会报以相当的同情。但是出于同样的原因，无论肉体的疼痛是多么难以忍受，大声叫喊总是让人觉得有失男子汉的脸面。前面讲过，如果我看到别人的手脚要挨打，我也会不由自主地缩回自己的手脚；如果鞭子真的落下去了，我也会像跟被打者一样感觉受了伤害。可是我所受的伤害肯定是微乎其微的，因为事实上我不能同等程度地感觉到他的疼痛；所以，如果此时他大喊大叫，我会觉得他小题大做。因此，源于身体的所有激情要么完全不能让人产生同感，要么就算引起同情，也根本不能与当事人强烈的感受相比。

但是，那些由想象产生的感情则全然不同。我可能无法完全体会到朋友身体上的感受，但是我却能轻易地想象出他们情感上的状况。因此也就不难理解为什么爱情或雄心的挫折比肉体上最残酷的伤害更容易让人同情，因为那些激情全部出于想象，我们能够更好地把握。一个倾家荡产的人如果很健康的话，身体上不会有任何痛苦，他的痛苦仅仅来自想象。这种想象让他看到了即将临头的惨状：尊严的丧失、朋友的白眼、敌人的轻视、无法独立、贫困窘迫等等。同身体相比，我们的想象更容易受到当事人的影响，因此我们会对他报以更强烈的同情。

人们通常认为失去一条腿比失去一个情人更为不幸。然而，如果灾难的结果只是造成前一种损失的话，那就是一出滑稽、荒唐的悲剧。而后一种的不幸无论是多么微不足道，却写就了许多好的悲剧。

没有什么感觉像疼痛那样转瞬即逝。疼痛一旦消失，所有烦恼都随之而去，回想起来也不会让我们感到痛苦，因此我们也不再能体会从前所经受的折磨。但是朋友有口无心的一句话会让我们好长一段时间都耿耿于怀，由此而来的苦恼不会随着这句话一起消失。烦扰我们的首先不是客观的对象，而是头脑中的观念，因为它在我们的想象中会持续不断地折磨我们，除非时间或其他偶然因素让它从记忆中消失。

没有危险的疼痛不会引起强烈的同情，因为激发人们同情心的不是受难者的痛苦，而是他的恐惧。恐惧这种情绪完全来自想象，它飘忽不定、难以把握，让我们面对那些从前未曾真切感受、以后却可能遭遇的东西，感到忧心忡忡。这就好比牙疼和危重症之间的关系，牙痛和痛风虽然痛苦难耐，却不会招来多少关注；危重症虽然没有什么疼痛，但是来自于对它带来的后果的想象，往往能够引起最深切的同情。

有些人一看到外科手术就会头晕作呕，那种撕裂肉体的疼痛似乎会让他们产生过度的同感。一种痛苦若能给人们带来强烈的视觉冲击，则它获得的同情也就更多。因此外部原因造成的身体疼痛给我们留下的印象，比内部器官失衡带来的痛苦更为鲜明生动。邻居因为痛风或结石所遭受的折磨没有给我留下任何印象，但是剖腹手术、外伤或骨折给他带来的痛苦我却一清二楚。然而这些事情之所以令人难忘，主要是由于一种新奇感。假如一个人在观看过十几次解剖和截肢手术以后，绝不会再为这种事情大惊小怪。哪怕是阅读或观看五百多部悲剧，也不会让我们麻木不仁到如此地步！

有些希腊悲剧将展现肉体的痛苦作为激发同情心的一种艺术手段。可实际上让观众感兴趣的，并不是疼痛本身，而是另外一些与痛苦相关的情景。充盈在我们脑海的是我们感同身受的痛苦，是那种寂寞悲凉的气氛，弥漫着迷人的悲剧色彩和浪漫主义的蛮荒氛围。只有在我们看到了他们死亡的结局之后，英雄的痛苦才会引人注目。假如他们能够复活，那些受难的表演就会显得极为荒谬。真正的悲剧不可能仅仅表现为一阵绞痛，痛苦也不会因为疼痛本身而增色，它是来自心灵与想象的。企图通过表现肉体痛苦引起同情心，也许反而是对希腊戏剧所建立的规范的最大破坏。

正因为人们对肉体的痛苦极少报以同情，我们才觉得在忍受这类痛苦时应该具有坚忍和耐性。一个人在经受残酷折磨时若能够坚忍不拔，一声不响，表现如常，就值得我们由衷敬佩。我们在心中掂量自己在这种情况之下可能出现的失态表现，他冷静的行为就更让我们在称道的同时充满敬佩，难以想象他如何能做出这样的义举。惊奇和诧异合起来激发了我们的赞叹和景仰之情，让我们情不自禁地为他鼓掌欢呼。

第二章　论源于思维定式的激情

一些激情虽然合乎人性，却往往难以得到同情，因为如果其他人没有以当事人同样的思维方式去理解，就很难产生同感。虽然这种激情在日常生活中无法避免，但是在他人看来多少有点可笑。一对男女之间产生的强烈相互依恋就属于此类。别人的情感不可能跟着那位有情人的思路发展，因此也就难以体会他的急迫心情。与此相反，我们的朋友遭受伤害之后的愤怒或者领受恩惠之后的感激之情都很容易得到我们的同情和理解，而且我们会对他的敌人或者恩人表现出类似的愤慨或感谢之情。但是当他为某个异性倾倒时，虽然从情理上我们可以理解他的感情，却并不意味着我们也会对他热恋的对象产生同样的感情。除了身陷情网的当事人以外，其他人都会觉得这种感情所描述的完美形象与它的对象实际情况实在是相差悬殊。虽然到了一定的年龄人们对异性产生爱恋之情是自然的，但是对于没有亲身体验过它的人，这种感情却总是成为被嘲笑的对象。对于第三方的他人来说，所有真挚热烈的情话听起来都是那么荒谬可笑。“情人眼里出西施”也完全不适用于局外人，即便出于热恋中的人他自己也很清楚这一点，而且只要他保持清醒，就会尽量用一种开玩笑的态度来描述自己的感情。因为人们比较习惯于听当事人以这样的方式来讲述爱情，而我们自己也只喜欢这样来谈论爱情。正因为人们以这样的态度对待爱情，考利和佩特拉克那一本正经、又臭又长的情诗才不受待见，因为他们一说起缠绵悱恻的恋情就没完没了，倒是奥维德的轻松调侃、贺拉斯的大胆描述方式总是受人欢迎。

然而，即使我们对这种儿女情长难以产生真正的同情，即使我们在想象中从来没有爱上过哪个情人，只要我们愿意去设想这种激情，就很容易体会那从爱的甘醇中产生的对幸福的强烈渴望，还有失恋带来的巨大痛苦。其实吸引我们的并不是爱情本身，而是由爱情产生的希望、恐惧和忧伤，正如在一本航海日记的描述中，吸引我们的不是饥饿，而是饥饿带来的痛苦。虽然我们无法完全进入情人的感情世界，但我们却容易理解他由此产生的对浪漫幸福的期望。我们知道，对于一颗饱受爱的欲望折磨而疲惫不堪的心来说，这种期待，这种内心火热的激情在得到满足之后，会对平静和安宁产生渴望，对恬静安逸的田园生活（文雅、细腻、热情洋溢的提布鲁斯曾经兴味十足地描述过）产生自然的向往。那是一种诗人们在“幸福岛”中描述过的生活，充满友谊、自由和安逸，远离劳碌、心机以及附带的所有令人烦躁的情绪。即使我们清醒地意识到它仅仅是对理想而不是对现实的描绘，这种景象仍然让我们神往。而混杂在爱情中的肉欲（或许它就是爱情的基础）如果看不到能够得到满足的希望就会消失，可是一旦它变得唾手可得，又会使所有的人感到讨厌。因此，欢乐的情绪对我们的吸引远远不如恐惧和忧郁。我们害怕这种自然合理的希望可能化为泡影，因此就能够体谅情人们的所有焦虑、关切和痛苦。

于是，在一些现代悲剧和浪漫故事中，爱情展现出神奇的吸引力。不管有没有意识到，其实吸引我们的不是爱情本身，而是爱情带来的痛苦。在悲剧《孤儿》中，扣人心弦的与其说是卡斯塔里埃与莫和莫尼弥埃的爱情，不如说是那种爱情所引起的痛苦。如果作者安排男女主人公在一个毫无危险的场景中互诉衷肠，观众会感到毫无新意而不是产生同情。但是在一出悲剧中，爱情的场景会让观众格外关注，这并不是因为剧中人物的爱情格外美好，而是因为预见到随之而来的危难并为之牵肠挂肚。

社会规范强加给女性的约束使她们在爱情之中更加举步维艰，也正因为如此，女性的爱情才更为深切动人。尽管《菲德拉》中女主人公的爱情之路伴随着放纵和罪行，但我们仍然为之着迷，甚至可以说正是这些让我们如痴如醉。她的忧虑、羞愧、悔恨、恐惧、失望，全都因此而变得更加引人入胜。所有这些由爱情背景所催生的“次生情感”(这个称呼也许不太恰当)，却注定会变得更加狂热激烈，而我们所同情的确切地说只是这些“次生情感”。

然而，在所有的激情中，爱情是唯一让人觉得既美好又惬意的，甚至是连最软弱的心灵也能感受到的一种激情。首先，爱情本身虽然有点荒谬，可它并不是生就一副可憎的面孔；虽然经常会伴随着不幸和灾难，但它并没有恶意。其次，虽然爱情本身很少能将激情控制得当，但伴随爱情产生的那些感情却大不相同。爱情之中包含着大量的人道、宽容、仁慈、友爱和尊重，这些情感哪怕有些过分，仍然会引起最深切的同情。这种同情使得与它们相伴的爱情显得更加可爱。并支撑着我们对爱情的想象。尽管它经常伴随着一些不好的后果：如有时候它会让一个人一败涂地、声名狼藉，而另一个人即使没有遭到如此致命的打击，也常常是事业荒废、责任疏忽，将个人的名誉视同儿戏；但是，人们心目中与爱情共生的敏感和宽容，仍然使它成为人们追逐的理想。一旦他们真的成为爱情的俘虏，也会装作自己可以预料到不好的结果。

像对待爱情的态度一样，我们在谈论自己的朋友、学业和职业时，也必须有所保留。在很多方面，我们不能期望同伴对我们的兴趣与我们对他们的兴趣相同。只有清醒地意识到人类感情上的这种有所节制的特点，人与人之间的相处才不会因此而变得困难重重。否则的话，哲学家只能跟哲学家做朋友，一个俱乐部的成员也只能在自己的小圈子里交际。

第三章　论不友好的激情

仇恨和怨愤虽然也来自于人们的心灵，但是我们只有把它们降到未开化的人性的水平，才能理解它们。虽然两者的利益是完全对立的，我们却往往对心怀怨恨的人和他所敌视的对象报以同情。我们对后者的同情会让我们满怀希望，对前者的同情会使我们忧心忡忡。因为他们都是人，所以我们对两者都表示关心。我们担心后者可能遭到报复，因而削弱了我们为前者受伤害而感到的愤怒。因此，我们对被激怒的人的同情，远远比不上他内心的怒火，这不仅是由于所有的同情一般都无法与当事人自身的激情相比，而且还因为我们对另外一个人也抱有相反的同情。因此，要使愤怒变得容易让人接受，就必须将其激烈程度控制在其他激情之下。

同时，人类对他人所受的伤害特别敏感。我们喜爱悲剧或浪漫故事中的英雄，并且痛恨其中的恶棍。但是，尽管我们对自己同胞的遭遇抱有深切的同情，我们对此表示的义愤绝不会超过受害者自己的愤怒。大多数情况下，只要被害人的自我克制不是因为胆小怕事，那么他越是温良忍让、宽厚仁慈，人们就会越发痛恨那个伤害他的人，可以说他和蔼可亲的品格加深了人们对暴行的反感。

但是，愤怒被认为是人性中必不可少的一部分。如果一个人一味逆来顺受，面对伤害一味退让，丝毫不想抵抗和报复，反而会受人鄙视。人们把他看作行尸走肉，他的麻木不仁跟他敌人的傲慢一样让我们气愤。当人们看到一个人甘心忍受凌辱和虐待时，会感到义愤填膺。他们渴望看到受害者对这种侮辱表示愤怒，纷纷向他大声叫喊要他奋起反击。一旦他的怒火爆发，他们就会报以由衷的欢呼和同情。他们很高兴看到受害者反过来攻击他的敌人，他的复仇（假如不过分的话）满足了他们的义愤，好像他们自己就是受害人。

然而，尽管愤怒对公众的作用同维护正义和保障平等一样不可轻视，但它本身仍然有一些不尽如人意的地方，因为愤怒的情绪有可能会危及自身，使它在向别人发泄时很容易引起我们的反感。受害者向对方表示的愤怒如果超出了我们所感觉到的他受迫害的程度，我们就会认为那不仅是对对方的侮辱，也是对现场所有人的无礼。出于对其他人的尊重，我们应该克制自己那种狂躁不安的情绪。这些激情的间接效果虽然令人愉快，但其直接效果却是给受敌视的人带来伤害。

但是对（人们的）想象来说，使各种客观对象变得令人愉快或者不快的是直接效果而不是间接效果。对公众来说，一座监狱肯定比一座宫殿更为有用，监狱的创建人通常受一种比宫殿的创建人更为正确的爱国精神指导。但是，一座监狱的直接效果——监禁不幸的人——是令人不快的；并且想象要么不为探索间接效果而耗费精力，要么认为它们距离太远而不受其影响。因此，一座监狱将总是一个令人不快的客观对象，它越是适合预期的目的，就越是如此。相反，一座宫殿总是令人愉快的，可是它的间接效果可能常常不利于公众。它可能助长奢侈豪华，并树立腐朽的生活方式的榜样。然而，它的直接效果——住在里面的人所享受的舒适、欢乐和华丽都是令人愉快的，并使人们产生无数美好的想法，那种想象力通常都以这些直接效果为依据，因而很少再深入探究一座宫殿所具有的更为长远的后果。以油漆或粉泥仿制的乐器或农具等纪念品，成为我们大厅和餐厅中一种常见和令人愉快的装饰品。由外科手术器械、解剖刀、截肢刀组成，由截骨用的锯子、钻孔用的器械等组成的同样一种纪念品，则可能是荒诞而又令人震惊的。可是，外科手术器械总是比农具擦得更为锃亮，并且通常比农具更好地适用于其预期的目的。它们的间接效果——病人的健康——也是令人愉快的，但由于它们的直接效果是疼痛和受苦，所以见到它们，总使我们感到不快。武器是令人愉快的，虽然它们的直接效果似乎是同样疼痛和受苦。然而这是我们敌人的疼痛和痛苦，对此我们毫不表示同情。对我们来说，武器直接同有关勇敢、胜利和光荣的令人愉快的想法相联系。因此，它们本身就被设想成服装中最精华的部分，它们的仿制品就被设想成建筑物上最华丽的一部分装饰品。人的思想品质也是如此。古代斯多葛(Stoics)哲学的信奉者认为:由于世界被一个无所不知、无所不能和心地善良的神全面地统治着,每一单独的事物都应被看作宇宙安排中的一个必需部分,并且有助于促进整体的总的秩序和幸福;因此,人类的罪恶和愚蠢,像他们的智慧或美德一样,成为这个安排中的一个必需部分,并且通过从邪恶中引出善良的那种永恒的技艺,使其同样有助于伟大的自然体系的繁荣和完美。不过,无论这种推测可能怎样深入人心,也不能够抵消我们对罪恶的出乎本性的憎恨——罪恶的直接效果是如此有害,而它的间接效果则相距太远以致无法以人们的想象力来探索。

不过在人们的观念中,客观事物的直接效果对人们的影响远远大于间接效果。我们所讨论的愤怒这种激情也不例外。愤怒的直接效果便是伴随着咒骂、怒火甚至拳脚相加,往往使对方受到伤害,这样的场景是令人很不快。因此,如前所述,我们之所以在得悉人们发怒的原因之前并不愿意同情这种感情,正是因为它们的表现让人感到不舒服。当听到远处传来痛苦的叫声时,我们绝不会无动于衷,而是会立即加以注意,不由自主地赶去救援。同样,一张笑脸会让沉重的心情变得愉快轻松,在分享喜悦的过程中人们的心情豁然开朗。但是,仇恨和怨愤的表现形式却让人厌恶。混乱嘈杂的怒骂厮打声让我们从心底感到恐惧和厌恶。即使清楚这怒火不是冲着他们来的,妇女和承受力差的男人还是会心有顾忌。即使是那些铁石心肠的人也会觉得心烦,这种烦扰不会让他们害怕,而是让他们烦躁生气。仇恨也是如此。一味倾诉怨恨只能令人生厌,影响人们追求快乐的生活。我们天生就讨厌这两种情绪。它们那种粗暴激烈、让人讨厌的表现非但不能引起我们的同情,反而会适得其反。悲伤也属于这类让人避而远之的情绪之一,在不了解原因的情况下我们往往会避开悲伤的人。说起来有些不可思议,造物主仿佛特意使那些让人们彼此疏远的粗暴和不友好的情绪难以传播。

以音乐为例,忧伤或快乐的曲调能让我们在音乐中实实在在地体会到这些迷人的情绪,勾起了我们自身忧伤或者愉快的回忆。快乐、忧伤、爱恋、钦慕、热诚这些具有天然的音乐性感情，它们天然的曲调显得柔和、清晰而优美，段落由有规则的停顿被很自然地划分开，并很容易按部就班地再现和重复。但是，愤怒的曲调却令人毛骨悚然。愤怒以及与之相近的所有情绪的声音都是刺耳和不和谐的。段落很不规则，时长时短，由不规则的停顿隔开。因此，音乐很难表现这类情绪，而准确表现这类情绪的音乐也不太动听。一场由和谐而令人愉快的音乐组成的演奏不会有任何不妥之处，但如果全都是表现仇恨和愤怒的音乐，那就显得怪诞不堪了。

不愉快的情绪往往让当事人和旁观者都感到不快。而类似仇恨和愤怒这些坏情绪，对人们的身心健康极为有害。因为这些情绪中包含着一些尖锐、刺激、让人心痛的东西，使人心烦意乱，会彻底摧毁幸福所必需的内心的平和安宁（只有感恩和博爱这类相反的感情才能造就这种宁静）。对于仁人君子来说，小人的背信弃义带来的损失，无论多么巨大，也丝毫无损他们的信念。他们最大的烦恼来源于自己，如果对自己产生背信弃义的念头，在他们看来，这种念头所引起的种种不快才是最大的伤害。

在什么样的情况下，愤怒的发泄才能完全被人接受，旁观者才会充分同情我们的报复呢？首先，激怒我们的事端必须很严重，如果我们不表示一下愤怒，就会被人看不起，永远蒙受耻辱。因此最好不要去追究小过失，没有比为了鸡毛蒜皮的小事大发雷霆的逞强任性、吹毛求疵的脾气更让人耻笑的了。其次，我们应该将愤怒的情绪控制在合理恰当的范围内，而不是任由内心的怒火蔓延。因为与其他的激情相比，愤怒的合理性最应该受到质疑，我们最应该根据内心的分寸感反复衡量到底能不能放任自己的怒火，最应该认真考虑冷静公正的旁观者的感受。只有胸襟广阔，时刻考虑到自己的社会地位和尊严，才能使这种令人厌恶的情绪显得高尚。我们必须表现出与众不同的风度举止，胸怀坦荡、光明磊落、坚毅果断而不刚愎自用，正气凛然而不傲慢欺人。不仅毫无张狂下流的表现，而且宽容公正、耐心体贴，甚至对得罪我们的人也是如此。一句话，不用故作姿态，我们所有的表现一定要能证明愤怒并没有使我们丧失人性。只有在再三被激怒、忍无可忍的情况下，我们才能选择报复。唯有在这种情况下，愤怒才摒除了其自身固有的缺陷，而成为一种相对可接受的行为。

第四章　论友好的激情

上文所讲到的那些激情由于带有较多的负面情绪，因而只能获得有限的同情，但是在多数情况下，另外一些相反的激情却总能获得加倍的同情。当人们在神情举止之间流露出慷慨、仁慈、和善、同情、相互的友爱的感情时，即使对方是素不相识的人，这些友好和善意的感情也会让旁观者产生好感。在旁人看来，接收着这些友好感情的人无疑是幸福的，而具备这些感情的人则是值得钦佩的。所以，我们总是强烈地认同慈爱的感情，因为它们让人处处如沐春风。我们能够想象到付出和接受这种感情的人所体会到的和善的满足。这正如勇士面对敌人的残暴可能会产生的恐惧，但是远比不上承受仇恨和怨愤的痛苦；同样，对于感情细腻的人来说，被人关爱带来的满足，比获得实际的好处更让他感到幸福。一个人莫大的罪恶莫过于挑拨亲友之间的关系，这种伤害最可恶的地方不在于让人们丧失友情可能带来的物质帮助，而在于破坏了朋友之间的情义，扰乱了内心的安宁，而且打断了朋友间的愉快交往。对此，无论是粗俗的小市民还是感情细腻的人，都会认同。

爱总是给人带来心旷神怡的感受，它抚慰心灵，并且促进人体身心的健康，只要一想到对方，我们心中就充满了感激和满足，也就感觉更加愉快。互相的关爱给双方带来幸福。有的家庭，成员之间彼此互敬互爱，父母和子女相处融洽，即使在争论时也满怀着尊重和宽容，兄弟之间没有利益冲突，姐妹之间也没有互相争宠的矛盾，大家坦诚相见、亲密无间，一切都让我们感到平静、轻松、和睦和惬意，家庭生活其乐融融。相反，如果一个家庭的成员之间因为冲突争吵而反目成仇，表面上看去大家貌似彬彬有礼和睦相处，内心却满怀猜疑和妒忌，即使朋友在场也随时会不顾脸面而突然爆发。这样的家庭会让客人多么的尴尬不安。

和蔼可亲的感情，尽管不是十全十美的，但是那些小小的瑕疵无损它们的美好。过于慷慨热情和过于温和迁就，被看作是朋友友谊和父亲慈爱的弱点。但是，即使是这些弱点也是从爱意本身出发。这样的爱意，使得人们即使对溺爱不甚赞同，却也不忍心去责备求全。当我们指出他们过度的爱心时，总是怀着关切、同情和善意的心情。慈悲为怀的人之所以最能引发我们的怜悯心就是因为他们的看似软弱无助，善待一切人们。这种慈爱本身是丝毫没有卑鄙下流、令人厌恶的成分的。我们之所以为它和世人不相适应感到惋惜，只是因为这种感情看起来不适合这个残酷的世界，在这个弱肉强食的世界里，因为善良仁慈的人总是在那些忘恩负义的小人手中吃尽苦头，他们本来是最应该被善待，而不是接受这种难以忍受的待遇。

仇恨和怨愤的情绪却全然不同，没有人不畏惧和厌恶他们歇斯底里的大发泄，这种情绪像野兽一样不见容于我们文明的社会。

第五章　论自私的激情

悲喜，是一种处于中间状态的激情。说它处于中间状态，主要是指在旁观者看来，它既不像友好的情绪那样优雅适度，也不像不友好的情绪那样让人讨厌。但是，悲伤和喜悦毕竟有别，我们往往容易同情轻度的高兴和沉重的悲哀。一旦超出这个范围，则另当别论，因为嫉妒心理会开始作祟。这也就不难理解生活中这些常见的场景为何会出现。一个人由于偶然的机遇平步青云，此时即使他来自他平生至交朋友的祝贺也未必是出于真心。一个暴发户即便德行过人，一般也不会讨人喜欢。因此头脑清醒的人常常清楚地意识到这一点，他不会因为走运而得意忘形，而尽可能地在顺境之中控制自己的情绪。他放低姿态穿着平民的布衣，以表示自己从未忘本。他对那些贫贱之交倍加关注，尽力表现得比过去更加谦恭勤奋，热心待人。对于他的地位来说，这种姿态最受欢迎，因为此时我们似乎并不觉得有必要同情他的幸福，反而是他更应该理解我们内心的嫉妒和不平。他想做好人是非常困难的，我们总觉得他的谦虚是装模作样，不要多久他自己也会逐渐厌倦这种假面具。所以，通常的情况是，飞黄腾达的人很快就把老朋友抛到脑后，转而结交一些只会拍马屁蝇营狗苟的小人。但是，他也无法顺利地结交新朋友，就像他的老友由于他地位的上升而感到自尊心受伤害一样，他的新交也受不了一个突然发家的暴发户跟自己平起平坐。他只能低声下气才能抚平两者的怒气。这样的夹板气不会持续很久，很快他就决定不再理会前者，将怒火发向后者。到最后他会像常人一样傲慢无礼，丧失所有人对他的尊敬。我认为人类的幸福主要来自受人关爱的感觉，突如其来的好运不会有多大用处。有一种人最幸运：他按部就班地爬上高位，每一步升迁都在大家预料之中，因此荣华富贵不会让他得意忘形，而且那些被他超过和遗忘的人们也不会嫉妒他。

然而，人们对那些无关紧要的小乐趣更容易产生同感，在巨大的成功之中只有保持谦虚才是得体的。但是，在日常生活的碎片中，在与我们朝夕相处的朋友中，在旧日的往事中，在絮叨的闲谈中，在所有那些支撑起人生的鸡毛蒜皮的琐事中，我们就可以尽情地表达自己的欢乐。醉心于日常琐事的点滴乐趣能给我们带来愉快的心情，而经常保持这样的心情当然是无比惬意的。我们很愿意对这种快乐抱有同感，它使得每一件给别人带来幸福心情的琐事也同样让我们感到愉快。正因为如此，年轻人的灿烂年华才特别容易使我们心驰神往，那种对欢乐的向往使得青春更加富有活力，在年轻美丽的眼睛里激起火花（即使是同性），甚至老年人也会萌生起一种不同寻常的喜悦。他们沉浸在那些久违的令人心醉的思绪和心情之中，眼前的欢乐让他们暂时忘记了衰老，美好往事涌上心头的愉悦，如同久违的老友再次重逢、热烈相拥。

人们可以尽情地享受细微的喜悦带来的快乐，而不用担心旁观者对此持有非议。悲伤则正好相反，小小的烦恼不能引起任何同情，只有深重的悲哀才能得到最大的同情。如果一个人因为一些不如意的小事而心烦意乱：为厨师或管家微不足道的失职而伤心；在自家或别人家的高级社交礼仪中鸡蛋里挑骨头；因为好朋友今天上午见面时没向他问好，或是兄弟在自己讲故事的时候一直哼小调而生气；由于在乡下时天气不好，旅行途中道路泥泞，或者在镇上缺少玩伴和娱乐场所，生活枯燥乏味而情绪低落。虽然说起来倒也情有可原，但总难博得广泛的同情。快乐是一种让人愉快的情绪，一点小事带来的喜悦也会让我们流连忘返而沉湎其中。因此，如果不是妒忌蒙蔽了心灵，我们随时都准备对别人的快乐表示同情。但悲伤总让人难受，即使我们自己不幸遇到，内心也很自然地想要抗拒和逃避。我们或者尽量不去想它，或者一有这种念头就把它甩掉。实际上，我们自己偶尔也会因为微不足道的小事而伤神，但是我们却不愿意对别人身上发生的同样的事表示同感。另外，人类还有一种坏习惯，看到别人遇到小小的烦心事不但不表示同情，还喜欢拿它们消愁解闷。因此当朋友们受捉弄时，我们会在一旁幸灾乐祸。受过良好教育的人会把微不足道的痛苦隐藏起来，而那些深谙世故的人则会故意拿自己的烦恼开玩笑，因为这也是社交的一种手段。好在现实生活中的人都已经深知别人会怎么看待发生在自己身上的事情，所以倒也习惯了对自己小小的烦恼报以玩笑的态度。

但是，我们对深重的痛苦的态度是严肃认真的。哪怕一出震撼人心的悲剧都能让我们感同深受、泪流满面。因此，如果你遭受的是重大的灾难，突如其来的打击使你处于贫病交加、忍辱偷生的绝境，哪怕这部分是由于自己的过错造成，你还是可以得到朋友们真挚的同情和力所能及的热忱相助。但是，如果情况没有那么严重，如果你只是仕途中稍有不顺，或只是被情人抛弃，或只是受了老婆的气，那你就等着让朋友们不时地调侃取笑吧。

第三篇　论顺境和逆境

第一章　虽然我们同情悲伤一般要强于同情快乐，但它仍然远逊于当事人自己的感受

与对快乐的同情相比，对悲伤的同情，往往来得更真切些，“同情”一词最确切的原意是指对别人的痛苦而不是快乐抱有同感。一位已故的敏锐有识的哲学家认为有必要论证一下我们对快乐的同情也是真诚的，表达对他人的祝贺也是出于人类的天性。我相信没有人觉得怜悯也需要这样的论证。

首先，对悲伤的同情比对快乐的同情更为常见，即使是在表达悲伤时情绪过于激动，它终究也能赢得我们的一点同感。此时我们的感觉的确不是完全的同情，因为正如前面提到的，我们即使十分赞同别人，感情上也无法达到完全的和谐一致。由于人类天生的同情心使然，虽然我们不会和受苦人一起流泪哀叹，但是当我们看到他软弱无助、情感失控的悲惨情境，仍然会不自觉地出于善意去关心他。然而，如果我们面对的是一个得意忘形、手舞足蹈的人，仅仅出于本能，我们就会对他的这种洋洋自得的失态报以轻视的眼光，更谈不上为他感到高兴了。

另外，我们的感情更容易受到来自心灵和肉体上的痛苦的刺激。

我们对痛苦的同情虽然远不如受难者自己的痛苦来得真切，但对我们自己而言，却比对快乐的同情更加生动鲜明，虽然我们在感受他人的快乐时，往往能够把握得更到位。

然而，我们经常努力克制对别人悲伤的同情，以免影响到我们正常的情绪，尤其是当受难者不在场的时候。但是我们从来不需要遏制对快乐的同情。由于妒忌心理的作祟，使得我们常常对别人的快乐产生一种抵触心理，此时根本就谈不上同情了。但是妒忌总是让人脸红的，因此当我们因为嫉妒而无法感到同情的时候，常常会装模作样，要么佯装为他人高兴，要么佯装毫不在意。所以当我们表面上为邻居的好运感到高兴的时候，其实我们心里也许挺难受。即使我们不想同情别人的悲伤，我们也很容易有这种感觉。虽然我们很愿意同情别人的快乐，我们却常常因为嫉妒而感觉不到。由此我们很自然地得出结论，人们很容易对悲伤产生同情，却很不容易同情快乐。

尽管如此，我还是想大胆宣布，如果没有妒忌，与同情痛苦相比，我们会更倾向于同情快乐，而且我们对快乐的同情与当事人自己的感受更为接近。

面对使人悲伤的事情时，当事人为了得到旁观者的谅解需要尽力克制自己的情绪，所以即使对这种过度的情绪不那么赞同，我们也愿意表示宽容。即使他没有完全做到自我克制，我们通常还是会原谅他的。但是我们却不会这样宽容过分的快乐，因为我们认为当事人要控制自己的情绪并不是非常困难。我们通常会敬佩那些厄运缠身却能节制悲哀的人，但是没有人会去表扬那些一帆风顺而不致得意忘形的人。在我们的观念里，似乎前者需要付出努力自我克制，而后者不过是一个人在那种环境中应有的得体表现罢了。

对于家世良好、发展顺利的人来说，所有再额外的幸运都可以说成是多余的，只有轻浮之辈才会为此飘飘然。然而这种飘飘然的轻浮感情正是人类最自然的常态。常人在这个充满未知和艰难的世界里的生存状态正是如此，因此他们很乐意与朋友同享这锦上添花的乐趣。

快乐让人心情愉快，只要没有妒忌作怪，我们就乐于沉浸在自己和他人的欢乐中。但是对悲伤的同情会让我们的心情也沉重起来。所以在观看悲剧的时候，只要还有可能，我们就会尽量克制自己的同情心。就算实在无力控制自己的感情，也会在朋友面前努力掩饰自己内心的波动。我们会不动声色地擦去眼角的泪水，生怕旁边的人不理解我们的多愁善感而觉得我们软弱无用。一个遭遇不幸、渴望得到同情的可怜人在向我们倾诉他的痛苦时仍然犹豫不决，那是因为他感到我们的同情中带着勉强的情绪。如果要把自己的不幸置于冷酷的眼光之下，那还不如把自己的悲伤隐藏起来。但是那些春风得意、趾高气扬的人就不同了，他知道只要我们不是因为妒忌而讨厌他，便是对他的成功表示衷心的同情和赞赏，所以他丝毫不必掩饰自己的得意之情。

虽然在人们的情绪中，笑声和泪水都是很正常的，但我们却总觉得旁人更愿意同情我们的欢乐而不是悲伤，因此我们更愿意在朋友面前露出笑容，而不是潸然泪下。即使遭遇最不幸的打击，可怜兮兮的抱怨也会让人难堪。但胜利的狂欢却不是什么很失态的行为，虽然由于审慎，我们常常在成功的同时保持克制，但这是为了避免招致别人的妒忌。

人们对竞技场上的胜利者报以热烈的欢呼，而在旁观一次死亡时又那么庄严肃穆。我们在葬礼中的哀恸往往只是伪装出来的表情，但是在洗礼或婚礼中却感到由衷的快乐，毫无做作之情。在所有这些喜庆场合，我们的快乐虽然短暂，却与当事人的感觉一样真实。当我们热情洋溢地对朋友表示祝贺时，的确是为他们的幸福感到高兴。此时我们内心充满了真正的快乐，眼里闪耀着喜悦和满足的光芒，面部表情、举手投足都显得生动愉快。

然而，当我们安慰痛苦的朋友时，我们的感觉却远远无法与他们相比。我们坐在他们身边，看着他们，严肃而专心地倾听他们诉说自己的不幸。看着他们在讲述过程中不时因为内心情感的波动而哽咽难言，我们心里却越来越不耐烦，完全和他们的情绪不协调。但是同时我们也知道，他们如此情绪波动是理所当然的，换成我们自己也会有同样的表现。在内心深处，我们甚至会骂自己麻木不仁，也可能由此“制造”出一种同情，但是这种人为的同情是多么经不起考验，一旦我们转身离去它就会无影无踪。大概上帝觉得我们自己的痛苦就已经够受的了，所以他并不要求我们去分担别人的痛苦，最多鼓励我们努力减轻别人的痛苦。

正因为我们对别人的痛苦感觉迟钝，那些在巨大痛苦之中仍然雍容大度的人在我们眼中才显得超凡脱俗。面对不断的小麻烦还能保持心情愉快的人，与那些临危不乱的人一样值得敬佩。因为要在那样的处境中控制住内心激烈的情绪是非常不容易的，所以他们的冷静一方面让我们深感敬佩，另一方面也正好与我们不情愿的同情相符合。所以他的所作所为在我们看来正是无可挑剔。我们深知人性中固有的缺陷，因此按照常理我们并不奢望人们在这种情况下还表现得如此得体。然而他做到了，所以一个如此高贵尊严的灵魂让我们惊叹不已，彻底的同情和赞许与惊奇和感叹结合在一起，我们的仰慕之情便奔流而出。

平日里我们经常被这种看似不符合常人的高尚行为深深打动，若无其事的风度很容易让我们感动不已，而那些草木皆兵的反应则令人鄙视。在某些关键时刻，旁观者的感受似乎比当事人的情绪还要伤悲。当苏格拉底平静地吞下毒药时，陪在他四周的朋友们全都泣不成声，他却显得格外轻松。在这种时候，旁观者用不着努力克制自己充满同情的悲伤，他并不害怕自己会行为失控，而是带着自我陶醉的心理尽情欣赏着自己的细腻感情。这忧郁的念头令他心醉神迷，出于对自己欣赏的同情心，他对朋友遭遇的关切也油然而生。可能在此之前他从未对朋友有过如此细腻而真切的关爱。可是此时当事人的心境却截然相反，他强迫自己尽量不要去注意眼前那些可怕或心烦的事情，害怕情绪受到它们的巨大影响，一时失控而让旁观者觉得无法接受。因此，他迫使自己只去想象那些让人高兴的事情，想象人们对自己英雄壮举的赞美和仰慕。一想到自己能够在险恶的逆境之中临危不惧、坚定不移，达到常人难以企及的崇高境界，他心中也不由得激情澎湃，沉浸在虚幻的胜利喜悦当中，这样他就使自己摆脱了不幸。

相反，因为自己遭遇了一些挫折，就整天垂头丧气的人总是显得有些平庸猥琐。虽然如果换作我们自己，也一样会自悲自叹，但是顾影自怜确实很难获得别人的同情。我们会瞧不起那些成天哭哭啼啼的人。因为如果我们不是出于同情别人而是因为同情自己，那么这种软弱的哭哭啼啼是无论如何也说不过去的。经历丧父之痛，孝子的哀伤无可非议，他的悲伤主要是来自对死去的父亲的缅怀，而我们也完全能理解这种人之常情。但是，如果他是因为自己的不幸而如此感情用事的话，就不会有人继续纵容他。一个人，即使遭遇再大的不幸，在豪杰之士看来，也不该为自己的命运凄凄切切，自怜自哀。即使人们对他的同情是发自内心的，但是依然不能容忍这种过分的软弱。因为他们认为，软弱给他带来的耻辱比他的不幸本身更为可悲。那个曾经在战场置生死于度外的勇敢的比朗公爵，当他在绞台上回忆祖国沦亡，因自己轻率而昔日年华不再流下悔恨的泪水时，这种脆弱使他以往的大无畏名声蒙受巨大的耻辱。

第二章　论野心的起源及社会等级的区分

“有福同享，有难同当”是一种理想化的境界，现实的情形是人们更喜欢同欢乐而不是共患难。这也就很好理解，为什么我们习惯于炫耀自己的财富而隐瞒自己的贫穷。当我们意识到旁人对我们的贫寒窘境一览无余冷眼旁观的时候，那种羞耻的感觉简直难以忍受。但是这种人情的淡薄并不是我们追逐财富、远离贫穷的主要动力。那么是什么促使世人忙忙碌碌、劳苦终生？人们追名逐利、争权夺势、一心向上爬，到底是为了什么？如果说是为了维持温饱，那么体力劳动者最低的工资就可以让他们衣食无忧、安居乐业。在认真研究过他们的收支状况后，我们发现他们把大部分收入用于那些为生活提供方便的奢侈品，为了博取虚名而慷慨解囊上。那么，我们为什么对他们的奢侈的生活既羡慕又嫌忍呢？那些出身上流社会的人为什么害怕落入布衣蔬食、茅屋陋巷、鹑衣百结的窘境，在这种生活状况下即使无需太过辛苦的劳动，他们也会觉得难以忍受？是认为自己的肠胃更高级，还是觉得在豪华套房里睡得比茅草屋更香？究竟是什么引起了社会各阶层都无法逃避的竞争？我们为了实现所谓人类的伟大目标，改善生存状况而追求的利益又是什么呢？真正的答案是人们都渴望成为万众瞩目的人物、大家关注的焦点，并从众人的关注中获得极大的满足感。

真正让我们动心的并不是安逸享乐，而是虚荣。富人看重自己的财富，是因为他觉得财富自然会为他带来众人的关注，而他心中所有由此而生的快意都很容易得到世人的认同。这种感觉使他的虚荣心极度膨胀，也使他更加看重自己的财富，甚至超过了财富为他带来的一切。相反，贫困让穷人感到耻辱，因为他觉得人们会因为他的贫穷而看不起他，即使偶尔注意到他，也不会同情他的痛苦和不幸。尽管默默无闻不等于被人否定，但是低下的地位让他们难以获得尊敬和认同，从而愈加的悲观失望。穷人无论走到哪里都不会有人注意，他们在大庭广众之下如同在自己的茅屋中一样晦暗。人们假惺惺的嘘寒问暖只能让他们更觉难堪；大部分时间里，人们选择完全无视他们的存在，就算他困窘的表情在某些场合下让人无法回避，也只是招来别人轻蔑、厌恶的眼光而已。因为春风得意的人往往不能容忍可怜人在他们面前晃悠，用一副可怜巴巴的惨相打破他们安逸平静的幸福。相反，位高名重的人总是世人关注的焦点。人们争相一睹他们的风采，带着羡慕的眼神幻想着身处那种地位的人该是多么志得意满。他们的一举一动都逃不过公众的眼睛，一言一行都成为人们的注视中心。他们总是众人关注的中心人物，当然也是众人眼中成功的范例，人们渴望从他们那里得到激励和指示。只要没有荒诞出格的行为，他随时都会成为人们注意的对象，引起关注和好感。虽然伴随成名而来的条条框框会在一定程度上束缚他的自由，但是相比他们获得的众人的羡慕，多少也算是对悠闲自在生活被打破的一种补偿吧。

但是，我们也不得不看到，那些伟大的人物在我们的想象中往往被涂上富有欺骗性的色彩，他们总是处于一种理想中近乎完美的状态，而那种状态正是我们在白日梦中为自己描绘的人生蓝图。我们由此对这些志得意满的人抱有一种特殊的同情，对于他们所有的偏爱和愿望，我们都亦步亦趋，实际上我们是在认同自己的理想。任何对这些迷人形象的侮蔑和损害都让我们感到遗憾，我们难以接受这种完美的体验会被死亡终结，因而甚至为他们祈祷永生。因为对于这样一个宁馨儿，让他们与我们一样，被迫抛弃尊贵的地位，走向上帝为子民们准备的那个可怜而温馨的归宿，我们会觉得过于残酷。"吾皇万岁"虽然是一种东方式的阿谀奉承，但是我们在毫无知觉的情况下也很乐意随众高呼。同样的厄运和伤害如果落在那些众人瞩目的人身上，会比在平常人那里激起我们更多的同情和义愤。所以，自古以来国王的遭遇和情人的苦难是悲剧最适宜的题材，也是我们在剧场中最感兴趣的情节。由于偏爱，我们喜欢在这两种剧情中设计出天下第一的大团圆结局。虽然我们知道，按照理性和经验，在现实生活中结果可能恰好相反，但是不管是谁，要是阻碍我们享受这种完美的体验，就是对我们美好愿望的最大冒犯。弑君卖国者在人们眼里是最残忍的凶手，因此查理一世之死引起的愤怒超过了人们对内战中所有牺牲者的愤慨。如果我们不了解人类的本性，看到人们对下层民众的惨状视而不见，却对上流社会的遭遇鸣冤抱屈，难免会误以为身居高位的人对痛苦和死亡的忍耐力远远不如草民百姓。

正是人们对有钱有势者在感情上的认同支撑着社会秩序和等级差别。我们服从、尊敬那些地位高于我们的人，并不是希望他们赏赐给我们什么，而是出于对他们优越条件的羡慕。事实上，只有很少的人能得到他们的恩赐，但这很少的人的运气让所有人眼馋。我们渴望为他们服务，帮助他们达成事业的完美追求，满足他们的虚荣和荣誉感而不要求任何报答。我们遵从他们的指令并不是完全为了维护社会秩序，因为即使社会秩序要求反抗他们，我们也常常无法做到。从理性和学理上看，国王是人民的奴仆，我们是服从、抵抗甚至废黜或惩罚他们，应该完全取决于公众利益的需要，但这并不是上帝的旨意。上帝指示我们为他们的利益服务，折服于他们高高在上的地位；以取悦他们作为我们最大的满足；如果他们有些许不快，哪怕不会因此降罪于我们，我们也会觉得受到了极大的侮辱。除非和他们相交甚深，否则即使他们并不计较，也很少有人敢于视他们如平常百姓。更不用说在日常生活中与他们争论。人们对位高权重者的尊敬由来已久，对他们的同情也格外的深厚。因此，历史上那些被人民用暴力推翻下台、最后走上刑场的统治者，在此之前一定已经是民怨沸腾。因为在老百姓心中他们天生高高在上，所以即使对他们恨之入骨，也不能完全抹杀怜悯之情，甚至很容易恢复对他们的尊敬。他们不忍心伤害自己的君主，同情很快让他们忘记了曾经的愤怒，又开始忠心耿耿地为重新建立君主的权威而卖力。查理一世之死使王室贵族得以复辟。詹姆斯二世在逃之船上被百姓抓住，人们对他的同情几乎使革命难以为继。

那些大人物不需要做出格外的努力，而仅仅凭着自己的特权地位，就能够获得民众的尊敬，而对普通人来说，要获得这样的尊重却难于登天。那些贵族子弟天生尊贵，他们凭借的也不过是高高在上的特权。处于特殊地位之上，平日一举一动，他们都时刻注意每一个细节，遵循着所有繁文缛节。因为他们很清楚自己是众人瞩目的中心，有多少人时刻准备着迎合他们的喜好，所以即使在无关紧要的场合，他们也很自然地展示出挥洒自如、游刃有余的翩翩风采。他们在举手投足之间显示出的优越感是那些出身卑微的人所望尘莫及的。而正是这种不凡的气度，成功地让人们卑躬屈膝，为他们奔走效劳。君主们则用这种对权势地位的仰仗来统治臣民。路易十四之所以被看作伟大君主的楷模并不是因为他学识渊博、见地过人，也不是靠完美无缺的丰功伟业和百折不挠的坚毅性格。是他无与伦比的权势和地位为他赢得了巨大的声誉，让其他的美德和优点都相形见绌。

温文尔雅似乎是大人物的专属气度，那些费力模仿的人只会贻笑大方。有些纨绔子弟装模作样地模仿达官贵人的礼仪行事，结果却招来加倍的轻视。有人神情举止一丝不苟，指手画脚装出一副显贵的派头，以为自己像个人物，到头来却没人买他的账，他的派头也太过做作了。作为平民百姓中的一员，就应该谦虚朴实，不拘小节，这样大方自然的做派自然可以赢得朋友的尊敬。如果有谁迫切地渴望出人头地，就必须具备更重要的素质。他必须努力做到知识渊博、工作勤奋、任劳任怨、不畏艰险、百折不挠。他必须开创一番大事业，通过艰苦的努力，不懈的奋斗和精明的眼光，让人们了解他的才干。无论在什么场合，他都要做到通情达理、慷慨大度。同时，合适的时候，他应该被委以大任，以他过人的才干和优异的品质圆满完成艰巨的使命，从而博得人们的一片掌声。等待这些机遇的到来，需要格外的耐心。生不逢时总是让他们闷闷不乐，所以那些野心勃勃却为环境所限的人，整天心急如焚，想尽一切办法寻找出名的机会。他甚至幸灾乐祸地盼望国内国外发生战争或冲突，想在动乱和流血中抓住机会一展雄才，以此吸引人们的目光。

与追逐名利的人的作为相反，那些位高名重的人只要平日循规蹈矩就能保全自己的名声。他对此心满意足，他不愿意再冒险去追求更高的目标。舞会上的风光和情场上的得意就让他很有成就感。他讨厌老百姓闹事作乱，这不是因为仁慈博爱（其实权贵们从来不把草民当兄弟），也不是因为胆小怕事（这种时候他不大会害怕），而是因为他知道在这些情况下，总会有些黑马跳出来，展现出他们所没有的才能，这会威胁到他的地位，抢了他的风头。他偶尔也会冒点小风险，在群众运动中投机取巧。可是时势一旦要求他以一种百折不挠的毅力做长期坚持不懈的奋斗时，他就会畏缩不前，那些出身名门的人几乎少有例外。因此，在所有国家甚至包括君主国的政府机构中，出身中下层的人们都是依靠自己的勤奋和才能爬上了最高的职位，然后包揽了大小事务。而那些名门之后总是形成反对派，对前者满怀嫉恨。他们的态度往往先是瞧不起，然后是嫉妒，最后当后来者掌握了权力，他们也只能像曾经别人对他们卑躬屈膝那样对新的掌权者屈服。

正是丧失这种对人类感情的从容不迫的绝对控制，使高贵地位的降低变得如此不能忍受。当马其顿国王一家被保卢斯·埃米利乌斯在胜利中带走的时候，据说他们的不幸使得罗马人的注意力从征服者的身上转到了国王一家身上。看到王室儿童因为年纪还小而不了解自己的处境，旁观者深受感动，在公众的欣喜欢乐当中，带有极为微妙的悲伤和同情。在行列中接着出现的是马其顿国王。他像是一个神志不清和惊骇不已的人，由于遭受巨大的灾难而丧失全部情感。他的朋友和大臣跟在他的身后。当他们一道行走时，经常把目光投向那个失去权势的国王，并且一看见他，眼泪就夺眶而出。他们的全部行为表明：他们想到的不是自己的不幸，而全然是国王的更大痛苦。相反，高尚的罗马人却用一种轻视和愤慨的眼光看着他，认为这个人完全不值得同情，因为他竟会品质低劣竟到在这样的灾难中忍辱求生。可是，这是一种什么样的灾难呢？根据大部分历史学家的记载，他在一个强大而又人道的民族保护之下，在一种富足、舒适、闲暇和安全的状况中度过了余生。这种状况本身似乎是值得羡慕的，因为他甚至不会由于自己的愚蠢而失去这种舒适的生活。但是，他的周围不再有那班颂扬他的笨伯、谄媚阿谀者和扈从。这些人先前已习惯于在他的各种活动中随侍左右。他不再受到民众的瞻仰，也不再因他拥有权力而使自己成为他们尊敬、感激、爱护和钦佩的对象。他的意向不再对民众的激情产生影响。正是那难以忍受的灾难使国王丧失全部情感，使他的朋友忘却自己的不幸，气质高尚的罗马人几乎不能想象在这种灾难中还会有人品质低劣到忍辱求生的地步。

罗斯福哥公爵有句名言：“爱情往往会让位于野心，而野心却极少被爱情压倒。”野心膨胀的人，往往容不得别人跟他竞争。对于那些习惯于受万众仰望的人来说，除了野心的满足能够让他感到愉快，其他的一切乐趣都已经黯然失色。而那些失势的政客们为了寻求安慰，会想方设法熄灭自己的野心，努力忘记昔日的荣耀，可是没有几个人能够真正做得到。除了与人谈起昔日的无限风光，或是忙于拉帮结派、重整旗鼓，才能让他们容光焕发、得到一点满足外，大部分人只是百无聊赖地消磨时间，为一些无关紧要的想法自寻烦恼，对所有日常的娱乐都提不起精神。很少有人能够真的放弃那尊荣体面的尊贵头衔，去追求一种虽然逍遥自在、无忧无虑却默默无闻的生活。求得这种难能可贵的选择恐怕只有一种途径：彻底远离名利场，拒绝野心勃勃，不要去攀比那些实权人物。一句话，把自己的心思彻底从那个是非之地挪开。

凡人都渴望受到众人的关注和同情。除非他真的洞察事理，非常自信，对别人的看法、评价毫不在意；或者是自甘堕落，把欲望和野心忘到了九霄云外。否则的话，攫取权力的野心，让多少人夜不能寐，造成人与人之间的多少尔虞我诈、互相倾轧，也让这世界充满了怎样的贪欲和野心！与凡人不同的是，明智之士们不把地位放在眼里，谁掌权对于他们来说都无所谓，他们不争，大到家国天下小到鸡毛蒜皮，这些俗事他们概不关心。这样的状态固然让人钦佩，但是除了那些世外高人，恐怕谁也不能完全把地位和荣耀置之度外。

由此说来，最郁闷的事莫过于自己的不幸不仅不被人同情，反而招来他人的白眼和嘲笑；最开心的事莫过于受到别人由衷的关注与理解。因此，人们最害怕的可能并不是将他们置于人生谷底的灾难，反而是那些使自己不见容于众人的事情。在大庭广众之下丢人现眼常常比表露自己的巨大不幸更让人难堪，因为前者只能招来嘲笑，而后者能够得到别人的强烈同情。旁观者对受难者的同情减轻了受难者心中的痛苦。在盛会上让一位绅士衣衫褴褛地出现还不如让他遍体鳞伤更为体面，因为后者能得到人们的关切，而前者只会让他们哄堂大笑。国王在军队面前鞭笞一位军官要远甚于刺他一剑，因为前者会让他颜面无存。按照荣誉的法则，鞭刑是一种人格的羞辱，剑伤显然不是。一个视耻辱为最大不幸的绅士如果受到那种较轻的处罚，在君子眼中就无异于遭受极刑。因此，法律一般不对贵族阶层判处带有侮辱性的刑罚，即使在处以死刑的时候，也要尊重他们的名誉。无论一个身份显赫的人犯了什么罪，除俄国以外，欧洲各国政府都不会对他施以鞭笞或枷锁示众这样的有辱声誉的暴行。

人们不会因为勇士被送上断头台而蔑视他，带着枷锁在大街上游行示众却是对勇士的极大侮辱。前者为他赢得万人的景仰，后者却让他沦为笑柄。在前一种情况下，观众的同情给了他力量，使他摆脱了羞耻感，以及独自承担不幸的孤独感。在后一种情况下，人们不会同情他，即使同情也不是因为他的痛苦，而是因为他所受到的耻辱让观众也感到了羞愧。即使他认为自己无罪，也一样抬不起头来。毫无疑问，从此他是声名扫地了。相反，犯人临刑前镇静的行为和刚毅的表情能够让人肃然起敬，不管他曾经犯了怎样的罪行，面对即将到来的死亡、出于对生命的尊敬，在观众心理都会产生一种肃穆的感觉，而如果此时死刑犯的表情平静如常，无疑会让人心生尊敬：他战胜了对死亡的恐惧。

卡迪纳尔·德·雷斯的名言与我们上面的论述如出一辙："重大的危险往往能给我们带来种种荣耀，所以敢于奋不顾身去面对。可是一般的危险只能让人害怕，而一旦失败就会名誉扫地。"

一个坚强的人能够无视痛苦、贫穷、危险和死亡带来的困境。但是，如果他的痛苦遭到侮辱和嘲笑，如果他在胜利之中被俘，受万人指责，他就很难再坚持下去。所有外在的不幸都没有别人的轻视造成的伤害大。

第三章　论嫌贫爱富、趋炎附势的风气对道德情操的败坏

嫌贫爱富，从积极的意义上说，这种风气对于建立和维护等级差别的社会秩序发挥了一定的作用，但同时也造成了普遍的道德败坏。本应给予智者和君子的尊敬常常被对富豪和高官的艳羡代替，而穷人

和弱者则常常遭受着恶棍和小人才应该得到的蔑视。这种现象一直让伦理学家们痛心疾首。

我们都希望有一个好名声和受到别人的尊敬，都害怕名誉受损，遭人鄙薄。可是一旦我们进入社会，很快就发现人们尊敬的不仅是智慧和美德，蔑视的也不仅是罪恶和愚昧。我们经常看到：有钱有势的人受众人艳羡，德才兼备之士却无人问津。强者即使作恶多端、愚昧无知也不会被人看不起，而贫弱者虽然清白无辜却总是遭人耻笑。人们之所以一心向上爬是为了得到别人的尊敬和钦佩，要达到这个梦寐以求的目标有两条路可走：一是升官发财、飞黄腾达；二是洁身自好、勤学苦读。不同的道路又导致了不同的心理状态：一种是野心勃勃、贪得无厌；另一种是谦虚谨慎、公正无私。我们可以对这两者做一个对比分析，看看哪种更值得我们效仿：野心勃勃虽然披着耀眼的光环，看上去引人注目，其实华而不实；谦虚谨慎者则显得大方得体，但除了目光敏锐的人以外，很少有人注意。大多数人总是目光短浅地注视着前者的财富和地位。后者虽然天性低调，为数不多，但却是真正的德才兼备之士，是社会的栋梁。倘若要效仿，也应该选择后者，而绝非前者。

我们尊敬智慧和美德，无疑与对财富和地位的推崇有所不同。这两种情感并不难区分。但是它们之间的相似还是非常值得注意，如果不细心观察，很容易将它们混为一谈。

平民百姓和富豪权贵可能具有相同的优点，在这种情况下，绝大多数人对后者的尊敬会远胜于前者。更为可笑的是，不知道出于什么心理，他们甚至赞扬后者的骄傲自大，而完全忽视了前者的诚恳朴实。如果说我们尊敬的仅仅是财富和地位，而不是优点和美德，那它简直是对这些高贵品质的亵渎。不幸的是，财富和地位始终是人们崇仰的对象，大部分人臣服于它们。于是我们经常看到这样的情景：普通人整日循规蹈矩，偶尔一次行为有失检点就会招来轻蔑和嫌恶的眼光；那些大人物就算经常放纵无礼，却总能够得到最大限度的宽容。

还好，对于大多数人来说，追求美德和追求财富（如果不是不合本分的痴心妄想）的途径在多数情况下几乎是一致的。只要他们踏实肯干，谨慎正直，多数都能在本职工作中有所成就。但是，如果一贯庸庸碌碌，又兼品行不端、胆小怕事、生活放纵，那么再有才华的人也会一事无成。而且大多数的平民总是对法律心存敬畏，尊重这种维护正义的规则。他们的成功也通常离不开邻里、同行和朋友的帮助和赞扬，而品行不端的人很难得到这些。所以，“老实人不吃亏”这句老话在他们身上几乎是完全应验的。因此，在一般社会公德的层面上，绝大多数人的行为还是令人欣慰的，社会基本的良俗习惯在他们的身上得以传承和发展下来。

可是上流社会的生活景况就是另一番天地了。在宫廷生活和社交场合中，想要飞黄腾达的人，可不能仅仅指望那些见多识广的同侪的敬重，而必须要迎合骄横愚昧的上司们稀奇古怪的偏爱。这也就不难解释为何德才兼备之士不如溜须拍马、坑蒙拐骗之徒更受重视。在和平年代或是大乱未至之时，倡优弄臣们阿谀奉承，拿一幅国泰民安的盛世景象迎合帝王，而帝王们也乐得把治理国家造福百姓的责任一股脑推给这些所谓的“忠臣”，而自己整日沉迷于纸醉金迷的生活。在上流社会的社交生活中，那些故作姿态的仪表风度和小聪明，比战士、政治家、哲人或者议员的真正男子汉气概更受人待见。也就是因为这样，那些粗俗卑鄙的溜须拍马之徒才能够在卑鄙地掌握权势之后，肆意地污蔑和践踏一切令人肃然起敬的美德，而这些美德无论是在朝堂之上还是在乡野之间都是十分重要的。

据说时尚也是来源于人们对上层人物亦步亦趋的模仿。于是，无论是上流社会的衣着打扮、交际言谈，还是他们的举止风度，甚至他们的罪恶和愚蠢，都变成了一种时髦的东西。大多数人以模仿他们为荣，殊不知正是这些东西玷污和贬低了他们自己。虽然他们自己也不一定觉得这样的装束有多么好看，但爱慕虚荣的人还是会以上流社会的人为标准，来规范自己的言行举止、衣着打扮。虽然他们不一定认为某种行为算是美德，但是他们还是会依葫芦画瓢照着干，仅仅因为那些贵族们都是这样的。更令人感到羞愧的乃是穷人对贵族们的派头的模仿，他们有限的财力根本无力承担这些开销却还是打肿脸充胖子，到最后只能让自己陷入更加困窘的绝境。

追逐名利与追求美德是两条截然不同的道路，有时候，这两种不同的追求会发生激烈的冲突。但是那些野心勃勃的人总觉得，只要一旦爬上了权力的巅峰，自然是随心所欲无所羁绊，到那时候再表现得风度翩翩、优雅得体也不迟。他们以为，胜利的光环完全可以遮住他为了向上爬而使用的种种卑鄙手段，人们把他看作成功者，没有人还会注意他的过去。那些觊觎着政权的人就是最好的例子。他们丝毫不把法律放在眼里，为了登上日思夜想的宝座，他们不惜采取任何手段。因此，他们将尔虞我诈、阴谋诡计和结党营私当作家常便饭，甚至不惜冒天下之大不韪，采用谋杀、行刺、叛乱、战争等方式，将通向权力顶峰之路上的障碍一一清除。但是他们之中失败者远远多于成功者，弄权者的结果最后往往是罪有应得、身败名裂。

既然胜利的诱惑如此巨大，按理说那些实现了自己毕生梦想的人应该感到心满意足。其实不然，一旦野心家们得到了自己追求的东西，心情总是无比失望。因为野心勃勃的人真正追求的并不是舒适和快乐，而是荣誉的光环（虽然往往是对荣誉极度的扭曲）能让他们满足。然而不幸的是，无论是在他自己还是别人的眼中，他爬上高位后所得到的荣耀，在他此前为了达到目的而使用的卑劣伎俩的对比下，早已黯然失色。虽然通过大肆挥霍、声色犬马的放纵（堕落的人常常用这种可怜的办法打发时光）、日理万机的忙碌、惊心动魄的征战，他会尽力让别人逐渐淡忘他的所作所为，但是在历史和良心的审判席上，他依然只能是被告。他寻求着能够使人丧失记忆的魔法，却总是徒劳无功。一旦他想起所犯的罪恶，他就知道别人也会记得这些事情。他可以举办所有极尽豪奢的盛大仪式，可以从权臣和学者那里收买令人作呕的谄佞献媚，可以得到愚民大众发自内心的欢呼，可以在一切征服和胜利之后品尝志得意满的滋味，但是他却无法摆脱那如影随形的羞愧之情的猛烈报复。当所有荣耀集于一身之时，他却无时无刻不在承受着千古骂名的重负。伟大的恺撒大帝气度不凡地解散卫队，却依然不能打消自己的疑心。他可以赦免自己的敌人，却无法得到人们的友情、消除他们的敌意，以及在同侪的尊敬和爱戴之中安享天年。

第二卷

论优点和缺点，
或奖赏与惩罚的对象

第一篇　论对优点和缺点的感觉

引　言

人类行为还具有另外一种品质——优点和缺点，也就是应该得到奖赏或惩罚的品质。这种品质人们只会态度鲜明地对其表示赞成或反对，不会用是否适度、庄重或者粗俗来形容。

在前面，我们已经从两个不同的方面探讨过产生各种行为以及决定全部善恶的内心情感。本章也可从两方面来研究：一方面，我们可以从关注激发感情的原因或对象入手，探讨了这种感情与激发它的原因是否相称，以及这种感情决定的相应行为是否适度，是彬彬有礼还是粗俗不堪；另一方面，我们可以考察这种感情本来的目的或实际造成的结果是否有益，以决定相应的行为是受赏还是受罚。据以判断行为是否适度的感觉在前面已经论述过，在这里，我们主要研究那些判断行为应该受赏还是受罚的感觉。

第一章　奖赏任何理应受到感谢的行为，惩罚任何理应得到怨恨的行为

一种行为让所有人都理所当然地感觉到要刻不容缓地去报答别人，这种感情就是感激，显然这种行为应该受到奖赏。相反，一种行为让我们感到要迫不及待地去报复别人，这种感情是怨恨，显然这种行为应该受到惩罚。其实，奖赏和惩罚都是一种感情反馈，当然两者也是尖锐对立的，奖赏是对别人施与我们恩惠的投桃报李，而惩罚则是对别人给予我们伤害的以牙还牙。

感激或者怨恨这种两种感情可以直接促使我们对别人的喜怒哀乐加以关注，可以直接决定我们是否为他人服务。比如，我们与一个人相识已久，彼此融洽相处，而且对他满怀敬爱，那么我们肯定会为他的幸福而高兴，当然也心甘情愿为他的幸福而贡献自己的绵薄之力。即使他的幸福中没有我们的付出或者说功劳，我们同样也会为自己的爱心而感到满足，因为我们全部的心愿就是希望他幸福，不会在意给他带来幸福的人是谁。但是，这种美好的心愿其实无法满足我们的感激之情。我们看到那个给过我们很多恩惠的人得到了幸福，当然满心欢喜，但是，如果他的幸福没有我们的一臂之力，这种感激之情还是存在缺憾的。也就是说，只要我们还没报答他或者还没用实际行动去促进他的幸福，我们就会一直觉得有所歉疚，对不起他曾经给予我们的种种帮助。

同样，如果一个人平日的所作所为让我们极其痛恨和厌恶的话，那么我们对他的遭遇往往难以产生同情，相反会幸灾乐祸，甚至我们看到他受罪很高兴。但是，如果他的行为没有给我们或者我们的朋友带来严重的人身伤害，我们对他也就没有仇恨，自然也不希望会给他带来不幸。我们并不想亲手造成他的痛苦，虽然我们可能并不害怕因此受到惩罚。一个满腔仇恨的人在听到他非常讨厌的人死于非命的

时候，也许会感到高兴。但是，如果感到是由于自己的原因造成了这个不幸，只要他天良未泯，即使他原本没有这种恶念，他也会过分地谴责自己。这种自发的想象会使他受到异乎寻常的折磨，甚至会惧怕在头脑中描绘这种邪恶的图谋，而且一想到自己会犯这样的滔天大罪，他就会觉得自己跟那个人一样面目可憎。而怨恨则截然不同。一个人如果曾带给我们巨大的伤害，比如说有杀父杀兄之仇，那么，即使他很快死于疾病，或者因其他罪名被斩首，也许这会平息我们的仇恨，但是，却不可能完全消除我们的怨恨。身受伤害产生的怨恨，使我们不但希望他罪有应得，而且还想亲手处置他。除非罪犯悲伤他自己的同时，也为他的罪恶给我们造成的伤害而痛苦，否则怨恨就不可能得到彻底消除。他应该对自己的行为痛心疾首，这样其他人就会因为害怕惩罚而不敢重蹈覆辙。处治罪人，警示大众，怨恨得到补偿，惩罚就自然会产生政治上的效果。

第二章　论合乎情理的感激或怨恨的对象

大家认为理所当然应该得到感激或怨恨的行为，才是合乎情理的对象。因此，同人类所有其他感情一样，真正合乎情理，被大家所认可的同情、理解和赞同，必须来自于那些置身事外、正直无私的旁观者。

我们发自内心地感激一个人，我们就应该理所应当地报答他，其他人也会这样想，也希望看到这种报答。同样，我们发自内心地怨恨一个人，我们当然希望惩罚他，任何一个通情达理的人也都会理解和同情我们，也乐于看到这种惩罚。

对朋友们春风得意时的快乐，无论是什么给他们带来了幸运，我们都会乐于和他们一起享受这种愉快和满足。对于他们的情感和爱心，我们能够体会而且也开始对它产生感情。如果这种幸福被破坏，甚至只是远在他们力所能及的范围之外，那么即便我们失去的仅仅是旁观的愉快，我们也会为他们深感惋惜。如果是一个人为朋友带来了幸福，这种惋惜之情就更为强烈。当我们看到有人得到别人的帮助、保护和安慰时，我们对他的快乐抱有同感，也同样感激那个给予他快乐的人。我们站在感恩者看待他的恩人的角度来看，这个恩人在我们眼中一定会显得非常和蔼可亲。因此，我们很愿意去分享感恩者对恩人所抱有的令人愉快的感激之情，也完全赞同他知恩图报的心理。因为我们能充分理解这种感情，所以无论怎么看，这种回报都不过分。

无论何时，我们都会对朋友的悲伤报以同情，因此也能够理解他对痛苦之源的痛恨。我们时刻跟随着他的悲伤，就很容易被他那种竭力挣扎、力图摆脱痛苦的精神所打动。但是，我们不会沉溺于消极被动的同情之中，那样只会使我们和他一样痛苦，我们会主动去寻求一种更为积极向上的感情，从而赞同他对痛苦根源的厌恶，以及摆脱悲伤的努力。如果给他造成痛苦的是一个具体的人，这种情绪就更为明显。当有人遭到欺凌迫害时，我们就会同情他对施暴者的怨恨，丝毫不亚于同情他自身的痛苦，甚至很愿意看到他对仇人的报复。只要他想要自卫或报复，我们都会摩拳擦掌准备随时拔刀相助。如果他不幸在争斗中死去，我们不仅会同情他亲朋好友们的愤怒，而且会为已经丧失知觉和感情的他想象出一种愤恨之情。我们甚至想象自己进入了他的躯体，使这具血肉模糊的死躯重新复活，真正体会着他内心深处的感觉，这种想象的同情，使我们像往常很多时候一样感受到一种当事人无法感受到的情绪。这时，油然而生的责任感让我们为他受到的无法补偿的巨大伤害而潸然泪下，让我们觉得他的遭遇理应得到更多的关心。假如他那冰冷僵硬的尸体仍然有意识，他的愤怒一定会与我们的想象完全一致，一定会跃起高呼血债血偿。一想到他的大仇未报，我们就觉得他死不瞑目。在人们的迷信想象中，经常会有夜半出现在凶手床边的恐怖形象，以及那些从坟墓中爬出来报复仇人的冤魂。其实，这都是一种想象中对死者的愤怒产生的同情所造成的。即使没有惩罚来主持正义，对于罪大恶极之人，上帝也早已用这种办法在人类心中深深地烙印下神圣不可抗拒的复仇法则。

第三章　如果我们不赞成行善者的义举，就难以同情受益者的感激。反之，如果我们同意施暴者的动机，就根本不会同情受害者的愤怒

也就是说，一个人想要为别人做什么好事，只要他的动机显得不合情理，我们就无法理解导致这种行为的感情，也就很难同情得到好处的人对他的感激。相反，一个人有什么危害他人的行为或企图，只要我们能够理解他这样做的原因，我们就不会同情受害者的愤恨。前一种行为似乎值得稍微表示一点感激，而后一种行为则好像不应该报以满腔仇恨，也不应该受到惩罚。我们具体从以下两点来论述。

首先，如果我们无法理解行善者的行为，他这样做的动机显得不合情理，我们就很难对受益者所抱有的感激之心表示同情。比如，只因为对方碰巧和自己同姓同宗、有相同的爵号头衔，就赐予对方很大的好处，甚至将万贯家财拱手相送。我们看不起这种愚蠢的善行，觉得这位恩人不值得感谢，因为这种傻瓜似的慷慨大方根本不值得给以同等的回报，所以我们就不大会同情那位得到好处的人感激涕零的表现。假如我们换成感恩者，恩人总是宽宏大度地对待软弱的我们，我们就难以对他产生崇高的敬意，而且多数情况下很可能会把对他的敬重转归于更值得尊敬的人。就像有些君主慷慨无度地将财富、权力和荣耀滥施于自己宠爱的人，却很少能换来他们的忠心，相反，忠诚往往会归属于那些有节制施舍恩惠的人。英王詹姆斯一世虽然生就一副慈善心肠，但是他毫无保留的慷慨大方似乎并没有讨得任何人的欢心，以致生前死后都是孤家寡人。可是他那英明节俭的儿子虽然生性冷酷无情，却能让英格兰所有的豪绅贵族抛家舍业，为他卖命。

其次，无论一个人给别人造成了多大的不幸，只要他的动机和情绪完全能够得到我们的同情和认可，我们就根本不会去同情受害

者的怨恨。就像我们偏向争吵中的一方，完全赞成他的愤恨情绪，也就不可能去体谅另一个人的愤怒。我们赞同一个人的动机，认为他是正确的，我们就一定会冷酷无情地反对那个被我们断定为错误的人。无论后者可能遭受什么样的痛苦，只要还没有超过我们出于同情的义愤所能容忍的程度，我们就丝毫不会感到恼怒。比如，一个被判处死刑的残忍的凶手竟敢狂妄地对揭发者或法官表示无礼，即使我们原本可能对他的不幸有一点怜悯，我们也根本不会同情他的愤怒。人们天生就会对那些十恶不赦的罪犯的正当义愤抱有一种天然的反对倾向，虽然这对罪犯来说是致命的，但只要我们设身处地地想象一下，对这种感情倾向就会表示赞同，而且不会有任何为难之处。

第四章　简要回顾前几章的内容

1. 当一个人因别人给他恩惠而心存感激时，除非我们完全赞成行善者的动机，否则我们不会真心实意地表示同情。只有我们衷心地认同行善者的原则以及由行为产生的所有情感，才能完全理解并认同受益者的感激之情。如果行善者的行为显得不合情理，无论结果多么有益，也不一定非要给以同等的回报。

但是，如果这种善行包含着慈爱的意图和适当的感情，如果我们完全同情和认可行善者的动机，我们就会因此对他肃然起敬，我们对那些感激涕零的人的同情之心也会大增。这种善行就应该得到甚至有权要求一个同等的回报，那种渴望报答恩情的心情也会得到我们的谅解。此时我们一定会支持报恩的行为，觉得行善者理所当然地得到报答。

2. 即使一个人不是出于某种不可饶恕的动机给他人造成伤害，我们也难以对受害者的愤怒表示同情。只有不赞成施暴者的动机，也不愿同情导致他那些行为的感情，我们才能体谅受害者的愤怒。如果施暴者的动机和感情都显得合情合理，那么无论他想对受害者造成多大的伤害，他的行为都不应该受到惩罚，对他心怀怨恨也并不合适。

但是，如果造成伤害行为的感情是不正当的，加上我们对施暴者的动机满怀憎恨，丝毫不愿同情，我们就会真诚地体谅受害者的愤怒。这种愤怒在我们看来就是合情合理的，当然对于受害者要求惩罚罪行的呼声也会完全理解和赞成。此时，在我们眼中，罪人理应受到惩罚，我们完全同情和支持那种要求惩治罪人的感情，故此，惩罚行为也就成为恰当合理的了。

第五章　试析人们对优点和缺点的判断力

判断一种行为是否适度，我们依靠的是对行为者的感情和动机的一种直接同情，而且这种同情必须来自于那些置身事外、正直无私的旁观者。我们对优点的感觉是源于对接受行为者的感激之心的间接同情。

如果我们不赞同行善者的动机，就不可能充分体谅受益者的感激，因此，对优点的感觉似乎是一种混合的情感。它包含着对行善者情感的直接同情和对受益者感激之心的间接同情，这是两种截然不同的感情。

下面我们具体来分析人们对优点和缺点是怎样判断的。

同样，我们对缺点的感觉是源于对受害者的愤怒的间接同情。因为我们对施暴者的感情和动机缺乏同情，甚至直接反感，我们才会觉得他的行为不合适，所以只有我们内心原本就不赞同施暴者的动机，对它毫无同感，我们才能同情受害者的愤怒。因此，和对优点的感觉一样，对缺点的感觉也是一种复合的情感。它包括对施暴者感情的直接反感和对受害者愤怒的间接同情。

很多时候，当我们觉得某种品质或行为应该得到报答时，我们可以清楚地区分开这两种混杂在一起的感情。当我们在史书中看到一种正义凛然、仁慈高尚的行为时，往往会急于了解其目的；我们为这些行为背后的慷慨大度的精神感动不已，为他们的成功而高兴，为他们的失意而悲伤。我们把自己想象成那些为我们慷慨仗义的人，我们在幻想中置身于那些年深日久、为人忘怀的冒险经历中，想象自己正在扮演远古英雄的角色。我们的情感依靠的就是对这些行善者的直接同情，同时我们也明显感觉到对那些受益者的间接同情。当我们设身处地地为受益者着想的时候，在我们用心体会他们对那些热心助人者的感激之情时，我们心中的同情是多么热烈真挚。我们会像他们一样去拥抱那些恩人，我们对他们感激涕零的表现报以衷心的同情。我们觉得他们无论给自己的恩人多大的光荣和回报都不为过。如果他们对所得的恩惠给予适当的报答，我们就会对他们的行为赞不绝口；如果他们显得对此无动于衷，我们反而会感到无比惊讶。一句话，正是因为我们对感激和热爱满怀同情之心，我们才会感觉到这些行为的优点，认为它们应该得到奖赏，应该给以适当的回报，而这种回报必然使行善者感到欣慰。当我们以这样的心情去深入体会当事者的处境时，一定会为他们如此高尚大度的义举激动不已。

很多时候，当我们觉得某种品质或行为应该得到惩罚时，我们也能清楚地区分开两种混杂在一起的感情。当我们在史书中看到古代暴君们的荒淫无耻和惨无人道时，一种对造成这些暴行的反感就会油然而生，我们心怀恐惧和厌恶，不愿对这种罪恶的动机有丝毫同情。我们的感情依靠的就是对施暴者心态的直接反感，同时我们也明显感觉到对受害者愤怒的间接同情。当我们设身处地地想象那些遭到欺凌、出卖或被杀害的人的悲惨遭遇时，对人间竟然有如此残暴骄横的压迫者感到义愤填膺。我们同情无辜受害者不可避免的痛苦，也同样热烈真诚地同情他们那天经地义的愤怒。前一种感情只是后一种感情的催化剂，一想到他们的痛苦，我们对那些造成痛苦的人的憎恨就愈发强烈，我们就会更加真诚地同受害者一道去反抗压迫者，会更加热烈地支持他们所有的复仇之心，并且时时刻刻把自己想象成为伸张正义、铲除邪恶的英雄。满怀同情的愤怒让我们觉得那种惩罚是他们罪有应得的。正因为我们作为旁观者，对受害者都了解得一清二楚，所自然产生的富于同情的愤怒，使我们为这种惨绝人寰的暴行受到应有的惩罚而高兴，为它逃脱应得的报应而气愤不已。恶有恶报，我们认为那些犯了如此大罪的人理应承受打击，经受痛苦的折磨。

第二篇　正义与仁慈

第一章　两种美德的比较

只有仁慈好善、光明正大的行为才配得上报答，因为大家都对它心存感激，由此行为激起的感恩之心才能得到旁观者的同情。同样，只有存心为害、图谋不轨的行为才应该受到惩罚，因为大家都对它心怀愤恨，或者说由此行为激起的愤怒之情才能让旁观者深有同感。

仁慈是一种自由的选择，不能强求。我们不能惩罚那些仅仅是缺乏慈善心的人，因为这并不会导致真正的罪恶。也许有时人们依照常理期望看到善行，但是事与愿违，由此带来的失望心情也可能诱发厌恶和反感，但是他们不会报以任何使他人难以理解的愤怒之情。然而，一个人在有能力报恩或者恩人需要他帮助的情况下，不去感恩，这无疑是最令人不齿的忘恩负义的行为。他的自私动机，不会赢得任何公正的旁观者内心丝毫的同情，也同样没有人对他表示赞同。实际上，他没有真正地伤害任何人，却引起了人们的憎恶，因为他没有做到原本应该做到的善行。但憎恶并不是愤怒，憎恶是人们通常对那些不合情理的情感和行为会产生这样的情绪，而愤怒只是那些使具体的人受到实实在在伤害的行为理所当然激起人们的情绪。因此，缺乏感恩之心的人不会受到惩罚。他只是没有怀着感恩之心去做任何公正的旁观者都会支持他去做的事，可是如果我们也不能通过外部压力强迫他去做，那样好像比他忘恩负义的行为更不合适。就像他的恩人企图用暴力强迫他报答，那只能自取其辱，这种角色也不应该由另一个同等地位的人来充当。不过，出于感激之情，我们愿意主动去积德行善，这是一种最接近于理想和完美的责任。友爱、慷慨、宽容比起感恩之情的责任感更为自由，更加不受外力逼迫，也会让我们自觉地去做好事。然而，在友谊仅仅是尊敬且没有与对善行的感激相混合而增强的时候，我们只能选择绝口不谈慷慨之恩甚至友情，只能谈论感恩的债务。

上天赐予我们用于自卫且仅仅是用于自卫的似乎是愤怒之情，它保卫着正义和清白。在它的鼓舞下，我们打败企图伤害自己的阴谋，对已有的伤害实行报复，让侵犯者悔恨自己做了错事，让其他人看到前车之鉴而不敢再轻举妄动。但是，这种愤怒如果超过了应有的范围，旁观者就不会报以同情。就像一个缺少慈善心的人虽然不能满足我们对合乎情理的善行的期待，但是我们没必要进行自卫，因为他不会故意伤害我们。

相反，正义是另一种美德，对它的遵守，并不依赖于我们的自由意志，违反它的人会成为众矢之的，遭受惩罚。一般来说，违反正义的人总是确定无疑地伤害了一些具体的个人，且背后隐藏着一些不可告人的目的。因此，对他报以愤怒是理所当然的，而愤怒必然导致天经地义的惩罚。对不义行为造成的伤害，用暴力以牙还牙，不会有任何人反对，因此为了防暴、止暴而使用暴力，为了阻止罪犯伤害其邻人而使用暴力，更能得到人们的肯定和赞同。阴谋为害他人的歹徒，他自己也很清楚，受害者和其他人为了防止或惩罚他的罪行会恰如其分地使用这种暴力。最近一位远见卓识的伟大学者着重指出，正义对我们行为的约束比友谊、仁慈或慷慨更为严格，这是正义和其他各种社会美德之间的最大区别。在实践其他一些美德的时候，我们好像可以自由地选择行为方式，但是当我们遵守正义的时候，会莫名其妙地感到某种特别的束缚、限制和压力。也就是说，我们在遵循其他社会美德的时候却感觉不到这种强迫性，而我们遵守正义法则的时候，有一种力量使我们感觉到一种天经地义的强迫性。

值得注意的是，我们必须谨慎区分这两种行为：一是只适合加以责备和非难的行为；二是可以用暴力来惩罚或防范的行为。区分的时候要把握一个度，连司空见惯的寻常好人好事都做不到，就应该受到责备，而任何超过一般标准的善行都值得赞扬。介于二者之间的一般的善行本身似乎既不应该责备也不值得赞扬。比如，作为一个父亲、儿子或兄弟，对亲人的态度如果跟多数人一样，好像就没什么可褒贬的。但是，如果有人对我们异乎寻常地友好，让我们受宠若惊，就好像应该得到好评；相反，如果有人对我们出人意料地冷酷，就要受到谴责。

可是，即使在地位平等的人之间，也不能强求最普通的好意和善行。早在市民政府建立之前，人们就理所当然地认为，每一个平等的个体都有权保护自己不受伤害，也有权要求对那些伤害自己的人给予一定程度的惩罚。任何慷慨大方的人在看到别人维护自己的权益时，都会表示赞同和理解，并且常常愿意相助。如果有人遭到袭击、抢劫或者谋杀，所有的邻居都会震惊不已，而且认为自己应该救人于水火，或者为受害者报仇。但是，如果父亲对儿子缺乏正常的慈爱，儿子对父亲缺乏正常的孝敬，兄弟之间缺乏正常的骨肉之情，有人缺乏同情心以致拔一毛以利天下而不为，这些行为虽然人人都可以责怪，但任何看不顺眼的人都无权强迫人家做得更好。这种情况下，旁观者或者同等地位的人，如果大打出手就会被看作蛮横无礼之徒，对他们只能劝告和说服，此外别无他法。

有时，当权者确实可以强制那些统治下的百姓彼此以礼相待。所有文明国家的法律都规定，父母有抚养子女的责任，子女有赡养父母的义务，还有其他许多强制性的慈善行为。市政官员不仅有权惩治暴行以维护社会安定，还有权建设良好的行为规范，防治各种歪风邪气，以促进国家的繁荣昌盛。为此采取立法的手段，禁止市民之间的相互伤害，要求大家尽可能与人为善。如果君主命令大家去做那些无关紧要的事情，此前置身事外也不会受任何追究，而违抗命令的话就会受责备和惩罚；那么，一旦他命令大家去做那些此前如果不管不问就会受严辞指责的事情，违抗命令者受到的惩罚肯定更为严厉。

然而，立法者在执法的时候，必须态度谨慎，如履薄冰，做到公正和适度。对法律的全盘否定会引起严重的社会动乱，使国家受到骇人听闻的暴行的威胁；执法过于严酷又会破坏自由、安全和公正。

在地位平等的人之间，好像不能随意惩罚一个仅仅缺乏善心的人，但是，为了努力行善而做出巨大牺牲的人显然应该得到最丰厚的回报，他们伟大的义举理所当然应该受到最热烈的感激。一般来说，侵犯正义的人会遭到惩罚，但是遵行正义的人似乎不会得到任何奖赏。遵行正义是一种正确的行为，应该得到肯定和赞同，但是它并没有任何真正积极的善行，所以不值得给予感激。绝大多数情况下，正义只是一种消极的美德，只是不让我们去伤害邻人。比如，如果仅仅做到不去侵犯邻居的人身、财产或名誉，这几乎没有任何积极意义上的美德。

值得关注的是，人们并不仅仅是出于维持社会秩序的考虑而赞同违反正义的行为必须在现世受到惩罚，上帝和宗教让我们笃信这种罪行即使在来世也会受到报应。虽然这种惩罚没有先例，罪人也不可能因为害怕上帝的惩罚而收手，但是人们却感到这种报应会如影随形地伴着他一直到死。人类相信天界存在着一个公正的上帝，当那些在世间饱受欺凌、无人为其主持公道的孤儿寡母们向他祈祷着哭诉后，上帝必为之复仇。因此，在任何一种宗教或为世所知的迷信中，都有天堂和地狱的对立，天堂用来报答善行，地狱用来惩罚罪人。

第二章 论对正义和悔恨的感觉以及客观的自我情感评价

当我们怀着伤害别人的念头、试图给他带去不幸的时候，主要是出于报复心理：因为自己曾经被他伤害过所以要还诸彼身。这样的动机从某种角度来看似乎是正当的，也可能会得到旁观者的理解，但若是平白无故地伤害别人则会激起所有人的愤怒。如果因为别人的幸福妨碍了我们自己的幸福就对其搞破坏，或者仅仅因为本属于别人的东西对我们来说更有用就霸道地将之据为己有，甚或为了满足凡人皆有的自私心理就将自己的幸福建立在牺牲他人利益的基础上，种种以上劣行是任何公正无私的旁观者都不会赞同的。人自私的天性使他将私利摆在第一位，最关心直接涉及自己利益的东西，而对别人的悲喜成败漠然视之，因为人确信最了解、最会照顾自己的那个人还是自己，关爱自己无可厚非。人们也许会为一个素不相识的人的离世而难过，但那种感情的投入程度远远比不上日常生活中碰上的小麻烦给自己带来的烦躁焦虑感。是的，邻居的破产跟我们没有多大瓜葛，影响力还不及自己遇到的一些小灾小难，但我们绝不能为了使自己免遭灾甚至为了防止自己破产就让邻居付出破产的代价。无论是在上述例子中还是在其他任何时候，人都应当采取自己平素对待别人的态度来看待自己。如俗语中常说的，一个人咀嚼着自己的小悲欢就以为是整个世界，但在别人看来他什么都不是。人总是把自己的幸福看得比世界上所有其他人的幸福都重要，可其他人并不一定这么认为。因此，即使每个人尊奉“我爱自己甚于爱所有人”的原则，他也不敢公然宣称。虽然这个原则对天性自私的人来说再自然不过，但他怕说出来会遭人恶评：这个人太妄自尊大了！没有人会赞成他的这种明目张胆的私心。当人尝试着用别人的眼光来看待自己时，就会逐步意识到自己在别人眼中的位置：不过是人海中芸芸众生的一员，不比别人高明多少。明白了这些，当以后为人处世时他就能够参考“旁观者”的视角：务必做到在所有的场合都注意克制自己的妄自尊大之心，将其控制在别人能够接受的范围内，而其他人也会相应地容忍他的自私自大心理，允许他去追逐自己的幸福。只要别人设身处地地替他着想，就不会反对他去争取个人的荣耀。比如在财富、荣誉和权势面前，他想击败所有对手摘得头魁，大可以尽其所能，全力以赴；但是，如果他不专注于提高自己的能力而是一心使坏，想排挤或除掉对手，其他人就不会宽容他，因为人们憎恶任何阴险狠毒的行为。每个人都是平等的，大家相差无几，谁也不比谁强多少，要公平竞争。那种爱自己胜于任何人的自私心理难免会催生伤害竞争对手的念头，此时，人们更愿意站在被伤害者一边，同情他的愤怒，对那害人者表示憎恶和厌弃，害人者因此才会意识到极端自私只会让自己成为众矢之的，陷入四面楚歌的困境。

为害者犯下的罪恶越大，越难以补偿，受难者的愤怒就越强，旁观者同仇敌忾的情绪也就愈发高涨，而犯罪者亦愈觉悔不当初。对一个人最大的伤害莫过于害其性命，死者的亲友相识会对此怒不可遏，在所有人包括罪犯看来谋杀都是一种最惨无人道的罪行，它破坏我们对未来美好的憧憬，其罪恶远远高于夺走我们现已拥有的东西，因为破坏一个约定只是把可能的希望完全化为泡影，这种罪恶远逊于侵犯财产、偷窃和抢劫等罪行。象征着正义的法律是神圣的，它颁布的最主要的目的是保护所有人的生命和人身安全，违犯它的人将会受到严厉的制裁和惩罚；其次是要保护个人财产及其所有权，最后才是保护通常所说的个人权益或保障义务实现的权利。

触犯法律的人行凶之前不去考虑别人的看法，他没有羞耻心、无所畏惧，也不去感觉自己可能带给别人的痛苦。但当满足了冲动的欲望，再回过头冷静地看待自己的行为时，他简直无法原谅影响自己行凶的动机，那些念头显得极为可恶。他意识到别人一定会用厌恶和憎恨的眼光看待他，于是不知不觉间他开始厌恶和憎恨自己，开始同情因自己的罪行而造成的受害者，并且一想到自己给别人造成的伤害就伤心后悔不已。同时，他发现自己已处于人们的愤怒声讨之中，已经被排除在一切人类感情之外，必须得承担怨恨、报复和惩罚的后果。在极度的恐惧和惊惶包围之下，他不敢再面对社会，也不敢奢望在压抑的痛苦之中能得到别人的一丝安慰，因为其他人一想起他的罪行就不会产生任何同情。世人对他的态度让他绝望，深陷四面楚歌还不如逃进荒凉的沙漠，从此不见任何人，再也看不到那些鄙夷、指责的神色。但是，孤独比社会的孤立更可怕，前思后想，他觉得还不如直面黑暗、不幸和灾难，以及忧郁带来的难以想象的痛苦感。这些迫使他重新面对往日熟悉的人们，他无地自容、惊慌胆怯的表情让他们吃惊，他也希望自己的沦落破落能够换来那些真正的审判者的同情，尽管他们早已做出了一致的宣判。这种天赋的情感就是悔恨，悔恨会让人产生畏惧心理，它包括对自己过去所犯的错误深感羞耻，对罪行的后果深感遗憾，对曾经被自己伤害过的深觉怜悯，以及想到所有其他人自然爆发的愤怒，内心不免对未来的惩罚感到绝望。

相反，一个人向来慷慨仗义，而且帮助别人是出自正当的理由而不是幼稚轻率的想法，那么他有理由去认为自己会得到那些受过他帮助的人的爱戴、感激，并会因此而得到社会上所有人的尊敬和赞赏。当用公正的旁观者的态度来回顾和检视自己当初的动机时，他会有更深的体会，并为“旁观者”对自己的裁判和赞许而欣喜。想到自己的行为从各方面看都无可挑剔，让所有人感到满意，他内心就充满了快乐、安详和镇静；能和所有的人融洽相处，并在人群中感到信心十足、意气飞扬，他确信自己是个受人尊敬的人物，所有这些美妙的感情合在一起让他强化了对自己优点的认识，也认为自己值得这些慷慨的回报。

第三章 论天赋社会结构的效用

人是社会人，只有在社会中才可以生存，天性也使人能够适应其身处的环境。人类社会所有成员之间都需要互相帮助，也可能会互相伤害。人们如果能够做到互谅互让、互敬互爱、互帮互助，社会就会繁荣兴盛、充满温馨。温情和爱将群体中所有的成员联结在一起，组合成一个温暖的大家庭。

当然，即使是一个人人为我、自私当道的社会，人们之间普遍缺乏爱和温情，没有多少快乐祥和的气氛，社会也不会消亡。因为即使人与人之间的关系冷漠到极点，只要达成一定的共识，社会仍然可以由一种类似商品交换的关系来维持。在那样的社会中，人没有必要对帮助者表示感谢，但因为社会已经形成了一种普遍的共识，依靠纯粹功利主义的互惠行为它也完全可以延续下去。

可是，如果一个社会中人们之间总是互相攻击、伤害，它就很难存在下去。一旦人们开始互相伤害，仇恨和敌对的情绪便开始蔓延，联结社会的纽带就会断裂，人们之间的关系因为感情上的摩擦和对抗而愈加疏远。众所周知，如果强盗和杀人犯之间有交情，他们至少不会去抢劫和杀害对方。因此，与仁慈和宽容相比，社会的存在更有赖于正义。一个缺乏仁爱之心、处处充满炎凉世故的社会虽然畸形得让人感觉不快，但是仍然可以维持，而一个充满暴行、仇恨的社会却注定要走向毁灭。

来自他人的报答总是让人愉快、令人向往，上帝利用世人的这种心理督促他们多做好事。他没有因为善行经常被忽视就放弃用这种心理来保证和强制人们行善。如果把人类社会比作一座大厦，那么善行不是支撑这座大厦的地基，而是给它增光添彩的炫目装饰，因此劝诫督促就可以，没必要非得强迫人去做。相反，正义好比支撑整个大厦的中心支柱，它一旦动摇，这座宏大雄伟的建筑必定会在顷刻间土崩瓦解。上帝为了营造和维护社会大厦倾注了太多的心血，因此他为了引导世人遵奉正义，便将恶有恶报的观念注入他们心中，培养出一种不敢轻易违背正义原则的心理，因为知道那样会遭来惩罚。这种心理好比人类共同体的伟大卫士，扶弱抑强，除暴安良。人类天生富有同情心，但是他们对与己无涉的陌生人的关注程度根本不能与关爱自身的程度相提并论。与自己的蝇头小利相比，一个陌生人的不幸无足轻重、无关紧要。处于强势地位的人有时很容易去伤害别人，当受害者被迫自卫的时候，若施害者心中所谓正义的原则荡然无存，他们一点也不会为受害者的无辜柔弱所动，相反却会像只被激怒的猛兽般随时向对方扑过去，此时身处人群之中，孤立无援的受害者就好像掉进了狮子的洞穴。

处处充斥着尔虞我诈的社会不可能产生正常的人际交往，社会只有在尊重正义法则的前提下才能存在。正因为意识到正义法则必不可少，人类才会赞成惩罚那些违背这一法则的人，以维护正义的尊严和社会的有序。乐群是人类的天性，即使群体生活不一定给自己带来什么好处，他仍然坚信人类保持团结可以维护自身的利益。他向往的社会应该是秩序井然、繁荣昌盛的，而不应是混乱不堪、秩序全无，一切导致社会混乱无序状态的原因都让他厌恶。因为他清楚地知道，个人利益的实现离不开社会的发展，社会安定繁荣与否决定了他个人的幸福乃至身家性命的安危。正因为个人受社会大环境关联的东西太多，故而他对一切危害社会的行为恨之入骨，并愿意想方设法去阻止骇人听闻的坏事情发生。违反正义的行为必然会给社会造成损失，因此他对每一件暴行都感到惊恐不安，想竭尽全力阻止事态向更坏处发展，若听任坏人为所欲为，曾经他视若珍宝的东西可能很快就会烟消云散。当使用温和克制的手段达不到平息暴行的目的时，他将会不惜使用暴力。所以常常看到人们赞成为了维护正义而严格执法，甚至同意对违反正义法则的罪犯处以死刑。只有把那些危害社会安全的害群之马驱逐出社会，才能达到杀一儆百、威慑不法分子的效果，让他看到前车之鉴，不敢轻易以身试法。

人们经常借用上述理由来解释自己对严惩不义行为的赞同，毫无疑问我们就是要坚持这种态度：要维护社会秩序，就不能缺少合情合理的惩罚。很多时候，当罪犯在正义原则的惩罚下得到应有的下场时，虽然人们出于义愤认为他是咎由自取，但看到他终于折服在正义原则面前、停止野蛮的暴行时，对他的恐惧感和厌恶感开始淡化了，并戚戚然地对他报以怜悯之心，人们出于对他伤害无辜者的那种愤怒之火因为看到他即将遭受痛苦而减轻。诚然，在他冷酷无情地实施暴行时，人们巴不得他立刻接受正义原则的惩罚，但此时却怀着宽容大度的心态想要原谅他，甚至要减轻或者免除对他的惩罚。在这里我们有必要引起人们对社会整体利益的真正关心，让心忧天下的情怀压倒这种软弱狭隘的同情心。因为对罪犯的宽恕就是对无辜受害者的残忍及二次伤害，必须用心怀全人类的更广泛的关照态度去克服自己对某一具体个人的怜悯。

考虑到一般的正义法则在维系社会时的重要性，我们更有必要维护其合理性。愤世嫉俗的年轻人和浮浪的花花公子们丧尽廉耻，在虚荣心的驱使下经常嘲讽最神圣的道德规范，宣扬可鄙的生活方式，让人们不由得义愤填膺，迫不及待地去反驳和揭露这种可憎的观念。然而，虽然是这些蠹虫身上令人恶心的东西最早激起了我们的反感，但我们却不愿将这作为憎恨和谴责他们的唯一理由，这个理由看来并不是决定性的。这么说貌似有点矛盾，我们讨厌本来就遭人嫌的坏蛋，难道有什么不对的地方吗？但是如果有人反问我们为什么要攻击花花公子们所宣扬的那一套生活方式，则说明他认为我们对那些坏风气的厌恶和憎恨还不是合情合理、无可辩驳的。于是，我们有必要告诉他另外的一些理由，而首先想到的理由就是：这种做法风靡天下势必造成社会大乱。只要强调这一点，我们的底气就会增强百倍。

人们很轻易地就能看出放纵无度的行为会给社会幸福带来危害，但是一开始并不会因为这种见识而反对它们。即便是再愚蠢、再没有头脑的人，都痛恨虚伪狡诈、背信弃义、作奸犯科之徒，乐意看到他们受罚。但是，很少有人考虑到正义原则对于支撑整个社会的重要性。

显而易见，人们最初关注对侵犯个人的罪行进行惩罚并不是出于对整体社会利益的关心，因为还没有清楚地意识到社会的走向和利益与个人的命运及幸福两者之间的休戚关系。一千个几尼是由很多微小的单个几尼组成的，我们可能会很看重这一大笔钱，却不会将一个几尼的损失放在心上。同样，个人是构成社会的细胞，我们都应关心社会的存亡，但不一定会去关心每个个人的损失或毁灭。在两种情况下，我们对整体的关心都不会导致对个体的关心，但是我们对整体的关心却是由于对不同个体的特别关注而形成的。因为自己被别人骗了一小笔钱而去告发他，与其说是心疼那点损失的小钱，不如说是为了保护自己的全部财产。同理，我们要求对伤害或摧残无辜者的罪犯进行惩罚，并不只是出于对受害者的关心和同情，而更出于对捍卫社会整体利益的考虑。然而要看到，这种关心在某些方面并不一定涵括我们用以对待亲朋好友的温厚情感，比如热爱、尊敬和热情。且我们对此投入的关心，不会跟我们出于同类观念给予每一个人的同情基本上一样多。我们甚至能去体味一个令人憎恶的人无辜被伤害后内心的愤怒，即使对他原先的品行确实不能让人恭维，但这并不会让人们对他合情合理的愤怒完全丧失同情心；不过一些偏激、不喜欢个人感情服从普遍法则的人会对这种同情表示反感。

很多情况下，我们是为了维护社会的整体利益而实施或者赞同惩罚，因为觉得不如此就无法保障社会利益。而惩罚的对象多是各种危害社会治安或违犯军纪的行为，这些罪行不会对任何个人造成直接伤害，但长此下去会危害社会，引起混乱。例如，枪毙一个站岗时倒头大睡的哨兵是为了防止类似此种玩忽职守的行为可能给整个军队带来的危险。严厉的惩罚很多时候是必不可少的且无可非议的。当个人的权益与集体的安全发生冲突时，显然应该偏向于集体。然而人们总是觉得某些必要的惩罚太过严厉，对微乎其微的过错给予那么重的惩罚，实在让人内心过意不去、难以接受。就算疏忽过失应该受到责备，但也还不至于让我们如此愤怒，以致施以如此可怕的惩罚。心地善良的人除非有足够的定力做到冷酷无情、意志坚强，否则是无法做到亲自动手惩罚坏人，或者对正义的报复表示赞同的。不过如果他面对的是一个忘恩负义、与自己有不共戴天之仇的凶手，他会完全赞同公正的惩罚，甚至会迫不及待、喜出望外地想要见识正义是如何对凶手的人神共愤的罪行进行惩罚的，若罪犯侥幸逃脱了，他必会大失所望、怒不可遏。旁观者在面对不同的惩罚时心情相去甚远，这是因为他们对不同惩罚的态度并非基于同一原则。睡觉的哨兵在他们看来是个不幸的牺牲品，即使从道理上讲这个哨兵不得不为大家可能存在的安全问题而牺牲，他们仍然希望保全他的生命，并为在公私利益的冲突中个人利益完全不被考虑而叹息不已。但是如果一个凶手因为世人的不公正而逃脱惩罚，旁观者就会怒气冲天，并祈求上帝在阴间对其实施轮回报应。

值得关注的是，人们并不仅仅是出于维持社会秩序的考虑而赞同违反正义的行为必须在现世受到惩罚，上帝和宗教让我们笃信这种罪行即使在来世也会受到报应。虽然这种惩罚没有先例，罪人也不可能因为害怕上帝的惩罚而收手，但是人们却感到这种报应会如影随形地伴着他一直到死。人类相信天界存在着一个公正的上帝，当那些在世间饱受欺凌、无人为其主持公道的孤儿寡母们向他祈祷着哭诉后，上帝必为之复仇。因此，在任何一种宗教或为世所知的迷信中，都有天堂和地狱的对立，天堂用来报答善行，地狱用来惩罚罪人。

第三篇　就行为的优点，论命运对人类情感所产生的影响

引　言

人们在赞扬或责备一种行为的时候，通常只有三个层面：首先是行为人内心的真实意图或情绪，其次是由这种感情所引起的身体的外在行为表现或举动，最后是行为实际或最终产生的结果，有正面的亦有负面的。这三个层面构成了一种行为的全部内涵和本质，是我们借以判断他人行为品质的依据。

毋庸赘言，仅仅根据三者之中的后两种情况做出评价，一定会有人持异议。清白无辜或者罪该万死的行为，其表现在外部的举动可能会是相同的。同样是射击，不管对象是鸟或者是人，都要做相同的扣扳机的动作。与身体的动作相比，行为的实际后果更无关乎褒贬，因为决定结果的不是行为人自己而是命运，所以我们不能将后果作为当然的依据而对行为人的品行产生任何先入为主的偏见。

行为人可以为之负责的只有那些可以预期到的或者至少能反映其内心真实意图的后果，这样他才可以承受褒贬评价。因此，某一行为得到的所有赞扬或责备、同意或反对，其终极的对象是其内心的意

图或感情，行为适当与否，乃是动机善恶与否。

这一高度抽象凝练的原则因其不言而喻的正确性而为世人所公认，没有人会反对。人们普遍认为，由于种种偶然、意外、无法预料的因素所导致的不同行为，其结果可能有天壤之别；但是，只要行为的意图或动机是合情合理、慷慨仁慈的，那就是好的，有理由对行为人表示感激；相反，如果本意就是不近人情、邪恶歹毒，毫无疑问该行为是坏的，人们会报以愤怒。

不过，虽然理性会让我们完全服从于这种正确的原则，但在面对具体情况时，我们对于善恶行为的感受仍然会受其实际后果的巨大影响，几乎总是随之波动、无法做到理性客观。尽管我们也希望将情感完全置于这一原则的控制之下，但是很无奈，这种愿望在实际生活中很少能实现。

下面，本书要继续关注这种人人都能察觉到却鲜有人充分认识更无人愿意承认的感情上的矛盾。首先考察这种矛盾产生的原因，是否是人类的天性所导致的；其次考察它的影响，最后是它的结果，以此弄清楚上帝究竟想要通过它来达到什么目的。

第一章　论命运产生影响的原因

不管动物有无生命灵性，痛苦和快乐之因都会立刻在所有动物的身上引起愤怒或感激。如果被一块石头砸疼了，我们马上会对它火冒三丈，小孩子会摔打它，狗会向它狂吠，脾气火暴的人势必骂骂咧咧地诅咒它。实际上，只要稍微想开点就不至于是这些态度，向没有感觉的东西发泄报复感情无异于对牛弹琴。可是如果一样东西真的伤害了我们，我们会一直耿耿于怀，恨不得把它砸烂烧毁。打个比方，如果朋友偶然死于某件器械之下，它就会成为我们打击报复的对象，并认为那种荒唐的发泄是理所当然，不那样做才像是不通人性的罪人。

同样，曾经给自己带来欢乐的没有生命的东西也会让人们心存感激。如果一个海员依靠一块木板刚从失事的船上逃生，但一上岸立马弃之于火堆，未免让人觉得他冷酷无情，我们还是希望他能像保存一件心爱的纪念品一样小心翼翼、满怀深情地保存这块木板。人会对使用多年的鼻烟壶、削笔刀、拐杖产生钟爱的深情，那种感情是发自内心的钟爱和珍惜。如果不小心将它们弄坏或丢失，我们会不停自责，而因心烦意乱带来的精神损失会大大超过它们实际的价值。我们会打心眼儿里尊敬曾居住多年的老屋、长期为我们送来荫凉的大树，仿佛它们是自己的恩人。当它们不可避免地走向朽烂毁灭后，我们会闷闷不乐，即使那并未给我们造成任何损失。传说中森林女神和家庭守护神，也即树木和房屋之神的概念诞生，其缘由可能就是人们对这类事物的敬畏之情。这种感情似乎荒诞无理，毕竟树和房屋根本没有生命。

但是，我们对某一事物产生自然而然的感激和愤怒，不仅是因为它给我们带来了快乐或痛苦，还因为我们具备感知能力。没有这种能力，就不可能有那些真实痛快、自然发泄出来的感情。某种原因使得我们感到欢乐或痛苦，只有对其进行相应的报答或报复才能得到情感和心理上的满足，没有感觉能力的对象是不可能接受我们的回报的，因此，动物比没有生命的东西更适合作为人类感激和愤恨的对象。咬人的狗和顶人的牛都要受惩罚，如果它们还闹出了人命，那么只有宰杀它们方能一泄公众和死者亲属的愤慨。此举不仅是为了保护生者不再受其害，某种程度上也是为死者报仇。相反，人们对曾为主人立下汗马功劳的动物感激不尽。我们对《土耳其侦探》中的那个官员的残忍行为感到震惊，他杀死了冒死驮着他横渡海峡的烈马，只是因为害怕这匹马以后还可能以同样的壮举让别人声名远扬。

动物不仅能给人带来快乐和痛苦，同时也能体认那些感情，但它们有时仍然不能成为人类表达感激或愤怒情感的完美对象。我们答谢一个人不止是想让他感到快乐，还想让他知道我们的报答是因为对他过往的善行心怀感恩，想让他为别人知恩图报的行为而高兴，想让他觉得自己的善心并没有白白付出。而我们最希望看到的就是恩人与己心意相通，肯定我们感激的行为价值并由此而对我们产生一丝敬意。当人们听到别人对自己的评价跟自我的期许相差无几时，会觉得非常高兴，真心希望别人能对自己另眼相看。我们知恩图报，主要是为了得到恩人的赞许欢心，从而满足自己的情感需要。那种抱着求得更多恩惠的自私心理缠着恩人表示感叹的心术不正之徒，他们会遭到心灵高尚之人的鄙视。当然，即使是再坦荡无私的心灵也认为有必要维持和增进恩人与我们之间的感情及相互尊重之意。所以这样说，是因为如果我们无法了解所有施恩者的动机，如果大家常常非议某个施恩者的品行，那么无论他曾经给过我们多大帮助，内心的感激之情也会大大减弱。他释放的善意无法让我们心悦诚服地接受，我们也不会去对一个品行不端的施恩者怀有敬重之意。

相反，我们之所以对敌人感到愤怒，并不只是想将之返施彼身，而是想让他们意识到自己过去的罪行给别人造成了多么巨大的痛苦，以期他们会产生悔意，知道不应该以那样残忍的方式对待别人。伤害和侮辱我们的家伙激起我们愤怒的原因不是他的言行多么恶劣，而是他那目中无人、一副高高在上的无赖态度，那种肆意践踏他人利益、冷漠不近人情的狭隘和自私，他为了自己得到好处或只是出于一时高兴就可以随时让别人做出牺牲。这种态度反映出来的那种蛮横粗野、自私冷酷的本质以及明目张胆地对正义的践踏，常常比我们所遭受的不幸更让人感到难过、愤慨和受挑衅。我们采取报复的行动，主要是想让他以后对待事情有一个正确的态度，知道什么是应该做的，什么是不该做的，让他意识到自己犯下的错误以及给别人造成的损失，报复要是达不到这个目的就会显得没有意义。如果敌人并没有给我们造成伤害，而且他的行为也无可厚非（换作是我们也一样，只要给他人造成不幸就必须承担报复后果），只要我们还有一点最起码的良心，就不会感到震怒。

综上，我们会对某些事物理所当然、不加解释地感到激动或愤怒，是因为它具备了三个条件：首先，它给我们带来了快乐或痛苦；

其次，它有感知那些情感的能力；最后，它的行为是有意识的，故意造成那些情感，这种意识可能会受到他人的赞同或反对。第一个条件激起了我们的感动或愤怒情绪；第二个条件使双方都能感知到这些情感；第三个条件不仅是感动、愤怒情绪产生的真正根源，还因为它能带来剧烈而特别的快乐或痛苦，所以能激起更多的感情波澜。

因此，别人以各种方式给自己带来快乐或痛苦，是激起我们感激或愤怒的唯一原因。一个人的愿望可能是合情合理、值得肯定的，也可能是非常不近人情、邪恶狠毒的，但是如果最后没能达到他所期许的或美好或邪恶的目的，就没法让别人产生相关的激动情绪，他也就得不到别人的感激或怨恨。相反，虽然一个人不是什么菩萨心肠，或并非穷凶极恶，但是他的行为却直接造成了或好或坏的后果，那么他很容易就会使人们感到激动或愤怒，偶然的不经意行为颠覆了人们对他的固有情感印象。这是诡谲的命运控制着所有行为的结果，从而影响着人类对某种行为及其施予者的情感转向。

第二章　论命运影响所及的范围

有些行为的初始动机是正大光明或者阴暗卑劣的，却因为命运的控制而没有达到预期的目的，那么我们对其原来所持有的或好或坏的感觉就会相对减弱。相反，如果那些行为因为偶然的机遇带来了极度的快乐或痛苦，就会增强我们对其原有的感觉和印象，甚至超过了对行为最初的动机曾经抱有的感觉。

1. 首先，我认为，一个人的愿望可能是非常恰当和善良的，也可能是非常不近情理和恶毒的，但是只要没有发生实际效力，就不能对其大加浮夸或肆意贬低。这种没有规律、不可预测的感情变化不只是那些直接受行为影响的人才能感觉得到，公正的旁观者也会多多少少有所感知。如果一个人受人所托为其谋职未果，别人会认为他很够朋友，值得去爱戴和喜欢；要是他不但竭尽全力帮忙而且还成功达到了目的，受助者更会把他当恩人看待，深深地尊敬他、感激他。出于某种正义感，我们往往认为受感激的人属于前一种类型；只有当他也自觉不如后者时，我们才能体谅他的感觉。的确，我们应该感谢所有愿意帮助自己的人，一如感谢那些实际上帮了忙的人。人们经常用这种说法来宽慰所有不成功的努力，但是正如动听的甜言蜜语一样，它必须得到实际的认同。胸怀大度的人对待那些想帮助自己却未能成功的朋友的态度，无异于对待确实帮上了忙的朋友；而且他越是宽宏大量，对待两者的态度就越接近。真正做到心底无私的人才能够得到自己所看重的人的热爱和尊敬，这些人给他带来的快乐比他付出的所有情感的总和还要多，而且会激起更多的感激之情。当然他确实会有所损失，他获得的快乐和相应的感激之情不是完全对称的。因此，假如两个朋友的情况差不多，只是一个帮助自己成功了，另一个则失败了，那么品格再高尚再优秀的人也会多少偏爱那位帮助自己成功的朋友。人类在这方面的表现是如此的不公正：因为不必依靠某个具体的恩人就能得到预期的利益，所以他们就认为不必感激那些拥有世界上最善良的心却不能提供些许帮助的人。他们将感激之情分摊给所有给他们带来快乐的人，于是每个人只得一点点。人们经常说，这个人确实是真心实意地想帮助我们，而且确实也尽了他最大的努力；可是我们并不想感谢他，因为要不是靠别人的合作，他付出的努力就不可能有任何结果。他们还认为如果公正的旁观者考虑到这一点的话，也认为会支持他们的想法。当然，如果一个人尽力想帮别人却未果，他也不会指望受到什么感激，也绝不会像成功帮助他人的人那样感觉良好。

在信心十足、觉得自己有能力为民造福的人看来，如果他们的雄才大略由于某些偶然因素的干扰而未能实现，那么之前的壮志雄心就会倍感挫折。一位将军因为饱受朝中奸臣嫉恨排挤而不能在疆场上为国效力，他必会为徒劳度日而悔恨不已。那些悔恨不完全是因为没有保国安民，更多的是痛惜自己当年心怀纵横沙场的壮志豪情已然付诸东流。如果作战方案完全由他来巧妙策划，而且也容许他想方设法去完成，那么成功就是十拿九稳的事，无论是他还是其他人都不会感到遗憾。但他最终还是未能一酬壮怀，尽管人们或许会因为伟大的作战计划而给予他种种嘉奖、荣誉，他依然会为自己没有通过真实的壮举来证明能力而感到失落。一个人投身去做一件关系到公众利益的大事，却在眼看就要成功的时候被人剥夺了参与的权力，那种功败垂成的痛感简直无法形容，人们也会觉得非常惋惜，并会认为既然他已经倾注了那么多鲜血，就应该将完成大业的功劳记在他头上。一项建筑设计蓝图根本没有得到落实，或者被人任意修改以致破坏了建筑物的效果，建筑师会感到莫大的屈辱。在内行看来，设计和施工一样能够充分体现建筑师的天才。不过，即使是最具敏感细胞的天才也不可能从图纸设计中体会到目睹一座辉煌壮丽、美轮美奂的建筑物落成的快乐。这两种形式都可以展现他们的见识和才能，但是效果却相去甚远，前者盘旋在他们想象空间中的乐趣无法与后者引起世人的惊叹和赞美相比。人世间可能很多人的才能比恺撒和亚历山大还高，如果上帝给予他们同样的风云际会，说不定会有更伟大的作为，但是只有一个恺撒，只有一个亚历山大，后世对两位英雄的惊叹和赞美是别人永远无法拥有甚至奢望的。平心而论，两位英雄的才能值得赞赏，但是却缺少借以赢得这种激赏的丰功伟绩的光环，因此就算有人激赏他们的品德和才能，也不会像崇拜伟人那样崇拜他们。

在忘恩负义、锱铢必较的小人看来，如果有人愿意行善却未有成效，其优点就会因失败而缩小；企图作恶而未能得逞的人，其缺点也一样会缩小。无论证据多么确凿的预谋也不会跟现行犯罪一样受到重判。当然叛逆罪是一个例外，因为这种罪行直接威胁到统治阶级政权的生存，当局当然会采取比其他任何罪行都更为严厉的刑罚进行防范。君主在处治叛逆者时，痛恨的是忤逆者对他本人的威胁，发泄的是他自己心中的愤怒；而在判处其他罪行时，只是痛恨它给别人造成了伤害，愤怒是因为同情和理解臣民的遭遇而产生的。前一种情况下，由于他是为了自己的利益而处罚罪犯，所以判决的严厉和残忍程度绝对会超过公正的旁观者所能认可的极限。跟其他情况不一样的是，即使叛逆罪较轻，或者只是有些许苗头，甚至只是处于内心酝酿之中，他都会勃然大怒。一次密谋叛逆的会议，一次私人谈话或者只是叛逆者心中隐隐作乱，即使没有付诸任何实际行动，在许多国家也要受到和现行叛逆罪一样的惩罚。其他的罪行如果只是有所图谋而并未成行的话，根本不会得到什么惩罚，更谈不上处以重刑。犯罪的预谋和犯罪的行为不具有等量罪恶，不应该受到同样的惩罚。我们往往在千钧一发的时候能够想方设法地完成很多原先以为根本做不到的事情。如果叛逆的图谋败露并付诸实施，就不可以再推脱罪责了。一个人向他的仇人开枪却未击中目标，几乎所有国家的法律都不会判处他死刑。根据古苏格兰法律，击伤对方但没有致人死亡的，也不会判处死刑。但是，由于人们极其痛恨这种罪行，恐惧这种图谋杀人的罪犯，故所有的国家又对怀有这种犯罪预谋的人宣判死罪，而对于只是小偷小摸的人总是从轻发落，或者不加处罚。一个小偷在刚刚将手探进别人的口袋，正当他在行窃之前被人当场抓住，所遭受的惩罚不过是被当众羞辱一通；可是如果被人发现他已经偷走了一块手绢，就可能被处以死刑。有人把梯子停放在邻居窗前，企图非法侵入民宅，如果他在溜进去之前被人发觉，那么就不会被处死。企图强奸妇女的人不会以强奸罪论处；诱奸少女会受到严厉的惩罚，企图诱奸已婚妇女的人几乎可以安然无事。我们对企图伤害他人的人的厌恶程度远不如那些给人们造成实际伤害的人猛烈，后者是罪有应得。前者的罪行会因判决带来的快乐而冲淡，后者的暴行激起的义愤却会因我们对受害者的同情而增强。不过，鉴于他们的企图都是罪恶的，所以他们本质是无异的。在这一点上，所有人的情感都不具备规律性，而且无论是在文明的国家还是野蛮的国家，法律中都有一种相应的减刑条例：如果罪行的后果没有激起人们自发的义愤，文明人出于民主、人权的考虑会倾向于免除或减轻惩罚，野蛮人只要没看到行为的实际后果，就不会去追根究底。

如果一个天性善良的人一时冲动，头脑发热，或者受坏人引诱，曾经打算实施犯罪活动甚至已经开始着手准备，但所幸被某种不可抗拒的偶然因素所阻止，那么在后来的生活中，他肯定认为这件事是上帝安排的伟大的启示性挽救。他的内心充满感激和震撼，觉得是慈悲为怀的上帝在他即将堕入罪恶的深渊时把他解救出来，使他在余生不致追悔莫及、自怨自艾。虽然他并未犯罪，却还是会内疚，好像那件一度处心积虑欲实施的罪行真的发生过一样。即使他知道阻止自己犯罪的并不是良心而是上帝，罪行未发生还是会给他莫大的安慰，从而不认为需要接受惩罚和仇视，一定程度上的侥幸减弱甚至消除了他的所有负罪感。回顾过去惊心动魄故意犯罪的冲动，他觉得自己能够免于堕落简直是世界上最伟大、最不可思议的奇迹。当然，就算他知道自己已经摆脱了罪行，但只要一想起那曾经侵扰过自己平静内心的危险，仍会后怕不已，那种感觉恰似已经到达安全地带的人回忆自己曾处于悬崖边缘的惊魂一刻。

2. 命运还有一种影响后果：当某种行为偶然给我们带来巨大的快乐或痛苦时，我们对行为实际影响的感受会改变之前对其动机或情感所做的评价。行为结果的好坏与否，都会影响到我们对其动机的印象，尽管它的本意并没有什么值得称赞或大加苛责的地方，至少不是我们所凭空想象的那样。因此，我们不喜欢带来坏消息的报信者，只感激那些带来好消息的人，即使他们只不过是向我们转达了命运的安排，但在那一时刻，我们真的会把他们看成是决定自己命运的人，好像是他们而不是上帝造成了这个结果。在这幸福的时刻，我们自然会万分感激带来好消息的信使，我们会热烈而深情地拥抱他，怀着愉快的心情想方设法地报答他，把他看作大恩人。古代每个朝廷都会大力提拔带来胜利消息的官员，因而在外作战的将军总是把这个美差交给他最宠信的人。相反，给我们带来不幸消息的人却正好沦为我们临时的出气筒，我们会用烦躁不安的眼光盯着他骂骂咧咧，脾气暴躁、蛮不讲理的人还会把因坏消息而引起的愤怒直接向他倾泻。亚美尼亚国王提格兰将最早向他报告强敌近在咫尺的消息的人斩首示众，如此处罚一个无辜的信使是野蛮暴虐、惨无人道的。可奇怪的是，我们就是只愿意报答带来好消息的人，并认为国王对他大施恩典完全合理。

但细思之，既然前者并无任何过失，后者亦没有什么好处，为什么我们的态度会如此大相径庭呢？这是因为，人们只倾向于对友好慈爱的感情表示同情，敌对、恶毒的情绪即使值得注意，人们对之还是会非常反感。

出于人的本性，我们一般不会轻易谅解敌对、恶毒的情绪。但要是那种恶意、不公的意图所针对的目标看起来合情合理，有时我们在感情上还是会稍加通融的。有人因为疏忽大意而给别人造成伤害，我们会理解受害者的愤怒，也赞成他对冒犯者施加相应的惩罚，即使这种惩罚大大超过了倒霉的冒犯者需要付出的代价的程度。

有一种疏忽即使没有伤害到任何人，也应该受到惩罚。如果有人在没有对行人予以警示的前提下，就从院子里头把一块大石头扔到马路上，毫不在乎它会落在什么地方，无疑他必须受到惩罚。即使这种荒唐的行为没有造成什么危害，恪尽职守的警察也会毫不客气地处罚他。这个顽劣使坏的人蛮横无理，完全不把他人的幸福和安全放在心上，他的行为实际上已经伤害到了他人。胆大妄为的人让他人身处凡正常人都不愿意面对的危险之中，显然，他缺乏正确、友善地对待他人的意识——这是正义和社会的基础。因此，在法律上，严重的疏忽和恶毒的图谋几乎是同等的。如果因为粗心大意而酿成了不幸的后果，行为人通常要受到惩罚，就好像他是有意而为之一样。本是冒失无礼的行为，受一点教训就可以了，然而却不得不与残忍的暴行一道受到严厉的惩罚。如果他那疏忽大意的胡闹意外砸死人的话，按照许多国家的法律，尤其是古苏格兰的法律，他就会被处以极刑。诚然这种惩罚严重得过头了，但是却并非与我们的天性完全抵触。我们对他那愚蠢而不通人性的行为因为看到不幸的受害者的痛苦而更加愤怒。当然，如果一个人只是不小心把石块丢到马路上，同时也没有伤害到任何人，人们不会认为对他判处死刑是公正意识的体现。同样是愚蠢而不通人性的行为，而我们的情感态度却来了个大转弯。比较个中差异，我们会意识到，人们的义愤（甚至包括旁观者）很大程度上是出于对行为的实际后果的不满。几乎所有国家的法律都会严加惩处造成重大后果的行为，而对正好相反的情况一般都会从轻发落。

还有一种疏忽不属于违犯正义的行为。犯这种错误的人待人如待己，无意伤害别人，心中时常顾及他人的安全和幸福。但是，本来谨小慎微的他实际上却没有做到这些，因此要受到一定的责备和非难，当然绝不会是惩罚。如果他的疏忽给别人造成了伤害，几乎所有国家的法律都会责成他赔偿，这是一种正常的惩罚。如果不是因为他的行为引起了意外的不幸，没有人会想到处治他，但法律的裁决得到了所有人发自内心的赞同。一个人说什么也不应该为另一个人的粗心大意而付出受伤害的代价，这是很明显的道理。由于疏忽而造成的损害必须由造成损害的人来赔偿。

另外一种疏忽，就是我们在行动之前没有三思而可能造成的后果。要是最终也确实没有带来什么损害，人们不会认为这种态度值得鞭笞，反倒觉得顾虑重重是可笑的。在任何事情上都是一副谨慎小心、畏首畏尾的态度，从来不被看作是什么美德，反而觉得它最不利于干大事业。然而，如果有人由于过度缺乏这种小心，碰巧给别人造成伤害，法律也会强制他赔偿损失。根据阿奎利亚的法律，有人无法驾驭一匹突然受惊脱缰的奔马，而马又恰好踩到了邻居家的奴隶，马主人便必须赔偿损失。像这种偶然事件，我们会觉得他不该骑这样一匹烈马，或者他想骑这匹烈马的一时冲动本来就是不可原谅的轻率之举。但要是没有发生这一偶然事故呢？我们不仅不会做出这样的反应，还会认为他不愿骑这匹马才是胆小怕事，对可能发生但毋须多加小心的危险疑神疑鬼、胆战心惊。当一个人因为此类意外事故而伤害到别人时，他本人也会觉得自己应该受到责罚，还会很主动地去看望受害者，竭力表达自己对发生这种意外的万分歉意和后悔。如果他还有一定的人情味，以自己内心的敏感去体察受害者心中的愤怒，就会对受害者提出补偿，尽其所能让他消气。不道歉、不作赔偿是极其蛮横无理的。可是，既然类似情况下别人不会道歉，为什么一定要他道歉呢？既然他也是清白无辜的，为什么还要为别人的不幸负责呢？这件难事的确不应该强加于他，甚至公正的旁观者会觉得另一个人出格的愤怒很正常，但他必须承受这种倒霉的后果。

第三章　论情感变化无常的根本原因

行为结果的好坏会对行为人和其他人的情感产生影响。因此，主宰一切的命运在某种程度上引导着人们对自己或他人品行的看法。古往今来，人们一直抱怨世人依据结果而不是动机的盲目判断对美德造成巨大伤害，“因为结果并不是行为人所能左右和决定的，它不应该影响到我们对行为本身的优点或适当性的判断”，人们普遍认同这样的说法。但是，当具体牵涉到自己时，我们会发现无论何时自己的情感都很难符合这句公正格言的要求。行为的结果是好是坏，都会让我们对行为的审慎性产生与之一致的看法，而且几乎总能激起我们强烈的感激、愤怒之情，以及对动机真实性的怀疑。

当上帝在人们心中根植下这种不规律性时，他已经像其他任何时候一样考虑到了人类的幸福和完美。有害的动机和恶毒的感情足以激起我们的愤怒，只要我们怀疑一个人有这种动机和感情，即使他没有付诸行动，也会被视作仇人。不好的感情、想法和意愿都可能遭到惩罚；而且，如果人类像痛恨恶劣的行为一样痛恨可鄙的念头，即使它没有带来任何行动，也一样会遭到世人的仇恨。每个法庭都是一座真正的宗教仲裁所，在那里，即使是最清白无辜、谨小慎微的行为也得不到保障，人们会疑心重重地揣测它们是出于什么邪恶的意愿、观点和动机；当邪恶的欲念和邪恶的行为一样遭到痛恨时，人们同时也会面临惩罚和愤怒。在上帝眼中，恶念也好恶行也好，以及那些直接让我们产生恐惧的行为，都必须得到人们的惩罚。虽然冷静、理性的人类行为足以客观地判断情绪、动机和感情，他们内心的伟大裁判者还是把感性的情愫置于所有法律限制之外，将其保留给不会误判的法庭。因此，尽管人类这种关于动机、行为一致与否的情感所具有的不规律性初看起来是那么荒谬可笑、不可理喻，但却是有益并有用的，不可或缺的正义法则的产生正是以此为基础，即人在生活中不应为动机和意图而受到惩罚，而只能因行为而受到惩罚。可是，只要稍微想想身边发生的事情，我们就会发现，人性的各个方面都殊途同归地证明了上帝的深谋远虑，例如软弱和愚蠢就是对上帝仁慈和英明的最佳反衬。

人类这种情感的不规律性也不是完全一无是处。由于这种变化，那些真心想要帮助别人却未能成功的行为，以及纯粹美好而仁慈的心愿才显得不那么完美。实践是人类的最大特性，他总是尽量发挥自己的聪明智慧以改善自己或他人的生存环境，为所有人造福。他不会满足于消极纯粹的善心，或仅仅把自己想象为人类普通的朋友，而是深切渴望为世界的繁荣出力。上帝会教导他，要达到目的，必须全力以赴；除非在现实中获得成功，否则无论他自己还是别人都不会感到满意，也不会给予充满感情的赞扬。他明白，单有美好的意图而没有实际行动，是无法让世人报以最热烈的掌声的，也难以得到自己内心肯定的评价。一个人如果只是在言谈举止上表现出正直高贵的气质和慷慨大度的情操，除此之外没有任何贯彻这些美好品质的外在行为，那他就没有资格得到人类最高的赞扬；即使他的无所作为或许只是因为缺少机会，我们仍然觉得他配不上掌声和赞美。也许还会如此质问他：你都干了些什么好事呢？你做出了什么贡献让我们心服口服？我们会尊敬你、喜欢你，但不会报答你什么。如果我们对那些具有潜在的美德、只是因为缺少机会而未能实行的人，授予他们荣誉和地位，就算在某种程度上他们可以说是应得的，却会显得不合适，因这些奖励本应给予那实实在在的善行。相反，如果去惩罚没有任何实际罪行的内心狂躁情感，则是蛮横无理的暴行。仁慈的感情在几乎成为罪过之前就付诸行动，应该得到最高的赞扬。相反，恶毒的意向在转变为实际行动之前，几乎不会过分迟缓或多加考虑。

需要注意的是，无论对于肇事者还是受害人，无意中犯下的罪恶都是一种不幸。因此，上帝教导人类要尊重自己同胞的幸福，时刻警惕着哪怕是在无意间做出任何可能伤害到他们的小事情；如果自己无意中给他人带来灾难，要对别人理所当然的强烈愤怒心怀畏惧并给予理解。在上古蛮荒时代人的宗教信仰中，只有在一些隆重和必要的场合才可以践踏专属于某位神灵的圣地，由于不知情而贸然亵渎圣地的人会立时成为罪人，除非他用适当的方式为自己赎罪，否则这位神通广大、无形无相的神灵必然会惩罚他。同样，聪明的上帝将每个清白无辜者的幸福划为圣地，小心翼翼地保护它们以防他人的践踏；既不允许任意的践踏，也不允许毫不知情和无意侵犯，这样也就不需要赎罪，无需为无心之失进行相应的补偿。一个善良的人在自己没犯任何错误的情况下意外造成了他人的死亡，即使被判无罪，他仍然会有强烈的罪恶感。终其一生，他都会铭记这一突发的意外事故，把它视为最不幸的遭遇。如果受害者家境贫困，而他自己还能过得去，他必然会立即承担起赡养受害者家属的责任，觉得自己责无旁贷地要向他们释放一切恩惠和善意。如果受害者的家境较好，他则会为自己无意中犯下的巨大过错千方百计地表示悔过和悲痛，愿意做自己所能想到的或他们愿意接受的一切事情，为已经发生的不幸赎罪，尽最大可能地消除家属心中的怨恨——这种怨恨无疑是必然的、正常的，但也是不公平的。

如果一个清白无辜者是在知情和有意的情况下由于偶然事件犯下了罪过，就难逃最严厉的指责。他所受的痛苦和煎熬是古今戏剧中最精彩、最引人入胜的心理场景。正是这种虚构的罪行场面，构成了希腊戏剧中的俄狄浦斯和裘卡斯塔的全部不幸，构成了英国戏剧中的蒙尼来亚和伊莎贝拉的全部不幸。虽然他们之中没有人犯下极其轻微的罪行，却使人一辈子背负最沉重的十字架。

尽管这一切只是看似无规律的情感变化，但要是一个人无意犯下了他根本没有想到的罪行，或没有做到本来有心想做的好事，上帝也不会让他完全陷入尴尬的情感扭曲中，对清白无辜者上帝会给他安慰，对心灵善感者上帝也会让他的美德得到一点报答。人们要记住那句正确而公允的格言：我们应该得到的尊敬不会因为命运操控未可知的结果而减少。要凝聚起心中全部的高尚感情和坚定意志，尽力以生命应有的面貌而不是颓然苍白的状态出现在人们面前，让人们看到自己的雄心未泯，壮志未酬，要继续努力，那样一来人们对自己的感觉才会公平正直，高度一致。正直而仁慈的人们会为坚持自己的信念做出不懈的努力，他们会克制心中的不满，用宽容和大度去笑纳并纠正这种人性的无规律，努力用客观的眼光去看待自己那些落空的良好意愿——尽管此前它们未能成功实现，但我们不会否定曾经为它而付出的一切努力。

第三卷

个体评判自身情感
及行为的标准，兼论责任感

第一章 论自我赞同和不赞同的原则

本书的前两卷主要讨论了个体评判他人感情、行为的出发点和基础，在这一章里我们要把重点转移到个体是基于什么出发点进行自我评价的问题上来。

个体借以评价自身行为的原则与其评价他人行为的准绳大抵类同，主要依据是个体在换位思考时能否充分理解他人之所以采取某种行为的情感和动机。同样，当个体以旁观者的角度来审视自己的行为时，是否对影响行为的情感和动机有充分的理解及同情，也成为其认同与否的关键因素。个体只有进行换位思考，与自己主观的情感和动机保持一定的距离，才可能全面地审视自己的行为，做出客观的判断。个体要努力从他人的角度来重新认识自己，采用他人眼中可能产生的看法才能做到这一点。所以，个体做出的所有判断几乎都与他人的判断存在着某种内在的联系，这种联系可能是实际存在的，也可能只有在一定条件下才会出现，也可能只是出于个体的无边幻想。个体要以旁观者的不偏不倚的角度审视自己的行为，当换位思考后也能完全理解所有影响自己行为的情绪和动机，他就会认同这种公正客观的看法，理解自己的行为；而如果不能理解的话，就会站在旁观者的立场对自己的行为进行谴责、非难。

一个人如果有可能在从来没有跟别人交往过、在与世隔绝的地方长大成人，他就不可能去想自己是长得美还是丑，也不会去考虑自己的品质、情感和行为是好还是不好，更不管自己的心灵是美好还是丑陋。不是因为他从来不去注意这些令他难以理解的问题，而是他没有一个参照物——镜子，把这些反馈展示给自身。而他一旦步入社会，马上就会得到以前所缺少的这个参照物：周遭人的音容笑貌、言行举止就是一面镜子，反映着他们是否体谅和理解自己的情感。在这面镜子里，他生平第一次看到自己的感情是否合适，看到自己心灵的美和丑。那些给他带来或欢欣或伤害的外部事物牢牢吸引了这个一生下来就与世隔绝的人的注意力，在社会化的镜子里他看到的是所有外部事物所激起的感情——渴望或厌恶，快乐或悲伤，这些他步入社会前从来没有思考过的东西忽然在面前展露无遗，或者说，在这之前有关这些感情的想法还没有吸引他感兴趣到专心思考的地步，也许思考这些感情的起因会不时给他带来快乐和悲伤，但是对快乐的思考仅限于当时的快乐，对悲伤的思考也仅限于当时的悲伤。而进入社会后完全不同了，任何感情都会勾起新的链接。当他发现他人只是理解赞同自己的某些感情，对其他的却毫不掩饰地反感，鼓舞感和挫折感就会交替煎熬他的内心。于是所有的感情，无论渴望或厌恶、快乐或悲伤，都会引起新的感情的多米诺骨效应。这些攫取了他的注意力，他开始埋首专注于沉思中。

人对自身长相美丑的最早概念是来自他人的体态容貌，而不是自己本身，但是很快个体会察觉到别人对自己的外形也会做出评论。如果自己的容貌被别人赞美，我们自然会很高兴，但如果被贬丑陋难看，则难免失落。一般人非常在意别人对自己外貌的评价。为了尽可能揣摩别人看自己的眼光，人总是喜欢照镜子，不厌其烦地打量自己的身体，或者用其他办法，但是一定跟自己的个人观想保持一定距离，小心翼翼去猜测别人的眼光。经过这样一番审视，个体如果对自己的外貌感觉不错，就不会将别人的恶意评价放在心上，而是采取无所谓的态度，相反，如果本身就觉得自己外形欠佳，会非常在意他人对自身的评介，那么别人随便一句轻微的讽刺或玩笑都会伤害到他那脆弱的自尊心。潇洒俊朗的人允许你挑剔他的小毛病，但是万万不可戏谑一个相貌平平甚至丑陋的人。很多时候，人们总是庸人自扰：为自己的容貌可能给他人造成什么影响而困扰。但是换个角度想，如果个体完全脱离了社会，这种困扰根本就不会存在。

同样，个体针对他人的品行做道德评价，并且想知道这些会给自己造成怎样的影响，但是很快就会发现，别人也对自己的行为指指点点。人总是热切想知道他人对自己的评价，而既然他人的行为会让自己觉得愉悦或不齿，那么自己是不是可以参考借鉴呢？于是，个体开始假设自己在他人的处境条件下会是怎样的表现，借以检查、订正自己的感情和行为，费尽心思想着怎样表现才能让他人满意。站在客我的角度审视主我的行为，并努力推测这种行为会对主我产生怎样的影响，从某种程度上讲这也许是个体采用近似于旁观者的眼光检查自己的行为是否得体的唯一有效途径。如果客我赞同主我的行为，主客体在某些方面得到了有效统一，那么个体会对自己比较满意，从而不屑于别人的赞扬或夸奖、讽刺或责问，即使受到了误解也会淡然看开，相信最终会得到别人的认可。反之，如果连客我都对主我的行为产生怀疑，主我就会迫切地想得到来自他人的认可、赞成，以消弭这种焦虑感；一旦他人以微妙的言辞暗讽自己的行为不值得恭维，即便是很轻微的谴责，也会让个体如坐针毡、心绪烦乱、患得患失。

个体努力检查、裁判自己的行为并做出褒贬评价的时候，显然是把自己分为客我和主我两个角色：作为检查者和审判官的客我，以及接受审查和评判的主我。客我是旁观者，客我完全以旁观者的角度来审视主我的行为，尽力保持一定距离，以客观的情感去看待主我的行为，并且考虑当主我意识到客我的评价时，会做出怎样的调整。主我是行为人主体，会尽力跳出思维定势而对自己的行为做出评价。客我是冷静的评判者，主我是现实的被评判者。当然，主我和客我不可能完全统一为一体，就好似原因和结果不可能相同一样。

温柔敦厚、追求功勋都属于传统美德中崇高品质的范畴，都应该得到肯定和有效的回报，而那些惹人厌恶、理应弃而远之的败行则是邪恶的习性。但是，品质无论好坏与否都与他人的感情有着密切的关系，美德之所以让人如沐春风、颔首肯定，不只是因为它让我们自觉地去热爱和尊崇，而是因为它在别人心中也激起了美好的感情，产生了共鸣。人意识到美德会带来赞许和尊崇，必然会感到精神上的安宁和满足，一如无端猜疑会引起心灵受到罪恶的莫名其妙的折磨。能够受人爱戴并且清楚自己值得别人来敬爱，是一种难以妙言的幸福；而处处讨人嫌并且自己也认为是罪有应得，又是多么巨大的不幸。

第二章 论尊崇值得赞扬的品质，摒弃该受谴责的品质

人是非常敏感的动物，感情高于一切：不仅生来渴望被人爱，也希望自己是可爱的，或者希望自己本来就很招人喜欢；他害怕被别人讨厌，也害怕自己真的让人讨厌，或者说害怕自己生来就遭人嫌弃；他期待来自他人的赞赏，也希望自身值得他人赞赏，或者说即使得不到他人的赞赏，依然自信地认为自己很优秀、无愧于任何溢美之词；他恐惧来自别人的谴责，也害怕自己的行为确实会遭来谴责，或者说即使谴责还没有降临也悲哀地确信自己就是得受点儿教训。

获得社会一致赞扬的某种道德品质会引发人们去追求、热爱，但并不意味着是追求相应的赞扬。虽然这两个原则之间有内在联系并且常常混为一体，但在许多方面它们是各自独立着的，且有着明显的区别。

我们会由衷地热爱和敬佩那些有着良好品行的人们，因为这不但会让我们心中升起一股美好的感情，还会鞭策自己的言行向他们靠拢，并成为可敬可爱之人。当我们被别人身上的优点佳绩折服时，会产生羡慕之情，进而为好胜心，也就是不仅仅停留在对他人的敬佩上面，而认为自己既然有做到跟别人一样好、一样值得赞扬的潜质，那么为什么不去超越呢？但是，要获得这种满足，我们有必要做一个客观无私的旁观者，尽力站在别人的角度审视自己的品质和行为，尽量采取别人可能对自己持有的态度。如果这样观察下来，自己感觉不错，我们就会感到快乐和满足，从而相信自己的能力，而如果别人真的是用那种我们在想象中揣测的眼光来评价自己的品行，然后观察的结果与我们非常相似，这种快乐和满足感还会大大增强。来自第三方的认可一定会使我们的主观认同更为坚定，也一定会强化我们关于自己的品质确实值得赞扬的自信力。从上面的详述中可以看到，我们热爱并追求某种值得赞扬的品质并不仅仅是为了得到赞扬，而我们希冀

得到赞扬的源动力却是来自于对值得赞扬的品质的热爱。

如果某种品质得到众人的一致肯定和赞扬，但却不是出自最真诚的内心，这样的赞扬就会让我们的快乐大打折扣。人们因为不明真相或误解而随意地给予我们的尊敬和钦佩绝不是充分的，一旦我们意识到自己实际上并不值得被如此热爱，且一切真相大白后人们会完全转变感情取向来重新定位我们，满足感就会大为减少。如果一个人称赞我们是因为我们要做从未实现的行为，或者他称赞的是和我们的行为毫不相干的动机，那么我们会感到些许的沮丧，因为他称赞的对象是别人而不是我们自己，而这种称赞比任何责难更让人觉得难堪，他会让我们不断回忆起自己应该有而实际上根本不存在的令人羞耻的遗憾。打个比方，人们恭维一个涂脂抹粉的女人皮肤好，也许会满足她的一点虚荣心，但这种恭维却会让她联想起自己真实的肤色不过尔尔，相形之下不免深感羞愧。为一种似是而非的赞美感到高兴，只能证明其内心是极其浅薄、轻浮和空虚的。这也就是所谓人类的虚荣心，它委实害人不浅，正是它诱发了那么多极其荒谬卑劣的恶习，生发出虚伪做作和庸俗的谎言。如果没有足够的社会经验来清醒地认识这些庸俗的习性，我们大可以想象自己对庸俗所持有的最起码的感觉，然后就不会被庸俗误导了：爱吹牛皮的傻瓜绞尽脑汁地编造出一套子虚乌有的冒险故事，以期获得朋友们的赞美；妄自尊大的花花公子摆出一副道貌岸然、位高名重的空架子，连自己的内心也瑟瑟作颤。他们无一例外地陶醉在自己编织出来的春秋大梦中。这种水月镜花式的荒唐幻想会被任何一个有理性的人一眼看穿。虚荣者如果站在原以为被自己骗过的人们的立场就会惊讶于他们缘何会给予自己那么高的赞美，他心里实际上非常清楚朋友们究竟用哪种眼光看待自己，那种眼光完全不是他们表面上流露出来的赞赏。但可惜的是，强大的虚荣心总是会用浅薄的弱点和轻浮的愚蠢蒙蔽他们的眼睛、阻止他们反躬自省；当真相大白于天下的时候，或者当他们真的意识到自己卑劣的实质后，他们就会意识到虚荣的假象终会露馅，那只是迟早的问题。

昧于实情、无根无据的虚飘赞扬不会给我们带来真正的可靠的快乐，因为这种满足感经不起严格的考验。相反，即使并没有得到实际的赞扬，但是我们的行为在各个方面都符合标准规则，按照常理也一定会得到称赞和认可，这样的情况却会给我们带来真正的安慰：不是因为可能会得到赞扬而兴奋，而是为自己的行为值得称赞而内心愉悦。想到别人会对自己的行为毫无疑问地肯定，就算实际上没有得到任何称赞，心情还是会很愉快；反之，如果自认为自己的行为理应受到责备，就算周围的人并没有责备我们，也会感到惭愧的。也就是说，一个人在行动时已经恰如其分地遵循了公众普遍认可的标准，那么他在反省自己的行为时心里就会坦荡明净：站在公正的旁观者的角度来审视自己的行为时，他完全理解影响那些行为的全部动机。在回顾行为的每一个细节时亦会满心欢喜，因他此时用来看待自己的眼光并不是旁观者实际的眼光，而是人们在充分了解了他之后所可能采取的眼光，故即使人们对他毫不知情，他也不会在乎。如果他盼望已久的称许和赞美最终到来，他会带着同感毫不吝惜地称赞自己；即使迟迟没有得到人们的赞美，他也不会沮丧，因为那只是大家对实情一无所知。他对自己的行为可能会自然而然地带来怎样的结果明了于心，这些因果联系紧密纠缠捆绑在他的脑海里，使他习惯上预见到某种行为理所当然会带来怎样的感情。现实中的人们汲汲于追名逐利甚至不惜抛弃生命，他们知道一旦生命停止一切将烟消云散，但那份终将赋予自己的荣光却支持他们在想象中憧憬着一切可能；他们之所以做出常人无法企及的壮举，是因为耳边不断回响的虚幻的喝彩声和心头永久萦绕的清晰得只有自己能听见的赞美声驱散了他们心中对未知因素的恐惧感。就实际情况而言，赢得身后名和在现实世界中永远无法得到赞同之间，没有多少区别（来自现实世界的赞同只有在世人准确地了解我们行为的真正价值之后才可能发生）。既然前者常常会给后世造成异常强烈的影响，那么后者理所当然地会受到高度重视。

人喜欢取悦而不是得罪别人，上帝造人的时候就赋予了人这样的原始感情。他教导人为得到来自同胞的赞扬而快乐，而来自同胞的反对会让人感到痛苦。因为同胞的赞同最能让人愉快和惬意，他们的侧目则最令人羞赧和不满。

但是，如果一心只想着能得到同胞的赞同，而无法承受他们的批评，人是无法适应社会生活的。因此，上帝造人不仅让他渴望得到别人的赞同，也让他渴望自己拥有某种值得别人赞同的品质，或者说能够在人群中自我认同。前一种愿望能让人在表面上适应社会，假惺惺地行善隐恶，而后一种愿望才能让人渴望去真正适应社会，崇尚真善美,痛恨假恶丑。对一个健全的心灵来讲，后一种愿望似乎更为强烈。那种自欺欺人的称赞只能让最软弱肤浅的人陶醉其中、洋洋自得。肤浅者为之眉开眼笑，理智之人则无论何时都会坚决地予以拒绝。虽然理智的人在自知不值得赞扬的时候不会感到愉快，但是只要他认为自己的所作所为无愧于赞扬，即使自己什么也不可能得到，他还是会觉得非常快乐。这是因为，在他看来，在不值得赞同的事情上获得人们的赞同不是什么值得追求的目标；就算是在值得赞同的情况下得到人们的赞同，也不是什么了不起的事情。他毕生所追求的最高目标只是成为那种值得赞同的人。

只有在最卑鄙的虚荣心驱使下，人们才会渴望得到不该有的赞扬。在有必要得到赞扬的情况下，我们所渴望的不过是一种最基本的公正待遇。即使是在智者看来，仅仅热爱良好的名声和崇高的荣誉，而非觊觎从中可能得到的好处，也没有什么不对。只是智者不会把这些杂念放在心上，而且除非他确信自己的言行举止完全符合社会的一切标准，他绝不会贸然去做。此时，他不需要来自别人的赞赏以加强自我认同。即便这种自我认同不是他唯一的目标，至少也是他主要的目标，即他有能力担当就会去追求的目标，而对这个目标的热爱就是对美德的热爱。

总有一些品质会不经意地引起我们的喜爱和赞美，我们也很愿意在赞美和喜爱中升华出令人愉快的感情；同样，也总有一些品质会让我们憎恨和蔑视，想到自己也可能沾染上这样的坏习气，不免更加害怕。此时，自觉自己可恨、可鄙，比他人憎恨和蔑视我们更让人觉得恐惧。如果我们感到自己的行为毫无疑问会招来人们这样那样的感情，即使在人们信誓旦旦地保证不会对我们报以憎恨和蔑视的情况下，心里也会惴惴不安。一个人的行为违背了游戏规则，无论别人怎样劝他不要杞人忧天，说什么永远不会有人知道他的所作所为，也不会减轻他的罪恶感。只要站在公正的旁观者的角度审视自己的行为并发现自己无法容忍所有造成这种行为的动机，他就会为自己的行为感到无地自容。而如果他的行为已经众人皆知，那更是心灵上的奇耻大辱。彼时除非他对周围的一切视而不见，否则他无法在心灵上逃脱自己的愧疚感、在精神上摆脱来自他人的蔑视和嘲笑。如果此前周遭的人确实如此对待过他，那么他会觉得自己理所当然还会遭到报应，而且一想到那种曾有的折磨就胆战心惊。但是，如果他的过错是人神共愤、罄竹难书的巨大恶行，而不是仅仅会招来腹诽非议的小小不当，那么在清醒的时候，他一回想自己的行为，恐惧和悔恨就会痛苦地吞噬他的内心。即使他也深信没有人会知道自己的罪行，甚至冥冥中的老天也不会给以什么报应，那些可怕的感觉依然会如影随形地追随他一生，理应受到同胞的憎恨和愤怒的罪恶感让他寝食难安、度日如年。在真相大白之后，如果还没有放下心中的罪恶感，他一想到人们日后看待他时的怪异态度、表情和目光，恐惧和惊骇就会加倍袭来。良心深受谴责的人会感到这种极度的痛苦：它像魔鬼和复仇女神一样纠缠着自己，一个有罪的人，从而一生不得平静、安宁，经常深陷在自暴自弃和心烦意乱之中难以自拔。即使他自信能够隐瞒罪行，即使他根本不相信什么宗教，他也无法从中得到解脱；能够免受这种非人折磨的只有人类中最卑鄙最无耻的恶棍，他们才不在乎什么美名清誉，也对德行善恶完全漠不关心。这些极其令人不齿的人在犯下弥天大罪之后，往往会沉着冷静、想方设法为自己开脱罪责，甚至为了摆脱自己危险的处境，会主动承认在常人头脑里难以想象的罪恶。因为他们知道自己的罪行会激起那些被冒犯的人们的义愤，与其去饱尝那种想象得到的罪有应得的报复，不如像设想的那样以死来平息人们的愤恨之情，至少这样可能减轻别人对自己的憎恨，多多少少能够弥补自己的罪过，而自己将领受的可能是别人的同情而不是让人感到害怕后产生的怨愤——只要自己在伏法后平静地死去，来自同胞的宽恕与自己在揭发罪行前的无所谓相比，无疑是会让人高兴的。

即使刚强有力、不溺于情的人在这种情况下也害怕受到人们的责备。想到引发责备的过错更加恐惧难当，为了减轻这种恐惧感，并在一定程度上缓解良心的自责，除非本来可以躲过谴责和惩罚，否则他们也认为自己有必要心甘情愿地去接受一些惩罚，并认为自己是罪有应得的。

最轻浮浅薄的人会因为一些自欺欺人的荒唐赞扬而自鸣得意，而意志异常坚定的人即使面对不应有的指责也会深感屈辱。他们大可以对在社会上传播的关于自己的流言蜚语嗤之以鼻，因为这些传闻本身荒谬不实，必然会在几周甚至几天之内不攻自破、烟消云散。但是，一个清白无辜的人即使拥有最坚定的意志，当别人将一个莫名其妙的惊天罪名归咎于他时，还是会震惊不已、羞愤交加，特别是当这种诋毁碰巧和一些貌似证据的事情一起发生。他屈辱地发现所有人都如此鄙视自己的人格，还津津有味地臆想着这些罪名可能属实。就算清者自清，这些谣言还是难免会在他的人格上涂抹一些不名誉的污点，甚至连他自己也这样想。他是绝对不会也不可能对这种严重的伤害予以还击的，但由此而生发的内心的忧愤是一种极其痛苦的感受，没有什么比这种无法平息的冲天怨气更折磨人的了。在一个清白无辜的人看来，世界上再没有什么比遭人诬陷说犯有令人发指的罪行而被送上绞刑架更为不幸的事了。此时，就是那些确实罪有应得的犯人的痛苦也比不上他内心的煎熬。窃贼和劫匪这类无法无天的罪犯一般不去想象自己的行为有多么恶劣，也就谈不上悔罪。他们已经将上绞架看作是在劫难逃的宿命，因而才不在乎这种惩罚是否公正。因此，当这种命运终于来临时，除了觉得自己没有同伙走运外，他只好听天由命；除了对死亡的恐惧之外，没有别的事情能牵挂这颗即将离世的心，这些卑微的可怜虫也能够面不改色心不跳地战胜这种恐惧。相反，清白无辜的人痛感自己遭到不公正的惩罚，由愤怒而引起的痛苦远在对外界恐惧带来的不安之上。当死亡似乎带着一种比平常更加黑暗和忧郁的阴影在渐渐靠近时，担心惩罚后可能带来遗臭万年的名声会让他惊恐莫名，想到今后亲朋好友们是带着羞愧甚至恐惧来回想他那莫须有的可耻罪行而不是满怀遗憾和深情来怀念自己时，他更加痛不欲生。人类向往安宁，也希望在所有国家中，这类致命的意外事故尽量不要发生，但是它们却不时出现，即使在正义之风盛行的地方也不例外。

不相信有来生轮回的现世，卑下的人生观给不了遭受此种不幸的人多少安慰。当他们无法使自己的生命或死亡变得高尚可敬，当他们已被宣判死刑并留下千古骂名时，只有宗教才能有效地宽慰他们；只有宗教才能告诉他们：洞悉一切的上帝会对他们表示同情，劝他将现世人的不公看法完全置之度外；也只有宗教才能向他们展现比眼前这个龌龊的世界更为光明、公正、有人情味的天堂，在那里，上帝会在适当的时候还他们以清白，美德终将得到应有的回报。只有这一伟大的宗教法则才能让洋洋得意的罪人感到心惊胆战，才能给蒙受不白之冤的无辜者带来唯一有效的安慰。

敏感的人不会因为犯下真正的罪行遭到别人不齿而感到伤害，却会对不义的诽谤耿耿于怀，无论面对小过还是大罪时莫不如此。一个风流女子对社会上有关她的流言置之一笑，而毫无根据的流言对一个清白的处女来说却是道德上无法估量的伤害。我认为这些都昭示着人类道德社会的一种普遍规律：有意为之的人很少会觉得自己的罪行有什么不光彩，而惯犯则几乎不会有任何羞耻感。

既然所有人，甚至智力平庸的人都会对名不副实的称赞毫不犹豫地表示鄙视，那么，莫须有的指责为什么常常会让卓尔不凡的人感到莫大的屈辱呢？个中缘由值得进一步探讨。

我曾说过，痛苦在任何时候都比扭曲或由衷的快乐更具刺激性：快乐会让我们常常沉浸在幸福的状态中，而痛苦几乎总是破坏这种和美的心灵状态。敏感的人不会欢欣于恰当的赞美，却更容易对公正的指责耿耿于怀。明智的人则在无论何时都不会贪恋似是而非的称赞，但却经常为不应有的指责而愤愤不平，自己从未做过某事却受到称赞让他于心难安，僭取并不属于他的优点更让他因为卑鄙的谎言而怀有负罪感；他不但耻于接受那些出于误解的赞美，还会羞愧于来自那些真正值得受崇拜者的鄙视。如果发现很多人打心眼认为他完全有可能去做那未曾有的好事，他或许会感到某种快乐，这种快乐来自于人们对他的绝对肯定。但是，即使他会感谢朋友们的赞美，他还是觉得有必要去消除他们的误解，否则自己就是一个虚荣满怀、品性低劣的罪人。当他意识到别人在了解真相之后可能会转变对自己的看法，再套用他们曾经看待自己的目光重新审视时，就不会产生多少快乐。不过，虚伪的人经常用那种自欺欺人的态度来糊弄自己。他把人们在不知实情的情况下将所有的优点善行归到自己头上看作是理所当然，且继续谎称自己还有更多不为人知的好处，无耻地将自己从未做过的事情、别人的作品和发明都不假思索地划到自己名下，犯下剽窃、卑鄙、说谎等所有令人发指的罪行。诚然，因为自己莫须有的事情得到别人的称赞是不会给正常的人带来多大快感，但是根本不存在的罪行突然降临自己头上，却会令一个明智的人痛苦万分。这时候，上帝不但让痛苦比快乐的程度加倍，还使它大大超过承受的限度。人可以断然拒绝愚蠢荒唐的享乐，却无法总是摆脱这样那样的痛苦。如果他断然否认不属于自己的优点，没有人会怀疑他的诚实。但是，如果他否认枉加在自己身上的罪名，就可能招来别人的质疑。莫须有的陷害让他无名火填满胸臆，看到人们竟然相信这种诬陷更令他痛心不已：自己平素的品德竟无法免于诬陷，而别人失望怀疑的眼光也完全不是自己所期待的样子，相反如果绝大部分人都认为对他的指控可能属实，他却完全坚信自己的清白无辜，完全清楚自己的所作所为，即使只有少数人完全理解自己可能会做什么，他的心理状态可能会引起怎样的行为，也会多多少少加深他人的怀疑。没有什么来自比亲朋好友们的信任和好评更能帮助他战胜别人的疑神疑鬼给他带来的痛苦了，因为来自他们的怀疑和批评最让他难以忍受。他可能满怀信心地认为亲朋好友那令人不快的看法是出于误解，但是这也难以消除那种误解给自己带来的影响。总之，一个人越是敏感细腻、能力超群，这种影响就越深刻。

需要注意的是，在任何情况下，别人的感情和判断与我们自己是否一致以及随之可能产生的影响，完全取决于我们对自己感情的拿捏是否恰当，对判断结果到底有多大的把握。

有时，情感倾向敏感的人可能会担心自己即使在高尚的情操方面也会过于率性而为，或者害怕对自己和朋友受到的伤害过于愤愤不平，他怕自己情绪过分激动，一味感情用事，继而盲目见义勇为而给别人造成真正的伤害；那些人即使不是清白无辜，但也许并不是自己原来认为的那样罪不可赦。这时，来自别人的意见几乎决定他的看法：赞同的意见让他得到最大的安慰，而反对的声音则可能给他本就惶恐不安的内心更增负担。假使一个人对自己的所作所为完全有把握，就不会把别人的看法当作衡量自己的标尺。

有的艺术品非常高贵典雅，需要极高明的鉴赏力和洞察力才能看透其中的奥妙，只是对于鉴赏结论可能见仁见智。还有一些艺术品，它们的优点一目了然，而且有令人信服的证据。显然，前者比后者更加需要来自公众的评价。

只有具备高超的艺术鉴赏力才能品味诗歌中的优美，年轻的初学者几乎不能确定自己的诗歌是否优美。这时，没有什么比朋友和公众的好评更让他喜出望外，也没有什么比完全相反的评价更让他无地自容。前者让他对自己的表现和能力信心十足，后者则让他垂头丧气、倍感郁闷。随着经验和成就的逐步获得，他会对自己的判断愈来愈趋于自信，但是公众的批评还是会带来深重的困扰。拉辛因为自己的悲剧《菲德尔》——一部最好的悲剧，或许已被译成多国文字——反响平平而耿耿于怀，以至于虽然正处于写作的巅峰时期，也发誓与写剧本绝缘。这位伟大的诗人经常告诉他的孩子：那些不值一提、漏洞百出的批评所带来的痛苦，往往超出最为热情中肯的赞扬给自己带来的快乐。众所周知，伏尔泰也对那些微不足道的指责极为敏感。蒲柏先生的《邓西阿德》几乎可以和所有最优美和谐的英国诗歌相媲美，但是这不朽的名著却受累于最卑鄙拙劣的作家们的批评。据说格雷因为自己最得意的两首诗遭到拙劣的模仿而大受刺激，因而此后不想再写重大的作品。那些自诩妙笔生花的写作散文的文人的敏感性与诗人有点接近。

与文学家背道而驰的是，数学家对自己的发现的真实性和重要性信心十足，毫不在乎别人的异议。当代最伟大的数学家——格拉斯哥大学的罗伯特·西姆森博士和爱丁堡大学的马修·斯图尔特博士，据我所知，从来不会为无知者忽视他们最有价值的著作而感到丝毫的苦恼。据说，艾萨克·牛顿爵士的伟大著作《自然哲学的数学原理》多年遭到冷遇，但这也丝毫没有打破这位伟人内心的平静。物理学家们跟数学家一样不受公众评价的束缚，他们同样对自己的发现和知识的内涵价值充满自信、毫不动摇。

不同类型文化人的道德品行之所以千差万别，多多少少受他们与公众的关系的影响。

数学家和自然哲学家们从来不受公众评价的束缚，便很少为了抬高自己、贬低别人而拉帮结派、党同伐异。他们通常和蔼可亲、胸怀坦荡、和睦相处、相互尊重，不会为了攫取公众的吸引力而明争暗斗。自己的著作受到同行激赏固然令他们高兴，但遭受冷遇也不会使之怒火中烧。

诗人和那些自吹自擂的文人截然不同：他们热衷于拉帮结派，搞小团体，明里暗里把持异议者当作不共戴天的仇敌，用尽一切卑鄙的阴谋诡计，力图把公众聚拢到自己这一边，同时不遗余力地作践对手和仇敌。在法国，德彼雷奥斯和拉辛并不认为起先为了贬低基诺和佩罗的声誉，后来为了贬低丰特奈尔和拉莫特的声誉，而充当某一文学团体的领袖，甚至以一种极为无礼的方式对待善良的拉封丹，虽然这样会有失自己的身份。在英国，和蔼可亲的艾迪生先生并不认为为了贬低蒲柏先生与日俱增的声誉而充当某一小文学团体的领袖，会同自己高尚和谦虚的品质不相称。丰特奈尔先生在撰写科学院——一个数学家和自然哲学家的团体——成员的生活和为人时，经常会颂扬他们亲切朴实的风度；他认为，这在数学家和物理学家中间是如此普遍，以致成为整个文人阶层，而不是任何个人特有的品质。达朗贝先生在撰写法兰西学会——一个诗人和优秀作家们的团体——的成员，或者人们认为是该团体成员的那些人的生活和为人时，似乎并不是经常有这种机会去作这一类评论，甚至找不到任何借口来把这种和蔼可亲的品质说成是他所称颂的这帮文人所特有的品质。

人们之所以渴望了解别人对我们优点的评价，根本原因还是缺乏信心，希望别人对自己的优点予以好评。来自别人的好评会让我们精神为之一振，备受鼓舞，而受到别人的批评则会让我们倍感失落、疑窦丛生，不过我们还不至于为此而勾心斗角、拉帮结伙。如果一个人贿赂所有的法官可使诉讼者胜诉，但是即使来自法院全体一致的判决也不能让他相信自己有理：假如打官司只是为了证明自己有理，讨回一口气，就绝不会去行贿，但要是希望法院判决自己有理，并同时希望胜诉，他就会去贿赂法官。同样，如果我们并不在乎别人的赞扬，而只是想证明自己是否值得别人赞扬，就不会大动干戈、患得患失。赞扬之于聪明的人所以重要，是因为它能够证明某种值得赞扬的品质（至少在受到怀疑的时候如此），这说明赞扬本身在某些方面也不是无足轻重的。因此，那些头脑灵光的人——在这种情况下，不应该称他们为聪明人——有时也会不择手段地去赢得赞扬和逃避指责。

赞扬或谴责的语言是他人对于我们品行的真实感受，而值得赞扬和应当谴责的这种微妙的感觉则来自他人对我们的品行自然而然抱有的情感。渴望赞扬就是渴望获得他人的好感，而追求值得赞扬的品质则是渴望使自己成为理所当然受到赞扬的人。这两种天性彼此关联，非常相似，而对于受到谴责和该受谴责的畏惧也是如此。

如果人们希望做或者实际上已经做了某种值得赞扬的行为，他会渴望得到应有的甚至更多的赞扬。此时，这两种天性已经难以区分。他自己也无法解释自己的行为到底有多少是受前者影响，对别人来说更是如此。那些一心想要贬低他的优点的人，完全将其行为说成是别有目的的阴谋——只是汲汲于众人的赞扬而非出于本意，或完全是虚荣心作祟。而那些喜欢更多地考虑他的优点的人，则赞扬其行为主要是基于对值得赞扬的品质本身的真正崇敬，是对高尚而光荣的行为的真正热爱，是对他人的认同和称赞以及与之相匹配的品质的真正想往。每个旁观者的思考习惯都会决定他对所观察的行为的好恶评价，这往往是一种刻板成见，一种分明是正确的优势行为在他头脑中也可能会被贬得一文不值。

极少有人敢认为自己既具备了自己所孜孜追求的品质，同时这种品质还为别人所赞许，或者心满意足于自己做了值得称颂的实事，除非人们对他所具备的优点予以承认和衷心地赞赏，或者他实际上获得了自以为应该得到的赞扬。但是，人的个性是丰富多样的，在这方面似乎差别很大：有些人只关注自己值得赞扬的品质是否得到了证明，而对赞扬本身与否毫无兴趣，在认为自己值得赞扬的品质已经得到证明时，似乎对赞扬毫无兴趣，而另一些人似乎只想着如何才能得到赞扬。

没有一个人能够避免受到指责和非议，否则他不会因为自己行为中貌似全无该受责备的素质而意满志得，一个智者对自己是否得到了理应得到的赞扬毫不在意；但是他会避免在一切至关紧要的事情上不允许发生的错误和任何可能遭到的非难，他谨小慎微，在紧要关头更是战战兢兢、如履薄冰。因为他一旦做了自己认为该受指责的事，而且没有负担起相应的职责，或者没有抓住机会尽全部努力做自己认为值得赞扬的事情，责备、非议就可能降临，考虑到这些，他会非常迫切和谨慎地避免责备、远离非议。一个伟大的智者在做出值得赞扬的行为时，他不可以显露出对赞扬的强烈渴望，因为这是一种软弱、虚荣的表现。当然，希望避免指责和非议的念头并不完全是软弱的表现，而往往意味着当事人遇事谨慎的优良品质。

西塞罗说："很多人蔑视荣誉，但是又会因为不公正的责难而感到莫大的屈辱，这是非常矛盾的。"然而，这种矛盾似乎根植于永恒的人性原则中。

上帝教人用这种方式去尊重他人的情感和判断。别人对他行为的赞同多多少少让他感到高兴，而反对则多多少少地让他感到不快。上帝让人来直接审判人，同其他许多方面一样，上帝是按照自己的设想来造人，并让他做自己在人间的代理，以监督其同胞们的行为。上帝赋予的这种秉性让人们在遭到责难时觉得颜面尽失、郁郁寡欢，在得到赞许时又眉飞色舞、洋洋得意。

人作为同胞的审判员的任命只有一审而没有终审，最终的判决结果还要求助于高级法庭——心中的道德律，也就是自己的良心，那个想象中的公正无私、全知全能的旁观者的法庭，人们心目中的有着最伟大审判官和仲裁者的法庭。两种精神法庭的审判权赖以建立的原则在某些方面有类似之处，但区别更大。外部的裁决权完全基于对现实的赞扬、谴责的渴望或厌恶，内心的裁决权则完全基于对值得赞扬或应该谴责的品质的渴望或厌恶，别人是否拥有某些值得我们热爱或唾弃的品质，别人的某种行为是否应该得到我们的称赞或鄙视，我们的判断准度和标尺就是自己的感觉、良心。如果外部的评判者因为我们从未做过的好事或者与我们的行为毫无关系的动机而给予我们称赞，内心的评判者就会提醒我们其实自己不应该得到这种称赞，接受称赞只会让我们变成卑鄙小人，心中的声音促使我们马上克制自己由于这种毫无根据的喝彩而产生的自高自大情绪。相反，如果外部的评判者因为我们从未做过的坏事或者对和我们曾经的行为毫无影响的动机而加以指责，内心的评判者就会立刻纠正这个误判，让我们相信自己绝不应该遭受如此不公正的责难。但是，很多时候，内心的评判者似乎经常对外界评判者的喧哗闹腾感到惊讶和迷惑，有时，责备伴随着粗暴激烈的言行劈头盖脸猛然袭来，吓得我们呆若木鸡，以致丧失了天性中对美好和丑恶的感觉，此时，内心的判断可能依然公正而合理，但是它的可靠性和坚决性已经远不如前，保护我们内心宁静的屏障已遭到巨大破坏，几乎所有人都不能宽恕自己，我们真的以为自己犯了几乎无法原谅的大错。如果所有现实中的旁观者立场一致而又决绝地反对、批评我们，心中的公正的旁观者在支持我们的时候也会显得没有底气、犹豫不决。一如诗里描写的那样：一半像神，一半像人。当内心对美丑善恶的感觉坚定不移地左右着他的判断时，是神性在指导他合理地行动，而当他被心中那些愚昧软弱的意见所动摇的时候，他与人类的联系就暴露出来了，此时人性彻底压倒了神性。

在这种情况下，意气消沉、心乱如麻的人只好向更高的法庭、向明察秋毫的宇宙的最高审判者寻求安慰——他的眼睛从来不会看错，从来不会做出错误的判决。终于有一天，这个伟大的法官会宣布他的清白无辜，会告诉他美德终将得到好报。相信有这样一个伟大的法官会做出准确无误的公正裁决，是他那陷于绝望的心灵所能依靠的最后防线。惊惶不安的时候，天性让他感到还有伟大的法官保护他，不仅力证他的清白无辜，而且还给予他内心宁静。多少时候，人们习惯于把今生的幸福寄托在对来世渺茫的希望和期待上，这种深深植根于人性的希望和期待的感情苦苦支撑着人类尊严的崇高理想，照亮不断逼近的阴暗前景，并让我们在乱世的凄风苦雨中保持乐观。这样的世界终将到来：在那里，所有人都是平等的，都会得到公正的待遇；在那里，人人都与那些道德、智力与自己不相上下的人并肩为伍；谦虚高尚的人在今世由于命运的阻碍而没有展示自己的机会，以至不仅世人不了解他们，就连他自己也缺乏自信，甚至连内心的裁判官也不敢明确地支持他们，可是他们将会在那里得到早该到来的自我实现和自我满足感；在那里，谦虚卑微者的不为人知的优点将得到合适的评价，甚至会超过那些在今世享有盛誉、身居高位而做出惊人壮举的人。这样的信念会使软弱的人在各方面、任何时候都对其充满崇敬和热望，一想到将会得到崇高的人性的宠爱，甚至连对它有疑虑的贤人也难免会陷入这虔诚热切的信仰中。只是一些极其热诚的预言者告诉我们，在那个世界里报答和惩罚的分配依然会与我们所有的道德情感直接冲突，于是这种信念遭到了渎神者的嘲笑。

很多德高望重却满腹牢骚的老臣抱怨说，谄佞之徒常常比忠顺之臣更得宠，而溜须拍马也比汗马功劳升得更快更稳，在凡尔赛宫或圣·詹姆斯宫拍一次马屁，顶得上在德国或佛兰德斯打两场胜仗。但是，这种对世俗君主的弱点的严厉指责却被认为和正义的行动一样起源于完美的神性。德才兼备的人们甚至认为只有一种美德会得到回报、免于惩罚，这种美德包含对职责、忠诚和对神的崇拜。美德是一个人的长处，一般也与他们的地位极其相称，而我们总是习惯于高估自己的优点。睿智而雄辩的马西隆在祝福卡迪耐军团的军旗并致讲演辞时，他对军官们作了如下讲话："先生们，你们最可悲的处境就是艰难困苦的生活，生活中服务和职责的艰苦程度有时比修道院严格的苦修还有过之而无不及。你们时常为今生来世的空虚徒然苦恼、长吁短叹。唉，苦行僧在陋室中极力克制肉体的欲望以转向对精神的追求，他之所以能够坚持，是因为他坚信这样的苦修一定能得到回报，上帝还会减轻来世的惩罚。但是，你们临终时会大胆地向上帝诉说日常工作和生活的艰辛吗？会向他奢求任何回报吗？你们认为上帝会对自己的全部努力以及全部克制给予肯定吗？你们把一生中最好的时光献给了自己的职业，十年的服务对你们身体的损害可能甚于一生的悔恨和羞辱的总和。唉，我的弟兄们！为了上帝哪怕仅仅经受一天这样的辛苦，也会给你们带来永世的幸福；只要为上帝做事，哪怕过程再令人痛苦，也会让你们得到圣者的称号。可是富有讽刺意味的是，你们所做的一切以及为此而承受的痛苦，在今世却是得不到任何的报答。"

把修道院徒劳的苦修与高尚的战争中艰苦和危险相比，认为在上帝眼中修道院里一天或一小时有意义的苦行比戎马一生的光荣更值得夸耀，必然会与我们所持的道德情感相冲突，必然会违背我们在天性指导下赖以评判一切是非曲直、轻蔑或敬佩的全部原则。然而，正是这种苦修精神把天国留给了僧侣修士和虔诚的信徒，同时却宣告：古往今来所有的英雄、政治家、立法者、诗人和哲学家，所有那些用自己的发明创造和进步科技为人类生活的延续、便捷和更加幸福做出过贡献的人，所有人类的伟大保护者、指导者和造福者，所有那些我们在美与善的直觉驱使下将其目为德行最高标准的人，全部都要到阴间受苦。我们对于最值得尊重的宗教信念遭遇如此荒唐的冲突且不时被人蔑视和嘲笑，就不再会感到惊异，对于那些并不热爱、偏好虔诚祈祷的人来说，也不会有什么大惊小怪的了。

第三章　论良心的影响和权威

在特殊情况下，软弱的人不能仅仅依靠良心的支持，他们不可能总是依靠那个想象中的与其心意相通的公正旁观者来支撑自己的信心。但是，在任何时候良心的影响和权威都是不可忽视的。只是在这个内心法官的指示下，我们才得以对与自己相关的事情了然于心，才能恰当地处理自己与他人的利益冲突。

如同肉眼看到东西的大小并非依它们的真正体积而是依它们的远近一样，人心之中天然生就的眼睛看起东西来也可能如此，并且，我们用几乎相同的办法来纠正这两个器官的缺陷。从我现在写书的位置来看，草地、森林以及远山的无限风景，似乎不见得大到能遮住我旁边的那扇小窗，而同我坐在里面的这间房子相比则小得不成比例。除了把自己放到一个不同的位置（至少在想象中这样做）在那里能从大致相等的距离环视远处那些巨大的对象和周围小的对象，从而能对它们的实际大小比例做出一些正确的判断之外，我没有其它办法可以对两者做出正确的比较。习惯和经验使我如此容易和迅速地这样做，以致几乎是下意识，并且一个人在能够充分相信那些远处对象是如何渺小之前，如果一个人的想象不按照对远处物体真实体积的了解扩展和增大它，那么他就必须多少了解点视觉原理，才能相信那些远处物体对眼睛来说只是显得很小却不是真正如看到的那么小。

由于原始人性中那些自私的感情顽固而强大，我们看重自己的蝇头小利甚于陌生人的最高利益，由切身利益引起的快乐或悲伤、渴望和厌恶情绪都甚为浓烈。只站在自己的立场上想问题，当然不可能将他人的利益也看作是理所当然的正常需要，于是为了达到自己的目的便不惜损害他人的利益。只有我们转换了自己的立场，才能客观公正地处理这两种互相对立的利益的关系。但是，要使判断不偏袒于任何一方，我们就必须采取第三者的立场和眼光看待问题，而不能采取自己或对方的立场和眼光，因为这两种立场都与我们有利害关系。习惯和经验会让我们轻而易举甚至下意识地做到这一点。这时，如果正义感还不能纠正天性中的不公之心，我们就需要进行反思甚至是哲学思考：为什么自己对与我们休戚相关的邻人那么漠不关心？对他的悲惨遭遇如此无动于衷？

假如中国这个伟大的国家连同其数亿居民突然毁于一场地震，那么试想一个和中国没有任何关系的很有人情味的欧洲人听到这个消息后会有怎样的反应呢？我认为，他首先会对这些不幸的遇难者表示深切的哀悼，进而忧心忡忡、百般感慨地想到人世无常，人类辛辛苦苦创造的全部成果就这样在顷刻间灰飞烟灭。如果他是一个投机商人的话，也许还会联想到这种巨大灾祸对欧洲商界和世界贸易市场可能带来的影响。但是，当这一切悲天悯人的思绪全都过去以后，他还是会像平常一样悠闲平静地做生意、享受生活，似乎这种不幸的事件从未发生过。相反，即便是他自己遇到的最小麻烦，都会令他更为紧张不安。如果明天要丢掉一个小指头，他今天就无法入眠；但是，当他想到那素未谋面的亿万中国朋友在地震来临的前天晚上依然踏踏实实地酣眠，自己的小灾难与那样惨绝人寰的大毁灭一比就显得无足轻重了。一个天良未泯的人如果从未见过那亿万朋友，却愿意为了免除自己的小灾难而情愿牺牲他们的生命，人类的良心如此让人惊愕汗颜：即使一个腐败堕落至极的世界，也不会生出这样的恶棍。为什么呢？差别在哪儿呢？当我们消极地沉湎于卑鄙自私的感情的时候，又如何会在积极的道义方面慷慨激昂呢？如果我们总是沉溺于一己的私利而对他人的利益漠不关心，那么为什么普通人在很多时候、高尚的人在任何时候都愿意为了他人更大的利益而牺牲自己的利益呢？这不是人性中温和的力量，也不是上帝用来照亮人心的微弱的仁慈的火光，那只能够抑制最强烈的私欲冲动，这是一种在危难时刻更为强大的力量、更为有力的动机，这是理性、道义、良心，是那个内心的人，是那个判断我们行为的伟大的法官和裁判。当我们的幸福是践踏在他人的痛苦之上时，他的声音足以震慑住我们心中最剧烈的冲动，他大声疾呼道：我们不过是无数生命中的平凡个体，绝不高人一等；如果我们如此妄自尊大，必将受到人们的仇视、憎恨和诅咒。只有他才能让我们明白自己以及一己私利是多么微不足道，而且这个公正的旁观者的眼光才能纠正自己自私心理的歪曲发酵。他指出：慷慨的行为合情合理，而违反正义的行为则是丑恶的；为了他人更大的利益而牺牲自己的利益值得称颂，为了自己得到最大的好处而使他人受到哪怕是最小的伤害也是丑陋的。很多时候，不是出于对邻人的爱，也不是什么普世价值在推动我们按照神性的美德去行动。那只是一种在特殊情况下产生的更强烈的爱，一种更有力的情感，一种对光荣和崇高的爱，对伟大和尊严的爱，对自己本性中优点的爱。

当自己的行为会给他人造成直接的幸福或不幸时，我们不敢听从自私心理的使唤，把个人的利益置于众人利益之上。内心那个人会提醒我们：过于看重自己而不考虑别人，只会招来他人的蔑视和愤慨。贤能之人不会受这种情感的摆布。而任何一个优秀的军人对此都深有体会，他知道，如果他在尽军人天职、为国捐躯时踌躇不前，战友们就认为他是在危险面前退缩，从而对他投以轻蔑的目光。

个人绝不应该把自己看得比其他人更重要，即使自己可能获得的利益远远大于给他人带来的损害，即使前者比后者大得多；穷人绝不应该诈骗和偷窃富人的财富，即使赃物给自己带来的好处比给富人造成的损失更大。在这种时刻，内心的那个人会马上提醒他：你并不比周围的邻人更重要，而且你的私心只会招来人们的蔑视和愤怒以及必然会随之而至的惩罚，因为你违背了人类社会的安全与和平所赖以建立的神圣法则。正直的人会恐惧于自私行为给内心带来的耻辱感，那会是自己心灵上永远无法抹去的污点，他甚至宁愿无辜遭受外部的重大灾难也不愿自取侮辱。因为那条伟大的斯多葛主义的格言根植于他心中，它表达这样的真理：对一个人来说，用不正当的手段夺取另一个人的东西，或将自己的利益建立在他人的损失之上，要比由于肉体或外界原因造成的死亡、贫穷、痛苦等等所有的不幸，更加违背他的天性。

如果我们的行为不会给别人带来幸福或不幸，如果我们的利益和别人的利益毫无关联，更谈不上冲突，我们就不需要压抑自己与生俱来的、无法言传的自私心理以及对他人持有的冷漠态度。伦常教育让我们在所有重大的场合按照自己和他人之间既定的某种游戏规则行事，甚至平时的经济活动也能积极调整我们的道义原则以达到某种程度的和谐。但是，真正能纠正我们消极感情中偏差的东西，只有那极为整饬、精致的教育和严谨、深奥的哲学。

试图向我们讲授这一最难理解的道德课程的哲学家有两类：一类哲学家尽力增强我们对他人利益的关心，另一类哲学家则反向行之，即减少我们对自身利益的过分牵挂。前者让我们把爱自己的天性施及他人，后者则让我们将漠视他人的天性也诉诸于己。这两者的教义都远远背离自然合适的正确标准。

前者是一些哭哭啼啼、垂头丧气的道德学家，他们没完没了地指责我们竟然在众多同胞处于痛苦中时过着逍遥自在的生活：那么多可怜的人时刻面临着种种灾难，饱受贫困的煎熬、疾病的折磨和仇敌的欺压，挣扎在死亡线上，而你们竟然能视而不见，只是沉醉于自己的幸运生活而满心欢喜，这是多么邪恶的冷漠。他们认为，即使我们从未目见耳闻，还有一些人类同胞无时无刻不在遭受厄运的折磨，但这确为真实可想的东西，我们就必须以对他们的怜悯之情来抑制自己幸福生活中所有的快乐，并且脸上要习惯性地表现出一种悲天悯人的忧郁神情。但这是荒谬的：首先，对自己毫不知情的灾难表示过分的同情，简直是荒唐可笑、不合情理的。这个地球上每有一个受苦受难的人，就有二十个春风得意，或者至少还过得去的人，没有什么理由可以说服我们去为一个人哭泣而不是为二十个人感到高兴。其次，这种装腔作势的怜悯不仅荒诞，而且似乎根本就做不到；即使表面上能做到的人，那种悲痛也多是矫揉造作、多愁善感的惺惺作态；虚假的悲痛不能打动人心，只会使人们的神情和谈话不合时宜地变得阴郁沉闷。最后，即使这种心愿能够实现，也毫无用处，只能让抱有美好心愿的人更加感到痛苦。无论我们怎样关心那些跟自己素无瓜葛、完全为我们触及不到的弱者，都只是自寻烦恼、空自感伤，对他们毫无帮助。我们为什么要为远不可及的世界而自寻烦恼呢？当然，所有的人，无论在我们眼前或天际，都有资格得到我们美好的祝福，我们也会祈祷祝福他们。但是，就算他们是不幸的，我们也没必要因此而折磨自己。对于和我们毫不相干、我们既无法帮助亦无法伤害的人，所谓的关心只能是有限的，这也是上帝的明智安排。如果在这方面我们本来的天性有可能改变的话，那也不会带来什么好处。

我们有时候看到别人的成功会感到些许不快，这可能是嫉妒心使然，若没有这种自私情感的妨碍，我们可能就会快乐地向他表示祝贺。道德学家在责怪我们对不幸者缺乏足够同情的同时，也对幸运儿、权贵和富豪的崇拜心理大加批驳。

另一类道德学家通过降低我们对自身利益的关心程度来纠正人类消极感情中天生的不平等因素，古代的所有哲学派别莫不如此，尤以斯多葛学派为代表。斯多葛学派的理论主张：人不应该把自己与大众割裂开来孤独立世，而应该把自己看作是世界的一个公民、庞大自然界整体的一个微分子，为了整体利益他应该在必要时刻心甘情愿地牺牲自己的蝇头微利，一个人在心灵天平上不能将自己的私利凌驾于整体中其他同等部分的利益。我们应以世界上任何其他公民都会用来看待我们的那种眼光看待自己，而不应任由自私心理膨胀蒙蔽了双眼。我们应该把自己的事情当作邻人的事情，正如邻人看待我们自己的事情那样。埃皮克提图说："当我们的邻人失去妻儿时，所有人都认为这是一种天然的灾难，是完全符合自然规律的事情。但是，想想吧，如果同样的事情发生在我们身上时，我们必会痛哭失声，不幸会将我们重重地压垮。所以，我们要牢记这一点：我们对于某个偶然事故发生在他人身上时所采取的态度，实际上也就是我们在同样的情况下自己的感受和想法。"

有两种个人的不幸会使我们的感情出离常轨：一种不幸先是影

响与我们特别亲近的人，比如双亲、孩子、兄弟姐妹或最亲密的朋友等等，然后才间接影响到我们；另一种不幸直接影响到我们的身体、命运或者名誉，这些不幸通常是由疼痛、疾病、贫穷、耻辱、即将到来的死亡等等带来的。

前一种不幸无疑会造成我们情绪的剧烈波动，但是有时候也有可能只是冷静如常。如果一个人面对父亲或儿子的死亡或痛苦竟然无动于衷，好像他们是别人的父亲或儿子，他显然不是一个好儿子或好父亲。这种不通人性的冷漠态度不值得任何赞扬，只会遭到众人的愤慨和唾弃。然而，在家庭中经常有感情分配不均衡的情况，让人觉得不舒服。由于上帝聪明过头的安排，绝大部分人视自己的儿女高于父母，他们更爱下一代，因为接续香火的是儿女而不是日薄西山的双亲，再说，未成年子女的生活和安全靠父母精心打理，而父母则很少有求于他们。因此，在这种强烈的感情面前，人们需要的是抑制而不是激发。道德学家们很少批评我们对子女的娇生惯养，只是力劝我们要克制对孩子的溺爱和过分的关心，这也同样暗示了我们不应该给予子女太多不适宜的偏爱。但是，他们会就孝顺的问题反复告诫：要情真意切地照顾自己的父母，在他们的晚年极尽孝道，以回报他们的哺育之恩。基督教也是如此，“十诫”要求我们尊敬自己的父母，对是否要热爱自己的儿女却毫无提及，因为上帝冥冥中已安排好我们怎样履行后一种责任。人们很少指责那些将疼爱孩子挂在口头的父母，却常常怀疑那些孝敬父母的儿女是在装模作样。同样，寡妇夸张的悲痛也让人们怀疑那是不是虚情假意。某种感情如果过于强烈，如果我们打心底相信其真诚，就会尊重它、相信它的真实性，就算我们可能不完全赞同，也不会予以严厉的指责。在虚伪的人看来，装模作样的表现也是值得赞扬的。

虽然我们对家庭感情的不均衡感到不快，认为偏颇的感情应该受责备，但也不会过分厌烦。父母对孩子过分溺爱和护短，最终对双方都没有任何好处；但是人们很容易理解这种感情，而不会对其大加指责和苛求。相反，如果父母缺乏这种感情，反倒让人觉得面目可憎：他对待自己的亲生儿女毫无温情，总是一副横眉怒目、暴跳如雷的样子，对任何事情都吹毛求疵，简直就是可恶至极的暴君、独裁者。当最亲近的人遭遇了不幸，我们不需要去强力压制激动的感情，这是正常而合适的，无动于衷才显得更虚假。在这种情况下，斯多葛式的冷漠不显得虚伪而矫情，是那么让人难以接受，以至这种想尽一切形而上学的诡辩伎俩而支撑起来的冷漠理论，除了助长花花公子的冷酷心肠继续傲慢骄横、飞扬跋扈外，一无是处。那些最出色地描绘了高尚微妙的亲情、友谊和其它一切个人和家庭感情的诗人和小说家们，例如拉辛、狄尔泰、理查森、马利弗、利科波民，不会都是在这种情况下比芝诺、克里西波斯或爱比克泰德更好的教员。

我们不会因为对他人的不幸予以适当的同情而忽视自己的责任，忧郁而深情地怀念朋友没什么不好，表面上的痛苦和悲伤似乎有损身心健康，但这是高尚品德和自我肯定的表现，不会给我们的身体、命运、荣誉带来不幸。有时候过分的感情表达显得不合适。但只有在极少的情况下，斯多葛式的冷漠无情才会浮出。

前面提到过，因他人的肉体受伤而产生不快的情绪非常普遍。身体受伤所产生的疼痛，是最能够引起旁观者的感同身受，因为大家都是一样的肉身皮囊，看到垂死挣扎的邻居心中也会涌起深深的悲哀。只是在这两种情况下，旁观者的感受都无法与当事人相比，就算旁观者无动于衷，后者也绝不会感到不快。

人们不会去怜悯缺钱花的穷人。如果穷人为了这个而怨天尤人，更让人瞧不起，甚至连同情都没了。我们看不起乞丐，虽然在其死缠烂打下可能会施舍给他们一点财物，但打心眼里我们看不起、不同情他们。由富翁而沦为乞丐的人饱尝人世艰辛，因生活巨大的落差而倍感世态炎凉。他们往往会得到旁观者真正的同情。在当今社会，遭受此种不幸的人通常是由于自身的原因，但人们还是愿意可怜他，绝不会对他一贫如洗不闻不问。朋友们会慷慨解囊，富贵时过从甚密的债权人（他们当然会理直气壮地抱怨他的挥霍无度）会宽容他，体面地资助他一些微不足道的财富。遭受这种不幸的人人格都存在某些弱点，但人们不去计较。同时，其中一些生就自强不息的人，在落寞的环境中仍然乐观自足，不因为今昔境遇判然有别而自暴自弃，由于这些人的积极品行不因财富的多寡而改变，因而总是会得到人们的深切赞同和高度敬仰。

在一个无辜者看来，名誉上遭受莫名的玷污是最大的不幸，所以他们在面对可能造成巨大不幸的事情时显得过于激动，但并不能一概归为粗鲁无礼。一个年轻人愤愤不平于别人诬陷、诋毁他的品质或名誉，即使这种愤怒有些过头，人们也会非常理解。人们更会同情冰清玉洁的小姐为有关她品行的流言蜚语而苦恼。多年的人世沧桑使老人看穿了世路险恶的悲凉本质，已经学会将他人的毁誉置之度外，对喧嚣谩骂充耳不闻，甚至不屑于对那些无聊之人大动肝火。这种由于总结人生经验教训而生出的冷漠是一种坚定的信念，年轻人不会也不应该有这样的态度，有了反而令人生厌。不适龄的冷漠与年轻人的朝气格格不入，人们有理由觉得他们可能在今后的岁月里对真正的名誉漠不关心。

人们执著于关乎自己个人切身感受的事情，精心打理小世界。而别人遭到了倒霉的事情，我们很可能只是抱着幸灾乐祸的轻快心情，但如果这些痛苦的事情是发生在我们自己的身上，心中恐怕就会羞愧难当了。

让我们对生活中的感情脆弱和自我克制进行一下比较，考察它们那微小而渐次的变化，我们会发现：要做到对脆弱感情加以控制必须经历一个过程，它的来源不是那些佶屈聱牙、闪烁其词的演绎推理，而是上帝为之确立的规定。上帝要求我们有必要尊重所有旁观者的感受，不管这个旁观者是现实的还是我们想象出来的。

童稚之龄的孩子缺乏自我克制。不管是感到害怕、痛苦还是生气，他总是试图用大哭大叫的方式来唤起受惊的保姆或父母的关心。当处于监护人无微不至的细心呵护时，孩子除了过分任性以外，没有必要去克制什么感情。当孩子哭着闹着撒娇发脾气时，监护人为了不破坏自己的安闲舒畅，往往会高声训斥和恐吓孩子，使他保持安静。

他的训斥告诫孩子：要想自己安全，就有必要抑制自己的情绪。等到上学后和其他孩子在一起游戏时，他会发现别人对他没有任何的偏爱和容忍。为了避免受到孤立和敌对，增强安全感，融入群体以得到其他孩子的接纳，他学着压抑自己的愤怒，克制住其他过激情绪，使身边的小伙伴们都觉得他容易接近。就这样他学会控制自己的感情，逐步进入了克制的大学校。当然，再长的训练和实践也不可能达到完全控制自己感情的程度。

当我们去看望一个生活在痛苦、疾病和不幸中的朋友时，他马上会从自怨自艾中振作起来，稍微平静地从旁观者的角度出发来看待自以为不幸的处境。在短暂的时间里，他的心情难得趋于平静。只是这种不自然的状态持续不了太长时间，他就会重新咀嚼起自己的小悲欢，沉湎于痛苦中，泪水涟涟，就像那些童稚期没有自制力的孩子，他无法压抑自己的悲伤，只想通过不断的哭泣和悲叹唤起旁观者对自己处境的认同和怜悯。

意志相对坚强的人会长时间地保持镇定情绪，并尽可能从旁观者的角度来审视自己的感觉。如果在巨大不幸的压力面前还能够保持镇静，朋友们自然会对他敬佩有加。别人的肯定会使他受到鼓舞，在乐观情绪的影响下他会更加坚强地挺下去。他不会主动提起自己的遭遇，有修养的朋友也不会挑起这方面的话头。相反，他会用各种玩笑话题使朋友们开心，即使不得不讲起自己的不幸，他也尽量用一种坚强和超脱的语气。但是如果他没有过硬的自我克制本领，这种努力就不会持续太长时间。在较长的谈话时间之后，感情决堤，本能冲破了克制，他动情地悲哀嗟叹自己的不幸。如今的风气比较看淡人们身上的软弱情感。如果某人家里惨遭不幸，一般习俗只会允许最亲密的亲戚朋友到家中探访，而比较疏远的人则被婉拒前去吊唁。因为人在关系亲密的亲朋前会比较放得开，而且他们也更能给不幸者以最贴切的关怀和同情。其实心怀恶念的人最爱混在亲朋行列里进行所谓善意的拜访，宣泄恶毒的幸灾乐祸情绪。这时，即使最脆弱的人也会努力保持克制镇定，用轻松愉快的心态回击不善的来者。

一个素来具有果敢坚定、聪明诚实品质的人，如果还具有严格的自我克制能力，那么无论是面临纷乱复杂的局面，还是激烈的党派斗争，甚至直面惨烈的战争，他都会成功地控制住自己的冲动和激情，同样，无论是独自一个或与人交往时，成功也好失败也罢，不管面对的是敌人还是朋友，他都保持冷静和理性。在任何时间即使是极短的瞬间内，他都不会忘记心中还有一个高高在上的公正旁观者正在对他的行为和感情进行监督；他更不会在任何时刻忘掉高挂心中的道德律。时时从旁观者的角度去评价自己和与自己有关的事物已经成了他的一个习惯，这习惯不仅约束着他外在的言谈举止，也规范着他的内心情感世界。他完全认同心中的公正旁观者的感受，几乎和他融为一体，并且他只需要严格恪守那个伟大的旁观者的指令。

在这种情况下，人们对自己行动的满意程度跟自我克制程度呈正向影响关系。没有自我克制，就没有自我满足感。划破了手指头的人很快就会表现得像没事一样，这种小疼痛本身也不值一提。但如果一个人是在战机轰炸中失去了双腿，还是采取强烈的克制不让悲伤流露，使自己的表情语言像平时一样冷静镇定，就会对自己产生更高程度的满意感。多数人在突遭不幸时都会惊惶失措，除了痛苦和害怕外，什么东西也不去考虑。对于此时的他们来说，不管是身边的真正旁观者，还是心中的那个旁观者，都被完全忽视掉了。

上帝是公平的，对于我们在不幸事件中的损失，他会按照相应的自我克制行为进行补偿，而这种补偿通常来说会和我们的悲痛辛酸程度相等。为了克制我们的情绪，我们要付出很多努力，从而也就会得到更多的快乐和幸福。这种幸福不会因为拿去和别人分享而减少，只会加倍，我们也会因为自我满足感强烈而不去触碰那些痛苦和辛酸。斯多葛学派认为，真正的聪明人在遭遇不幸后，也不会有太大反应，他的心情和在别的场合没有什么不同，固有的幸福不会因环境的改变而有所变化，这么说也许非常过分，但我们也承认，即使那种痛苦感不会完全没有，也会因为聪明人对自己的完美评价而抵消大半。

当不幸从天而降时，明智坚强的人会做出重大的甚至是痛苦的努力以保持自己的镇定。因不幸产生的痛苦感，和审时度势的种种考虑，会使他百感交集，心力交瘁，因为他不得不花费很大的精力去体会公正的旁观者此时会具有的感受和观点。荣誉、尊严和本能的情感，此时会产生严重的矛盾斗争。这时，他不可能完全做到从旁观者的角度看问题，也无法完全听从内心声音的指令，矛盾交织的心理使他的外在行为显得非常怪异。当为了荣誉和尊严而行动时，上帝会赋予他自信心和满足感，所有公正的旁观者也会啧啧称赞，如果这种补偿可以使他完全忘怀不幸的话，他就不会通过逃避不幸来保全自己。如果这种补偿仍然难以弥补他所遭受的不幸，他就会自暴自弃、自绝于社会责任。因此，只有具备忍受痛苦和坚忍不拔的精神，才会在不幸降临时保持情绪镇定和思维清晰。

按照人类的本性，极度的痛苦从来不会持久，当不幸逐渐减退后，我们也会淡忘它曾经带来的种种痛苦。所以，一个人只要承受住了不幸刚刚袭来时的痛苦，他会自然而然地慢慢适应。装了木制假腿的人无疑一开始会觉得难过，想到晚年的种种凄苦惨状时更加痛不欲生。不过，他很快就会适应从一个旁观者的角度看待这个问题：诚然假腿是缺憾，但这种缺憾并不妨碍自己与世人交往或者安居乐业。在那个公正的旁观者的指引下，他不再像最初那样悲伤哭泣。从此，他生活在一种安静祥和之中，不再会受到其他杂念的困扰。

人们迟早都会适应自己的长期处境，斯多葛学派在这方面的阐述非常精辟入微。在漫长的生活里，幸福的本质并没有发生什么变化。幻想中一些微小的差别只是因为我们喜欢或者想要逃避某种环境，但那不是多么强烈甚至过分的感受。只有平静和安逸才会带来幸福，有平静才会有使人安逸的事物。在某种漫长的、几近绝望的境遇里，我们的心情早晚都会归于宁静：快乐的心情会逐渐高昂，痛苦的心情会逐渐低落。沉稳的人恢复平静比较快，也能找到更多的乐趣。

人们生活中的种种不幸和忙乱，主要来源于这山望着那山高的攀比心态。贪欲使我们产生仇富心理，过于夸大贫富两极差距；野心使我们嫉妒他人的成就，喋喋不休抨击公众人物的奢侈豪华生活；虚荣则使我们盲目羡慕名流，把普通人看得一文不值，或自叹沉沦下僚。受到攀比情绪左右的人，不仅自己活得很累，也随时会为了追求他那头脑过热的目标而使社会处于混乱不安之中。其实他只要稍微观察一下就会发现，乐天随性的人在任何一种生活状态中都可以保持平静、满足和快乐的心境。生活并不总是美妙无比，但无论如何也不至于抱着破坏性极强的冲动去追求幻想中的乐园。莽撞的冲动会使我们逾越审慎或正义的规范约束，并在以后对自己做下的蠢行内疚不已。不遵守审慎和正义的原则，人们可能会进行各种危险的赌博，直至把所有家当都输得精光。伊庇鲁斯国王对心腹讲述了自己一系列的征服计划，末了，心腹问："那陛下接下去准备做什么？"伊庇鲁斯说："那时，我就可以和朋友一起共享人生快乐，过肥马轻裘的生活。"亲信又问："难道这不是陛下现在就拥有的生活吗？"我们梦想的理想生活中的幸福和快乐，其实在平时就可以唾手可得，即使除了自由外一无所有，亦是可以找到最高境界中的一切快乐——除了某些小小的虚荣心和优越感外。虚荣心、优越感和一切能够让人宁静快乐的原则都背道而驰。摆脱穷困处境的急切感，跟我们在锦衣玉食的生活中享受到的快乐，完全不成正比。想想古人书中那些智慧的小故事吧，再观察一下周遭事物或开启自己的记忆阀去搜索，你会得出这个结论：真正不幸的人从来就不知道自己实际上已经生活在真正的幸福中，他不是随遇而安的家伙。还有的人本来十分健康，但非要追求长生不老，服用各种药物延年益寿，结果他的碑文上留下这样的警语："我曾经有个健康的身体，但过分的追求让我早早躺在了这里。"这句话形容贪欲产生的痛悔心情，可谓入木三分。

一种或许比较奇怪但我们仍然相信是正确的想法：生活还没有坏到一败涂地的人，还不如那些已经处于全然不可挽回处境中的人们乐观，他们一心想回到以往的宁静生活中去。面对飞来横祸和从天而降的不幸打击，睿智的人和软弱的人的反应截然不同。时间最终会冲淡软弱者的悲伤，使他重新拾回自己本应该具有的雄性气质和尊严，从而达到平静的心态，对假腿的逐步适应就是一个很明显的例证。当子女、朋友或者亲人突然死亡时，睿智的人也可能陷入短暂的悲伤之中，而感情丰富且脆弱的女子恐怕会悲伤得发疯。随着时间的流逝，女子的心境慢慢平复。即便面对所有无法补救和挽回的灾难，睿智的人也很快能恢复到平静状态，他对此有着明确的认识和坚定的意志。

有些本来可以挽回的损失，或者虽然看似可以挽回，但其成本大大超出了当事人可以承受的范围时，他会焦虑地进行种种徒劳无益的尝试，如果尝试一再失败，各种打击叠加一起会使他难以恢复心灵的平静。相比之下，面对巨大且不可避免甚至无可挽回的灾难，当事人往往会在两个星期内恢复平静，焦虑感也会消失大半。君王的宠臣被流放，权臣从高位上沦为阶下囚，富翁陡变穷光蛋，自由人失脚跌进牢笼，强壮如牛者变成病恹恹的药罐子，以上种种情况中，那个抗争最少、最从容认命、最乐观豁达的人，也最容易恢复平静安详的心态，最深刻体味到冷淡的旁观者的感受，并借用它来分析、总结过往曾有过的斗争和不幸。拉帮结派、党同伐异的阴谋会使政治家陷入不安，破产者一想到要去开发金矿就失眠，整天想越狱的囚徒无视监狱里的无所用心的安宁，吃了药却从不见好的病人最讨厌开药方的医生。

我们对他人感同身受，与男人气质中的自我克制关系密切，它正是这种男性气质产生的基础。邻居们发生不幸时，同情心使我们感同身受；当自己遇到不幸时，自我克制则促使我们控制哀伤情感。这种本性使我们在别人取得成功时也会恭喜他的幸运；在自己取得成功时，会约束我的狂热之情。我们所以在这两种情况下能够控制自己的情感，正是来自于对他人感受的猜测和揣摩。

具有完美德行的人最让人敬仰，他能强有力地控制本能的自私自利的感情，亦能敏锐地感受到别人的同情心。他是综合具备随和、慈善、雅致、伟大、庄严、大方等美德的完人，最容易赢得人们的热爱和钦佩。

天性容易同情别人的人也容易实现自我克制。他们拥有比较强的人格力量，自我克制能力也达到了最高标准，他们将对别人的快乐或者悲伤表示的同情心很轻易地转化为对自身的快乐或者悲伤的克制能力，但具备这种潜质的人却未必真的具有这种能力。这可能是因为他在安定平和的生活中成长，没有参与过激烈的党派斗争或者经历过残酷的战争，也没有碰上专横的领导、喜欢说三道四搬弄是非的同事，或者暗地里使坏的属下。当他在风烛残年突然遇到这些变故时，肯定会感到惊心动魄而穷于应对。完美的自我克制能力除了有赖天生外，最重要是得到锻炼和实践，任何一种良好的品质的养成都缺少不了他们。能教会我们实践这种品德的最好老师是苦难、危险、痛苦和忧患，现实中几乎没有人希望碰到这些老师。

能够形成人类的高尚情操的环境，不一定会催生严格的自我克制力。人舒适中时最容易体谅别人的痛苦，在面临考验时也会克制自己的感情。优美舒适的自然环境和悠闲宁静的生活节奏，最有助人类温柔敦厚的美德发扬光大，并最终趋于完美，但这种环境不利于形成自我克制的习惯。相反，严酷血腥的战争，波澜壮阔的骚动，最容易培养坚忍不拔的克制性格。只是这种严酷的环境常常扼杀和压抑人性，俘虏难以指望得到敌军的宽大处理，所以双方也就不会对被俘的人留活口。这种事情干得多了，人性必然会受到很大的冲击：他往往不敢去正视自己所造成的各种伤害，因为只有这样他才能安心。严酷的环境可以锻炼人的最完美的克制能力，但也会诱发图财害命等罪行，并冲淡甚至完全消解人类对别人生命和财产的尊重——这种尊重恰恰是人性和正义的基本原则。那些富有人情味的人往往缺乏自我克制能力，在努力追求成功的过程中，一遇到艰难困苦就会像泄气的皮球。反之，那些能够自如地进行自我克制的人，在任何困难和危险面前都不会丧失勇气，也能随时投身最冒险的事业。同时，他们对人性几乎看得非常淡漠。

当一个人独处时，对与自己相关的东西会非常敏感。这时，我们可能会过度估计自己的善行，也容易夸大自己受到的伤害。好运使我们兴奋异常，厄运则让我们万分沮丧。与朋友聊天可以使我们的心情有些好转，和陌生人交流则会让我们更加超脱，因为这样会唤醒心中那个抽象的旁观者，它会告诉我们：只有在最疏远我们的人那里，才可以最有效地锻炼自我克制能力。

当身处不幸的时候，千万不要向隅而泣，躲在角落里伤心，也不要沉溺于密友的宽慰中无限放松，而是应该尽快回到正常的生活中去，和陌生人、不了解你或者不关心你的人一起相处，甚至故意接近你的敌人。向敌人展示你藐视和克服灾难的勇气和强大力量，会打击他们幸灾乐祸的心思，而这样一来你的心情也会更加畅快。

当获得成功的时候，千万不要自得于亲朋好友的赞许和那些巴结奉承者的溢美之辞，也不要去理会那些渴望从你的发达里得到什么好处的人。你应该走进和自己打交道不多的人群里去，和那些视君子之交淡如水的人们相处。如果他的地位比你高，那么既不要追捧也无须回避，有的人发现你地位上升了会感到别扭，由此表现出来的轻慢也让你感到不愉快，但有的人不会那么轻慢自大，他就可以算作是你难得的知己了。谦逊坦诚会赢得人们的好感，你将会珍存你自己的谦逊，以及面临不期而至的幸运时的镇定自若。

人类的道德感绝不会那么容易因为身边人的冷眼或者公正旁观者的缺席而出现被损坏的状况。

一个独立主权国家对别的国家采取某种举动的真实动向，只有最公正的旁观者即没有卷入的中立国看得比较清楚。但是，由于相隔遥远，它们无法完全掌握事态的发展，做不到完全了解。当国家之间发生冲突时，各自的公民都不太会去关注或考虑外国人对此的态度，那时人们所有的关注焦点就是获得本国同胞的支持，全民总动员的必然结果就是通过挑起好战者的激动情绪而煽动支持者的狂热追捧，最后激怒敌人，双方诉诸战争来解决问题。在全民群情激愤的情况下，偏执的旁观者不断在身边聒噪起哄，公正的人则远在天涯或没人会去关注他的声音。所以，在战争和谈判中很难遵循正义的原则，也没有人会真正重视真理和平等。条约不需要得到人们的尊重，而且如果撕毁条约能够带来某些好处的话，人们也不会批评执政者，能够玩弄外国权臣于股掌之中的特使最受人们的赞美。如果对追逐和施舍的好处不能做权衡评价，相对倾向于喜欢施舍的人，那么他在个人生活中也许会受人尊敬，在国际事务中却只会充当冤大头，并会受到同胞们的白眼和批判。没有人会在战争中真正遵守所谓的国际法，违反国际法者也都只关心本国同胞的看法，因为自己代表着他们的利益，所以不会受到批评。当然，那些所谓的国际法，大多数条例在制定时往往缺乏简单明白的正义原则做指导，好人坏人互相利用，但好人不会被当作坏人被惩办，这是正义原则最简单的体现。在最为邪恶的战争中，真正有罪的是那些战争的发起者，老百姓没有什么过错。但是敌国一旦将战火烧起，就会不分陆地海洋地抢劫老百姓的土地、财产，一把火烧掉他们的房子，捣毁他们的家园。要是当地老百姓敢反抗的话，就会遭到屠杀囚禁的厄运。这些暴行却都与所谓的国际法并行不悖。

不管是在教会还是在民众中，互相敌对的派别间的积怨，往往比敌对国家之间的仇恨更强烈，他们与对方斗争的行为也更加残酷。所谓的派别间的法则，比国际法中更少注意正义法则。最狂热的爱国分子也不会完全无视敌国人们的存在，但教会和民间人士对于是否可以信任叛乱者和异教徒的问题，却从来都是众说纷纭、莫衷一是。叛乱分子和异教徒其实都是些不幸的弱势群体。当一个国家由于党派斗争而发生混乱时，总会有人不理会舆论蛊惑而保持清醒的头脑，虽然为数极少，且彼此孤立互不影响，也不会得到任何党派的重用，但是尽管才智过人，却因此会成为社会的孤零者、边缘人，经受着互相斗争的两派一致的嘲弄和排斥。党棍十分仇视慷慨正直的品质，因而身怀美德的人都羞于做党棍。在斗争的激烈冲突中，公正旁观者难以找到自己的容身之地。党棍甚至大言不惭地把自己恶毒的偏见都归根于上帝，吹嘘神圣的上帝给了自己残酷报复的权利和勇气。因此，党派性和狂热的好战情绪乃是道德中最为败朽的部分。

关于自我控制另一个需要阐明的问题是，只有当面临最严酷的不幸时，只有继续坚忍不拔努力前行的人，才会赢得别人由衷的钦佩，因为他是用强大的自制力和坚忍的意志的力量来克制受到的痛苦。麻木不仁者不会试图通过坚忍和镇定的努力去赢得称赞；对死亡也漠然处之的人也不会努力在危难中保持沉着镇静。塞内加言过其实地说：斯多葛学派的哲人对苦难的承受能力甚至比上帝都强。上帝的安宁来自必然的天理，而哲人的安宁则来自个人的辛苦修为。

还有一种人，对与自己有关的事物的反应过于强烈，以至情绪失控，根本无法进行自我克制。面对危难时，他又会吓得呆若木鸡，陷入无知觉状态。这种心中没有荣誉感的家伙，谆谆善诱的教育和持之以恒的锻炼也未必能治疗他神经质的怯懦。所以，坚决不能对这怯懦的家伙委以重任。

第四章　论自欺欺人的天性及普遍原则的起源和作用

即使真实而公正的旁观者就在身边，人们照样会做出不合乎理性与道义的事情来。就算它近在眼前，强烈的自私自利之情也会蒙蔽良心，得出于己有私的结论来。

遇到这两种情况，我们要认真思考自己的行为，并努力用旁观者的立场来评估它：一是在着手行动之前；二是在行动之后。我们的看法未必客观，而且往往是在最需要它公正的时候，表现得最不公正。

行动之前，盲目的冲动往往会冲昏我们的头脑，从而难以公正地评估自己的计划。即使努力站在他人的角度，尽量用他人的眼光去看待那时的处境，强烈的冲动也会不遗余力地扭曲和夸张各种现实，使我们重新回到自身的立场中去。也许某一刹那灵光乍现，我们感觉到了旁人对整个事态的感受和看法，但却是一个幻影，根本无法持久，我们也不愿意承认它，只把它想象成一个荒谬的幻影。短短的一瞬间的客观关照无法消除被现实处境激发出来的狂热冲动，我们无法听到那个公正法官的劝告。马勒伯朗士神父说过，任何冲动对它们的对象都是恰当的，也能证明自己那一瞬间是正确的，只要我们愿意。

确实，当行动结束，冲动的激情逐渐平息后，我们才能深切而冷静地体会到那个公正的旁观者的感受。就像他感觉到的一样，原来曾让我们热血沸腾的事物，现在已经丝毫引不起兴趣。我们现在以旁观者的公正坦诚来总结自己的行为，也不再像昨天那样冲动得心绪不宁了。当激动的情绪像突然发作的疼痛又戛然而止平静下来时，我们会依据良心来评价自己的行为。真是和第一次评估相比，这次没有任何特别的意义：除了无用的沮丧和悔恨。重新评估也不一定意味着我们不会重蹈覆辙。也就是说，这种事后的总结评估难以做到完全的客观公正。对自己过去行为的看法决定了对自己品质的定位，很少人愿意给自己找麻烦和不快，所以几乎没人会正视那些带来麻烦的过去。俗话说得好，勇敢的外科大夫才会若无其事地给亲人动手术。同理，能够毫不留情地揭开自我欺骗的面纱、直面自己行为缺陷的人也是勇敢的。为了逃避良心的谴责，我们总是说服自己不要去回想曾经不道义的行为，甚至会找借口般胆怯而弱智地苦苦搜索枯肠、试图重新回忆那些似乎带来一切错误的冲动，重新激起过去的厌恶和几乎忘却的愤恨。

无论是行动之前还是之后，我们对自己的行为是否恰当所进行的思考都是片面的，而试图站在公正的旁观者角度考虑问题也根本无法践行下去。人们除非具有某种特殊的能力——道德感，否则不可能精确判断自己的各种行为。因为人们感受自己的激情和冲动总比感受别人的要来得直接，所以这种标准运用起来也更加精确。

人最致命的缺点就是自欺欺人，这是我们生活中很大一部分纠纷的起源。如果我们能够站在别人的角度看待自己，或者以一个全知全能的视角审视自己，就会下定决心痛改前非了。

上帝不会任由人类的缺陷泛滥成灾而不加以纠正，也不会允许人们像鸵鸟一样永远自欺欺人地埋头私事不问世务。我们总喜欢持续地观察生活中他人的言行，这会潜移默化地影响我们的意识，形成一种关于道德的普遍原则，从而去判断哪些事情是恰当的或者应该做的，哪些又是不恰当的或不应该做的。人类的本能情感会为他人的行为所触动，当周围所有的人都批评、诅咒某个行为时，那种行为是错误和不足的感受就会在我们心里刻下深深的烙印。而当我们评价某事物的标准和公论一致时，就会心满意足，提醒自己以后不要犯这样的错误，以免成为公众批评的靶子。如此这般，自己的一项行为规范就顺理成章地出炉了：不要从事任何使我们可能成为公论的靶子的行为。因为那不但使我们成为受诅咒和惩罚的对象，也会让我们成为自己最害怕和讨厌的感情的发泄对象。反之，我们认为值得赞许的一些行为，同时公众也对这些行为迫不及待地赞美和回应，这就唤起了我们心中最渴望的情感：人们的爱慕、感激和钦佩之情。我们希望学习和实践这些受到公论和自己肯定的行为，于是另一条行为规范也就在不知不觉中树立起来了，它是用来规范我们一切行动的标尺。

道德准则建立的基础是我们的天然直觉，所谓天然直觉就是凭借良心和对善恶正误的天生感受，在任何环境下我们都会赞成或反对一些东西，这就是日常的道德准则建立的基础。称作天然，是因为我们对某种行为表示赞同或者反对之前，并没有事先对它作过专门的研究，以确定它们是否符合某条普遍原则。当人们约定俗成时对某些行为持赞同或反对的态度，普遍原则就形成了。一个人被自己熟悉和信任的朋友杀害了，凶手仅仅是出于某种感情冲动或者图财害命，在垂死挣扎的时候，他不是费劲地控诉朋友的残酷行为，而是抱怨、想不通为什么朋友要背叛自己、忘恩负义？旁观者看到惨象听到泣诉，根本不用去考虑神圣的法则是如何禁止图财害命，以及这种暴行究竟违反了哪一道德条准则必须受到谴责，他会油然对这种暴行表示强烈的反感，恐怖感也会随之而生。显而易见，对恶劣行径的厌恶感是在道德普遍原则形成之前的一瞬间产生的，而且道德普遍原则建立的依据就是种种恶劣行为催生的厌恶感。

阅读历史或小说中讲述高尚或者卑劣行为的章节时，我们很自然地会对高尚者产生景仰之情，对卑劣者甚感鄙夷。普遍的道德规范告诉我们：一切高尚行为值得景仰，而一切卑劣行为必须受到鄙夷。但我们的感情并不是想到这些普遍的规范之后才涌现出来的。恰恰相反，正是我们对各种或高尚或卑劣的行为产生的切身体会与经验，才形成了道德的普遍原则。

旁观者对其所观察到的行为会产生相应的情绪。一个亲切、庄严的举动会使他满心欢喜，一个恐怖的举动会让他产生敬畏或惧怕之情。只有实事求是地去观察什么行为会唤起相应的感情，才能确定关于某种感情与其行为对象的普遍原则。

确实，普遍原则的确立建立在人们感情一致认可的基础上，这样我们在争论那些是非难辨的道德问题时，就有了进行判断的统一标准。哪些行为是正义的，哪些又是非正义的，都可以借这个标准进行判断。但这个事实让一些经典作家陷入了困惑：以他们的理论体系来分析，人类判断正误的方式就应该像法官审理案子一样，先考虑某条普遍适用的准则，再评估特定的行为跟这个普遍原则是否符合。

在那些普遍原则由于惯常的反省在我们头脑里牢固确立下来的时候，我们就开始用它来监控自己那些利己的感情了。在特定的时间和地点应该做什么、不应该做什么，利己之情做出的判断会比较扭曲，这时就要靠普遍规范来定夺了。如果听任自己的怒火蔓延，一个人可能会不惜使对手送命以补偿自己那点冤情，而不管那点所谓的冤情是多么的细小和微不足道。但通过观察别人的行为后，他会发现这种报复是过于残忍恐怖的。一个受到过适当教育的人都会把这个观点看作是一条普遍原则：任何场合都不得实施残忍的报复行为。这个原则的威慑力可能会让他服从。不过，如果他是个非常狂暴的家伙，如果他只是第一次思考该行为，他肯定会觉得这种做法没有什么不妥，公正的旁观者也会为他击节赞赏。但是过去的人生经历已经使他培养出了对这种规范的敬重之情，并会阻止他在过分的冲动和利己之心的驱动下发生的过激行为。所以即使他实在按捺不住内心的冲动，冲破了那条普遍原则的约束，他也不可能完全将那条准则抛诸脑后。当他放纵冲动打算去行凶作恶之时，犹豫和战栗的念头会让他重新思考自己的行为。潜意识告诉他：自己正要冒天下之大不韪去违背那些曾经立志永不背弃、也没有见过背弃先例的道德准绳。于是，他的内心逐渐趋于清醒并预感到如果自己继续下去就会成为千夫所指的家伙。进退两难的犹豫、痛苦在心里交织煎熬：一想到要违背那神圣原则就难免惶恐不安，但强烈的冲动和欲望又驱使着他继续自己的行动，在这种百感交集中惶惶不可终日。当他下定决心坚持普遍原则，不想使羞耻和悔恨伴随自己余生时，灵魂深处会感受到一种瞬间的平和。但冲动与激情马上又重新苏醒，强烈唆使他投身正想努力逃避的事情。矛盾的意念驱使他六神无主、筋疲力尽。最终，他在绝望中迈出了干系重大而无法挽回的第一步。彼时他的心情犹如为逃避敌人而一路狂奔到悬崖绝壁之上的走投无路者：全身充满了恐怖与战栗。他预感到前面的遭遇比后面正在追赶自己的任何东西更可怕，恐惧感已使他不再去想自己行为是否合理了。冲动终于在最后的紧要关头消退，他又能以一个公正旁观者的身份看待自己所做的一切了：那些他原以为非常完美的行为，如今正幻化为一种懊悔与焦虑之情，无时无刻不在折磨着他。

第五章　论上帝的法则：道德普遍原则的影响和权威

遵守普遍道德规范就是所谓的责任感。责任感是我们生活中最重要，也是很多人唯一的行为规范。也许你一辈子也感受不到来自别人对自己行为所作的赞许，但是只要自己行为得体，尊重社会中那些业已确立了的行为准则，丝毫不曾逾越它们，就会在平和中终了一生，不会受到什么严重的指责。天性冷淡寡合的人可能很少具有感恩之情，但如果他确实受到了他人很大的恩惠，并且本人也不是毫无道德修养的话，他会明白一个缺失感恩之心的人是多么讨厌，而知恩图报又是多么让人喜欢。所以，即使心里没有任何的感恩念头，还是会像其他人一样，努力对恩人表示感激，并显出感恩戴德的样子，他会定期拜访那位恩人，在恩人面前恭顺有加；跟别人谈起那位恩人时，他会尽量用敬语，并把恩人给予自己的慷慨恩惠一一道来，他也会付诸行动真的去进行某种报答：不失时机地抓住一切机会投桃报李。他这一系列的感恩行为的动机可能是出自于对已经确立的责任规范的尊重，一种发自内心的按规范办事的愿望。感恩行动时未必有任何虚伪与狡诈掺杂，也没指望还能获得更多恩惠，更不可能有与恩人在公众面前一起做秀的想法。同理，一位妻子未必真心实意爱自己的丈夫，但如果她是一个真正的淑女，具备很高的道德修养，她会努力做出深爱丈夫的样子，例如，时刻关照体贴丈夫，忠诚贤淑地料理家务，极力恪守做妻子的本分。例子中谈到的这位天性寡合的人和不爱丈夫的妻子，可以肯定都不是最好的朋友或者妻子，因为他们虽有履行自己责任的认真而迫切的愿望，却不是出于发自内心的体贴入微的感情，并把很多需要表现的机会故意错过。如果心中的感情和普遍规范是一致的，他们就会牢牢抓住这些机会。当然，他们即使不是最好的朋友或者妻子，起码也是第二流的。正是由于对普遍行为规范的尊重，他们才会在大节上不出差错。只有那种最聪明的人，才能使自己的感情与自己的地位配合得天衣无缝，并能适应任何微妙的环境，在所有的社交场合左右逢源、八面玲珑，绝大多数人永远达不到这种境界。不过，大体接受过教育训练的人都可以深入地了解并掌握这些普遍规范，在一生中都不会出现重大的污点从而受到责备。

如果一个人丝毫不尊重这种普遍原则，那他就不是一个值得依赖的人。正直守节的人和卑劣无耻者的根本区别，就在于是否遵守这种普遍原则。正直的人无论何时何地都会坚定不渝地奉行这些准则，并在一生中都不会动摇。卑劣者的行为则捉摸不定，会时刻随着心情、愿望和动机的变化而幻化无常、不可捉摸。当然，人的心理都是变化无常的，如果不尊重普遍原则，即使是平素很有理性的人，也可能在不经意间做出让人不齿的事情来，甚至他都说不清楚到底为什么会这么做。一位朋友可能会在你心情不好的时候不期而至，按照当时的心情，你很可能会觉得他非常没趣，把他的拜访也当成是一种莽撞的骚扰。要是让这种想法占据了你的思维，即使你没有完全忘记礼数，表现得不那么粗鲁，而是出于礼貌和好客的普遍原则机械地接待他，他也会觉得你面目可憎、冷淡无礼。过往的生活经验使你懂得要遵守某些普遍规则，使自己的行为在任何场合都要得体恰当，不要因心境变化而影响到自己的行为举止。反之，如果人们对普遍原则视若不见的话，公正、忠诚、贞洁等节操就很难有保障，彬彬有礼成了不可企及的礼貌，人们之间互相诋毁，至于那些想方设法限制与束缚人类本性的责任，更是难以维持。而普遍责任是人类社会存在的基础，如果它们没有深入人心，社会就会崩溃。

人们对那些普遍道德准则的尊重是有更深层次的原因的：它们是上帝的命令与戒律，顺应它们的人会得到上帝奖励，而违反它们的人将得到上帝惩罚。也许这种观念不太清晰，但会通过下面的推理一步步得到证实。

我认为这种观点或理解大概最初是受人类本性影响的。天性使我们觉得人类的各种情感和激情都来自一种神秘的本源，任何国家的宗教信徒都会对这种神秘的本源顶礼膜拜，尽管不知道它到底是什么。人们无法探究是什么东西产生了人的感情，只是遥想一些无法感知的未知之神，在想象中，神像人类一样能够感受东西，并且他们的感觉与人类具有某种相似性。在愚昧无知的异教时代，人们对神灵的想法非常简单粗糙，他们把所有的感情都归因于神，包括那些低等和下流的感情，如性欲、食欲、贪婪、嫉妒、报复等原罪。当然，出于对神灵伟大能力的崇拜，人类必然把那些最为流光溢彩的感情和品质也归因于神，因为他们对神的卓越本性还是佩服得五体投地，比如追求美德与仁慈，反对邪恶，这些美好的品质似乎能够把人类提高到类似神明的完美境地。受到冤屈的人总是向丘比特祈祷，要他为自己主持公道，他相信神会体谅理解自己的遭遇，并会产生强烈的义愤，虽说这种义愤即使一个了解实情的普通人也会产生。当害人者发现自己成了千夫所指的败类后，天性中的恐惧也会把这些都归因于可怕的神的意旨。在神的惩罚面前，他瑟瑟颤抖，认为自己罪有应得。人间的同情心及所普及的教育，都宣扬着这种天然的希望、恐怖和怀疑感。“神灵会惩恶扬善”，人们都爱讲述、传扬和相信这句真理。所以，在物理学和哲学的时代之前，即使宗教还处于非常原初的状态，也对各种道德准则起到了支持作用。对宗教怀有的恐惧心理驱使人们去强制履行各种职责，这对于那时候人类的幸福可谓意义重大，因为他们还不懂进行缓慢而模棱两可的哲学探讨。

不过当人类着手进行哲学探讨时，就会发现源自本性的那种原初预感。不管人类的道德感是建立在什么基础之上，比如是某种温和的理性，还是某种所谓道德观念的本性，或者某种天然本性，这无疑是上天赋予我们的道德评价本能，让它来指导我们生活中的各种行为。这种道德感主宰着我们的生活，是一切行为的最高裁判，监督和调节着我们的思维、情感和欲望的发展程度。有的人声称，人类的道德感与其他一些本性的官能或激情是互相独立、互不统属的，没有哪种官能可以裁判其他的官能：爱不能裁决恨，恨也不能评判爱，但是它们彼此独立也不等于互相赞成或者反对。我们目前正在探讨的这些官能的特殊职能，就是裁判所有的其他天性，以评定出结果并给予赞许或者责罚。这种官能是可以被感知的，其他本性都是它们的裁判对象，而感知本身高于他所感受的对象。眼睛不会要求色彩绚丽，耳朵不会要求声音悦耳，舌头也不会要求味道可口，感知只是对这些对象进行权威的评价：凡是可口的就是最美的，悦目的就是华丽的，动听的就是和谐的，这些特性的实质就是使那些能够感受到它们的器官觉得舒适。同理，人类的道德感决定了人类的眼睛、口舌和耳朵什么时候应该得到充分的满足，什么时候需要放纵天性，什么时候又需要抑制天性。道德感所赞同的东西就是正确、合适以及雅致的，反对的就是错误、荒谬和粗俗的。正确与错误、合适与荒谬、雅致与粗俗，这些互为反义的词语本意就是我们的道德感判断快乐与否的事物。

道德感决定了人类自然天性中的所有本性，它们规定的准则来源于上帝，并由安置在我们灵魂深处的上帝的代理人负责发布。定律是所有普遍规则的总称，例如运动定律就概括了物体在运动时的所有一般规律。但道德感在对它们负责审查的情感或行为表示赞同或批评时，所用的普遍原则与法律更为相似。法律是统治阶级制定出来的普遍行为规范，用来规范被统治阶级的言行。普遍规则也是由一个法定的权威制定的，它用来指导和约束人们的个人行动，并有各种完备的奖惩条款。灵魂深处的上帝代理人就是用这些条文来评判人们的行为：违背它的人会满心悔恨，遵守它的人则会感到心安理得。

另外，还可以从许多别的角度来证明以上观点。由于上帝至高的圣明和慈悲，他创造人以及其他生灵的初衷是想让他们得到幸福，除此之外不会有其他任何目的。让我们来观察上帝的这种行为，以证明增进幸福和驱除不幸是上帝所有行为的目的。道德感也会驱使我们想方设法地增进人类的幸福，也就是说，我们是与上帝同道的，一同为了追求人类的幸福。如果我们违背了道德感，那就等同于是在破坏和阻碍上帝为了让人类幸福而制订的计划，换句话说就是在某种程度上与上帝为敌。因此，当我们按道德感的指令行动时，会充满信心地祈求得到上帝的特殊恩典；当我们违背道德感的指令时，就不自觉地害怕受到上帝的惩罚。

也可以通过其他理论和天性来阐明上述道理。想想那决定这大千世界芸芸众生的普遍原则吧，稍微细心一点便会发现，这世界虽然貌似极端庞大繁复，但几乎任何一种美德都能够得到回报和鼓励，当然，特殊情况除外，这法则几乎屡试不爽，即美德的付出永远不会落空。工作上勤俭、持重，就会在所从事的行业里获得成功，这是一种合理报酬。那么是不是还存在着一些终生都不会得到任何回报的美德呢？美德最好的报酬是财富和敬意，而这些不是遥不可及。身边人的信赖与敬重，最能促进人们的诚信、公正和慈善美德的产生及延续，希望被人敬慕的人也许并不指望飞黄腾达，因为发财并不会给这类诚实公正的人带来更多快乐，他之所以感到快乐是因为别人信赖他。美德就是这样对珍重它践行它的人进行补偿。不过，在某种特殊的不幸事故中，好人也会被怀疑为是某种罪行的嫌疑犯，从而在今后的岁月里饱受人们的歧视和白眼。虽然他仍旧是个诚信正直的人，但却因为那场意外的变故失去了一切。生活中充满了不可预测的事情，一个谨小慎微的人，仍然可能被地震砸死或者被洪水淹死，与这种天灾比起来，好人遭到冤枉的机率要小得多。要取得身边人的信任和尊敬，最有效的办法就是做到品质的诚信、公正和慈悲，这些品质最想得到回应的也是信任和尊敬。一个人的某种单一行为可能极易遭人误解，但人们却不大可能看错他所有行为的总体特征。只有在极个别的情况下，一个清白的人才有可能被误认为是有罪的。而且，出于对他一贯的规矩言行的熟悉，即使他真正犯了罪并且证据确凿时，也会有很多人为他辩解。同理，一个恶棍在他的品德不为人广知的情况下做的坏事，也许没有人会知道，甚至还会有人赞许他，但所谓纸包不住火，面具一旦被撕破，过往以及现在的种种恶行终会大白于天下。即使某件坏事并不是他做的，人们也难免将怀疑的目光投向他。罪行与美德都会得到人们的相应回应，并且出于普遍规律的调节，这些报答最终都是公正而恰如其分的。

虽然用冷静的哲学眼光来看，决定众生命运的普遍规范通常会使人们适得其所，优游其中，但是它们未必跟我们的自然天性完全和谐。某些美德会引起我们天然的好感，以至于希望把所有的荣耀和报答都归于它们，甚至是一些本应归于其他美德的荣耀和报偿。反之，某些罪行会使我们极度反感，总是希望它们遭到各种倒霉和羞耻的事情，包括那些本来不该归到它们头上的倒霉和羞耻之事。我们欣赏大度、慷慨和正直的气质，以至于希望用权力、财富以及荣誉等来报答，即使这些报偿同那些美德没有任何必然联系，而是应当归于节俭和勤劳。从另一个方面看，欺骗、虚伪、残忍等这些让我们厌弃和蔑视的行为不合常理地取得了某些好处时，我们会感到愤愤不平，就算有时它们也具备某些勤劳的品质，得到相应的好处无可厚非。一个恶人勤奋地辛苦耕作，而一个怠惰的好人好吃懒做，那么谁会在秋后取得丰收，谁又会在来年挨饿？恶人的某些优良品性也会得到上天的照顾，但我们却感性地偏袒那些懒散的好人，恶人的勤劳使他得到了过分多的报偿，而善人的一朝懈怠带给他多到不可理喻的痛苦。理性的产物——法律会剥夺那些叛国之徒的财产，即使他们勤勉从事，对那些热心公务但大手大脚的优良公民法律也会进行补偿。于是，在上帝的指导下，我们对财产进行重新分配，来履行上帝的旨意。在这里，我们奉行的规则与上帝遵循的也不完全一致，自然给美德以报偿，而给恶行以惩戒，这并没有涉及我们的思维和激情中的关于各种品德的优劣想法。相反，我们只看到了善有善报恶有恶报这一点，所以努力使各种善行与恶行都得到相称的评价。上帝的规则对他来说是合理的，我们遵循的规则对我们自己也同样是合理的。两者都是为了一个同样伟大的目标：社会的安定团结、人性的完美愉快。

虽然人类习惯于通过改变财物的自然分配状况，而且就像诗人所歌颂的无所不能的神灵那样屡次用特殊手段来干预现实，惩恶扬善；但是，善恶的消长并不会取决于人类善良的意志。天地万物的自然进程非常迅猛，远非有限的人力所能干预。虽然自然进程的指导规范是出于最睿智高尚的目的，但其结果有时总会让后人嗟叹不已：大鱼吃小鱼，有准备的人打败毫无计划的人，而且各种计划只有符合上帝规定的方式才能实现，这些规则不止是客观必然的，也会充分合理地激发人们去勤劳敬业。在这种规则下，忠诚与正义如果受屈于残暴阴损，旁观者的心中将会燃起强烈的怒火。人们会对那清白无辜者惨遭苦痛报以何等的哀伤同情，又会对陷害者卑鄙的阴谋诡计报以何等强烈的义愤。冤屈虽然使我们感到由衷的愤怒，却往往爱莫能助。所以，当人们对世间的所有希望丧失信心时，就会把呼号正义的对象转向上苍，希望那位宇宙伟大的缔造者来到自己身边，亲自贯彻他制订的用以指导人类行为的各种原则，并亲手完成他为我们设定的各种计划。人们总是希望善有善报恶有恶报：一个人在这个世界的所作所为都会在未来世界里得到清算。于是，人们就会虔诚地信仰、向往那个未来世界。这不仅是因为人性的弱点或者顾虑重重，还出自最崇高最真诚的本性以及对善行的尊崇和热爱、对罪恶的厌恶和摒弃。

雄辩而睿智的克莱蒙特大主教对此有着夸张而富有想象力的评论，尽管听起来显得不够礼貌："任由自己亲手创造的世界处在无序的混乱中，这种乱象和上帝的伟大相符吗？任由野心勃勃的篡位者废黜善良的国君，忤逆的儿子弑父，泼悍放荡的妻子杀夫，这些与上帝的伟大相符吗？那高高在上的上帝难道可以像看戏一样欣赏这一切荒唐悲惨的事情发生而置身事外吗？上帝的伟大就是在这些暴行面前表现为软弱、不公甚至暴虐吗？卑微的人就应该放任暴行，或者冷对善行吗？如果所有这些卑劣的表现就是我们如此崇拜的那个上帝的品格，我宁可不承认你是我的教父、我的保护人、我灵魂痛苦的安慰者、我怯懦时候的鼓舞者、我忠诚不贰的报答者。如果这样，你就只不过是个懒散荒诞的暴君，为了自己无聊的虚荣而践踏人类的幸福。你之所以创造人类，只不过是为了无聊时有可供摆布的玩偶而已。”

上帝被看作是人类行为的普遍原则的制定者，他观察我们今生的行为，并在来世对我们进行奖惩，从而让我们进一步认识到，指导自己行为的最高准则就是顺从上帝的意志，大凡信仰上帝的人都会承认这一点。只有大逆不道、极端荒谬的坏蛋才胆敢忤逆上帝的意志，并毫不理会智慧和权威的上帝给予他的指令。人的行为总会受利益因素的驱使。我们明白，即使自己的恶行可以逃避他人的注意和社会的惩罚，但永远无法欺骗明察秋毫的上帝，这亦是限制我们幼稚冲动的最后一道防线。很多人肯定经常想到这个问题，因此不会对此感到陌生。

宗教无疑强化了人类本性中的责任感，以致人们总觉得虔诚的信徒会比较诚实公正、值得信赖，因为人们认为宗教信徒的行为不单单只受那些通常准则的制约。俗人和信徒都重视声誉和理性，也重视他人的赞美和对自己的评价。但信徒还有另外一种约束：即他做任何事情，都会像至尊的上帝就在旁边监督一样谨慎，上帝对他的行为观察完毕后会立即进行清算或补偿。所以，虔诚的信徒最值得信赖。无论什么地方的宗教，只要不分裂为各怀鬼胎的卑鄙的小集团和宗派，只要他们视道德责任高于一切，而不是把注意力都放在繁琐教义上，没有通过荒唐的花哨仪式欺诈善男信女，那么我们就完全有理由对虔诚的信徒报以充分的信任。

第六章　论如何诠释责任感及与之相关的其他动机

由于宗教对道德的影响巨大，并可以通过抵制罪恶对人类的种种诱惑来保护我们，很多人都误以为只有虔诚地信仰宗教才是唯一值得赞赏的行为：于是我们没必要知恩图报，也不必惩罚邪恶，不必救助那些流浪穷困的孤儿，也不必赡养自己老迈多病的父母。因为只有这一种感情是最为重要的，其他以别的事物为中心的感情都必须为此种最独特的感情让路，这最独特的感情就是：虔诚地信奉上帝，把他的旨意贯彻到我们的一切行动中，做最恭顺的听命于他的臣民。我们不应该为了报恩而心怀感激，为了博爱而充满仁慈，为了爱国而关注公共利益，更不必为了人间俗爱而大度诚实。上帝对我们的要求是我们履行所有职责的动机。我在本书中不准备专门探讨这个说法，但我以为，真正虔诚的信徒绝不会接受上面那些荒谬的说法。因为虔诚的人笃信两个原则：第一，要用自己的全部智慧、灵魂和力量去爱人类的创造者；第二，像爱自己那样去爱别人，我们爱他人其实也正是在爱自己，而不是出于什么被动的有目的的需要。"责任感是我们的唯一行动准则"，基督教的教义中并没有这一条，但哲学或常识告诉我们，责任感起着某种纲领性、决定性的作用。于是带来这样一个问题：我们什么时候要完全听命于某种责任感，什么时候又应该听命于其他情感？

这个问题的答案不是唯一的，它会分成两种情况：第一，那种使我们置普遍原则于不顾的感情是可爱的还是讨厌的；第二，普遍原则本身是明确的还是含糊不清的。

首先，我认为，那种使我们置普遍原则于不顾的感情本身的性质，决定了它是否以及会在多大程度上决定我们的行为。

怀有温馨脉脉的感情，我们会举止雅致、受人尊敬，这既出自对普遍原则的尊敬，也出自这种感情本身。当某人为别人帮了大忙，但受惠者却没有丝毫感激之情，只是出自责任感而做出相应报答的话，施恩者就会觉得心里不是滋味；一个妻子只是出于妇道才对自己丈夫亲热体贴的话，丈夫也难以感到真正满足；一个儿子如果对父母缺乏感激和尊敬，只是例行公事地尽赡养义务，父母就会抱怨他的冷淡态度。同理，一个儿子也会对只机械完成抚养义务，却没有父爱流露的父亲表示不满。关乎此类亲切的、有社会性的感情，如果只是囿于责任感的束缚而非心甘情愿地去加深它们，不会让我们感到由衷的快乐。看到一个父亲不得不抑制住自己的爱子之情，一个朋友不得不克制自己的慷慨本性，一个受惠者不得不压抑自己过分的感激，这类无法言喻的真情实感才会让我们觉得愉快。

对于邪恶的以及反社会的情绪，适用的标准与以上正好相反。别人向我们行善，我们只需抱着由衷的感激并给予报答，而不用去考虑这样是否显得过头。但是，当我们受到伤害后，不应当任由报复之心一发而不可收，而应当客观地看待惩罚的标准，拿捏得当地实施惩罚。对严重伤害的最得体的反应是：将恶行本身看作是发泄愤慨的对象，而非出自对伤害自己的报复之心；像公平的法官那样，只考虑对特定的伤害给予其相称的惩罚。在实施这个准则时，他关注受惩戒者痛苦的感情甚至超过对自身的关注。虽然对自己受到伤害深感愤怒，但他还是努力用最温和的措施去实施这个原则，并尽可能地削减惩戒措施。

从以上的探讨中可以看出，自私冲动在许多方面游移于社会性与非社会性的感情之间，在这里也是。在日常情况下，为达到个人目的进行的活动，不应该仅仅出自对于利益本身的冲动，还应该尊重普遍的行为规范。在更为重大的场合，如果目标本身没有足够地引起我们兴趣的吸引力，我们就会格调尽丧、风范尽失。当我们为了赚取或节约一个先令而锱铢必较时，邻居会觉得我们已然堕落成了一个唯利是图的商人。即使经济状况非常拮据，囊中羞涩，一个人也必须以实际行动证明：钱财的缺乏并不能撼动内心的宁静。经济状况不佳可以使他非常节俭、勤奋，但致力于节俭和勤奋的动机却是出自对普遍的行为准则的尊重，而非对个人财务状况的沮丧。他拼命节约的目的不是为了省下三个便士，一整天泡在自己小店里照料生意的动机也不是为了多赚十便士，这些只是出于对普遍原则的尊重，它规定了他在生活中严格要求自己的行为标准。吝啬鬼和真正节俭勤奋的人的区别在于：前者关心的是钱财本身，而后者则是出于对自己的行为标准的遵守。

至于那些对我们个人利益有重大影响的事物，衡量标准就完全不同了。一个人如果不认真投身于那些对自己个人利益有重大影响的活动中去，就会显得卑劣。一个国王如果不去努力征服或保护一片疆土，会被臣民瞧不起；一个没有头衔、清贫的绅士，只有在努力用正当的手段去获得一笔财富或者一个要职时，才会赢得人们的尊重；一个议员对自己的选举毫不热心，不投入百分之百的精力，就会失去亲友们的支持和选票；即使作为一个商人，如果不想办法获得一大笔订单或者追求丰厚的利润，也会被邻居看成怯懦之辈。雄心勃勃和无所事事之间的差别，就在勇气这两个字上。个人之所以雄心勃勃地要实现自己的抱负，就是因为看重对自己地位影响巨大的那些私人利益。在谨慎和正义范围内，有野心和战斗力的人总是受人尊敬的。即使未免有些咄咄逼人，他们也会显得非常伟大、引人注目。英雄、征服者或政治家们的行为未必都富有正义感，但只要有运筹帷幄的胆略，比如像黎塞留或者雷斯主教那样，就会受到人们一致的推崇。雄心壮志因为目标宏伟而断然有别于贪婪鄙吝。一个吝啬鬼对半便士的痴迷程度，未必会低于一个野心家妄图征服伟大帝国的狂热。

其次，我认为，普遍原则本身的精确或者含糊，将决定我们尊重它的程度。

支配审慎、宽容、慷慨、感恩和友情等美德的一些普遍原则，大都没有明确的定义，并且有太多的瑕疵，经常需要进行修正，所以难以通过它们来指导具体的行动。关于谨慎处世的谚语和格言都是以日常生活经验为基础的，可以说是最好的行为准则，但拘泥于这些格言无疑是非常幼稚迂腐的。在刚才提起的那些美德里，感恩是意义最准确、模糊情况最少的词了。它的含义看起来十分清楚：只要有机会，我们就应该知恩必报，即受他人滴水之恩报以涌泉。这样解释似乎也没有什么歧义。但只要稍做思考，你会发现它的含义其实并不那么清晰，还是存在着极易产生含混异议的例外情况，并且允许有一万种例外。比如，你生病的时候有人照顾过你，你就应该在他生病时也去照顾他吗？换句话说，我们为什么要用同样的方式来报答那些人情呢？如果你去照顾他，该照顾多长时间呢？是和他照顾你的时间持平，还是更久？又应该多多少呢？如果当你手头紧张的时候，朋友曾经借钱给你，那当他经济陷入困境的时候，你就一定要借钱给他吗？借多少，什么时候借？今天，明天，还是下个月？借多长时间呢？可见，没有任何一条普遍规则，可以对以上这些五花八门又实实在在的问题给出统一的结论。因着个人品质和身处境况的不同，说不定你在非常感激他的同时连半个便士也不愿意借给他，或者是你借给他十倍于当初他借给你的数目后，还是被他说成是卑鄙的忘恩负义的家伙，只知道索取不知道回报。不过，在我们的善行中感恩是最为神圣的，所以它的定义相对来说也还是最为精确的。其他关于友情、人道、豪爽、慷慨等行为的那些普遍原则，就更为模糊不清了。

但是，普遍原则对正义这种美德的所有外在体现都做了明确的规定，它们贯彻的是一种不折不扣的原则，没有任何的例外和变通。假设我借了某人十英镑，不管是在约定好的还款日子，还是在他需要用钱的时候，正义准则都要求我如数还钱。正义原则的所有本质和细节，都有着明确的定义，应该做什么，做多少，在什么时间、什么地点做等等问题，都有明确的答案。一味地遵循谨慎或者慷慨的普遍原则，未免显得蠢笨古板，但严格地履行正义准则就不会有这种缺陷。它们是神圣的准则，只是在普遍规则的指导下履行正义行为，未必会是完美无缺的。履行其他美德时，行为的动机更多的是某种关于恰当感的追求以及对某种特定的行为习惯的爱好，而非对某个格言警句的尊重。准则本身并不是行动的主要对象，而是它的目的和基础。正义的情况与以上这些完全不同。只要完整坚持正义准则的人，都是最为可亲可敬的人。正义的核心是防止我们对身边人造成伤害。人在从事某些违反正义的行动时，都爱编造借口信誓旦旦地声称不会影响任何人。但一个人这么做，或者开始打算这么做的时候，就堕落成了一个十足的恶棍。他不想听从正义原则的各种要求，不是值得信赖的人，难保以后不会犯下严重的罪过。一个盗贼会认为轻而易举地偷盗了东西且没有被人发现自己就不能算有罪，一个淫棍会觉得和朋友的妻子通奸如果丑行没有败露就不能算有罪，一旦我们陷入这种精致的圈套，就可能犯下所有严重的罪恶。

可以将正义准则类比为语法规则，这样一来指导其他美德的准则就好比是文学批评家们对作品的评价标准。语法是精密、确切、必不可少的，正义规则则没有那么严格和精确，它敦促我们的行为趋于完善，而不是刻板教导我们如何做到完善。人可以从学习语法出发去掌握正确地写作，有些正义规则可以大致上帮我们确立一些关于完美的不太明确的念头，但却无法帮我们创作出优美的文学作品。同理，某些准则会使我们形成一些关于美德的不太完备的观念，但我们却学不会在有条件下都表现得审慎、慷慨和慈悲。

有时候过于急切真诚地想得到别人对自己行为的肯定，却往往事与愿违，还与行为准则发生了冲突。不要殷切指望别人会理解我们的初衷，或者赞同我们的举动。因为责任感或道德感的误导而失足的人是值得惋惜的，无论他的精神还是举动都有值得尊重的地方，虽然他的行为错了却也闪耀着人性的光辉，仍然值得人们同情而不是愤慨。人类天性中的某些缺点在所难免、无法克服，不管我们是多么努力向善、严格自律，它都会经常使坏将我们的双眼蒙蔽，造成深切的遗憾。荒谬的宗教精神差不多都是这样欺骗人类的感情，那些对责任进行指导的准则极容易自己发生紊乱。一般情况下，常识会使我们的行为基本得体，要是我们更加严格公正地要求自己，称许就会到来。所有人都赞同最关键的法则是服从上帝的意志，但具体到我们行为中的各种具体规范，就不一定了。所以，宽容和忍耐是非常必要的品质。虽然我们惩办各种恶行是为了维护社会的稳定，并不涉及各种恶行的具体动机，但对于迷误的宗教意识导致的罪行，善良的人仍然会觉得难以下手惩罚。人们不会像对待其他罪人那样对那些失足者愤慨诟骂，他们面临刑罚时的镇定泰然甚至会招来人们的钦佩。伏尔泰最得意的悲剧《穆罕默德》，就恰当地表达了人们对那种失足的罪行所持有的情感。剧中的男女青年主人公都非常天真、善良。如果一定要说他们有什么缺点的话，恐怕就算爱得太深了。狂热的宗教感情使他俩犯了最违反人性和不可饶恕的凶杀罪：他俩都不知道自己的宗教死敌就是父亲，虽然他们对父亲怀有深深的敬意，父亲也深爱着他们，但上帝却要他们充当杀死老人的凶手，老人则被安排成可怜的牺牲品。于是在他们准备动手时，心里极为矛盾：一方面是不可抗拒的宗教使命的催促；另一方面是对父亲仁慈的人格魅力的景仰与尊重。这些情节比所有的戏剧都表现得更吸引人和有教育意义，最终责任感压倒了本性中那可爱的缺陷，他们在得手后就醒悟到自己受到了欺骗并且犯下了无可挽回的错误，从而陷入了痛苦、恐怖和悔恨的深渊。宗教就是可以这样让人误入歧途，那两个可怜的年轻人会同情每一个宗教的受害者。

当错误的责任感把我们引入歧途后，内心的天性有时会看清楚这种处境，并接下来正确地指导我们的行为，也许当事人会为自己的软弱懊恼，但一样值得肯定。如果他的决定是由于软弱而非理性做出的，那就算不上十全十美了。一个诚笃的罗马天主教徒恨不得杀光所有的新教徒，可如果在圣·巴多罗灵大屠杀中，出于怜悯之心他挽救了一些可怜的新教徒，我们恐怕也不会给予他太多的赞扬，他所以这么做只是出自一种自私的自我赞同心情。他的慈悲之心让人感到愉悦，但不具备完善的美德，因而不值得敬佩。在激情的冲动下，我们逾越了规矩却会感到由衷的高兴。基督告诫我们：如果有人打我们的脸，就要把另半个脸也伸给他打。但如果一个虔诚的贵格会教徒被人扇了一嘴巴，他要是奋起还击我们会非常高兴并更加喜欢他。但我们不会尊敬他，他不是一个理性操守者，所有因自我情绪过分强烈而导致的行为都不能被称作美德。

第四卷

效用性对赞许感的意义

第一章　论效用的意义以及广泛影响

效用是所有艺术品美感的来源之一，这一理论有着最广泛的影响力，只要对美感的本质稍做考察就会注意到。居室的规则有序会带给观察者以愉快整洁感，便利性在其中起着功不可没的作用。假如为追求奇特或出于其他原因，使窗户的造型脱离了对称格局，或者屋门偏离房间的正中，以及其他诸如此类的问题，则很可能会使观者感到别扭。因此，如果要想给人以愉悦之感，达到甚至超出其预想的效果，任何系统或者机械设备都必须力所能及地体现出其整体上的适宜感和美感，这一点是如此明显以致没有人会忽视它。

近来，一个富有独创性并受人们欢迎的哲学家，也指出了效用使人感到愉快的原因。这位哲学家具有深刻的思想和极强的表达能力，他具有用非常清晰的语言、生动的口才来探讨最深奥问题的非凡才能。他说，任何物体的效用，通过不给其主人带来它所宜于增进的愉快或便利而使他感到高兴。每当他看到它的时候，他就会沉浸于这种愉悦之中；这一物体就这样成为不断带给他满足和欢乐的源泉。同样，旁观者自然也明白主人的感受，因而出于同情之心，也会对这件东西产生愉悦感。就像我们造访阔人的豪宅，总会情不自禁地将自己想象成宅子的主子，然后为拥有如此多的精妙奢侈的家当而得意洋洋。此外，哲学家还以同样的方式探究了为何一个物件像个废物时，会让它的主人和旁观者难过。

但是，任何艺术品所具有的这种适宜性，这种巧妙的设计，常常比人们期望它达到的目的更受重视；采取和变化方法来获得便利或愉快，常常比便利或愉快本身更为人们所看重。看来，想办法获得便利或愉快的过程才是全部价值所在。据我所知，这还没有引起任何人的注意。然而，这种情况是经常出现的，可以从有关人类生活的成千上万个最不重要或最重要的例子中观察到。

没有人不喜欢整洁却欣赏乱七八糟的布局。一个人进了自己的房间，如果看到所有的椅子都放在屋子当中，想必会大发雷霆，甚至会不辞劳苦地亲自动手将它们靠墙摆好。而他之所以对居室重新加以布置，其全部意义就在于使居室显得更敞亮，从而得到更多的方便。为了这种便捷，主人甘愿受累也不愿抛却由这种便利所带来的舒适享受。忙完后，他就可以舒舒服服地坐到其中一把椅子上面了。由此看来，他需要的似乎并不是这种便捷本身，而是产生这种便捷的家具的摆放方式。然而，正是对便捷性的需求才促使他收拾房间，从而享受到由此带来的适宜感和美感。

同理，一只怀表如果每天都慢上两分多钟，那么讲求精确的人肯定不会喜欢它。他很可能以几个几尼把它卖掉，而后再花五十几尼买一只更精确的，也许两个礼拜它也慢不了一分钟。因为钟表唯一的效用性就在于报时、不使我们失约，或者避免失约所造成的麻烦。其实如此讲究机械的人，却未必比其他人更准时，或者为了什么而更急需了解每时每刻的确切时间。吸引他的只是完美性——可以掌握时间的机械上的完美性，而非了解时间本身。

有多少人在毫无用处的小玩意上挥霍钱财而毁掉自己呢？他们喜欢的也并不是这些小玩意儿本身的效用性，而是这种效用性所依赖的机械精妙性。他们的口袋塞满了各色小玩意儿，或者随时设计拥有各种多余的衣袋以备不时之需，这都是别人衣服上绝对没有的。对他们来说，这些小东西的重量甚至价钱恐怕都不啻于犹太人的百宝箱。他们就整天这么挂着转悠着。也许偶尔这些小玩意儿也能派上点儿用场，却绝不是必不可少的，并且它们所有的效用性加起来，也抵不过整天挂着它们所带来的麻烦。

这不仅同我们的行动受到这种本性影响的微不足道的物体有关，它往往也是有关个人和社会生活中最严肃和最重要事务的隐秘动机。

穷光蛋们一回想起自己的寒酸身世，就会抱怨上天的不公以及父亲提供的便利太少，而对富人的处境羡慕不已，梦想着有朝一日自己也能像他们一样舒舒服服地住在豪宅里。他看到富人们几乎都坐在马车里，因而幻想自己也能坐在马车里舒适地旅行。他自然地感到自己懒惰，因而愿意尽可能自食其力；并认为，有一大批扈从可以使他免去许多麻烦。他认为，如果自己获得了这一切，就可以心满意足地坐下来，陶醉在幸福和宁静的处境之中。他沉浸在这幸福的遐想之海。在他的幻想之中浮现出某些更高阶层的人的生活情景，为了挤进这些阶层，他投身于对财富和显贵地位的追逐之中。为了获得这一切所带来的便利，他在头一年里受尽委屈，而且在潜心向上的第一个月内含辛茹苦、费尽心机，比他在没有财富和地位时的全部生涯中所能遭受的痛苦更多。他学习在某些吃力的职位上干得出色。他勤奋好强，夜以继日地埋头苦干，以获得胜过其竞争者的才能。然后，他努力在公众面前显示出这种才能，以同样的勤奋乞求每一个就业的机会。他向所有的人摇尾乞怜，即便是为自己最瞧不上的家伙卖命，拍那些他最蔑视的人的马屁。就这样，他牺牲了随遇而安的生活，将一辈子都放在追求他的或许永远都享受不到的创业计划上。即使万幸地在临死前不久得以大功告成，他也会发现自己原来放弃的小小的安宁和闲适要远比这到手的功业强得多。而遗憾的是，此时的他已是土埋半截的人了，饱受着病痛的摧残，当年的种种失败、挫折如影随形，挥之不去。灵魂在羞怒交加中饱受煎熬。他固执地将这些都归咎于对手的阴损或朋友的忘恩负义。直至最后他才恍然大悟：其实钱财声望毫无用处，就像花花公子的小玩意儿一样并不能使身体安康、灵魂宁静，或者说带来的便利远不能补偿它们所添的麻烦。而且甚至作用或许还不如那些小玩意儿大。豪宅、园林、林林总总的家具、众多的仆侍都不过只是用品，就像一个牙签、挖耳勺、指甲剪以及其他类似小东西一样，即使没有主人的提醒，我们对其用途也了然于心，只不过对比之下它们的用处更奢侈明显、更易受人们青睐而成为虚荣者追逐的目标罢了。由此可见，钱财声望的唯一用处大概就是满足人类与生俱来的虚荣心。而这些，对于一个独自存身荒岛的人来说，很难说有什么实际意义。作为社会中的一员，我们从不注重当局者的感受，思考他在自己心中是什么，而始终重视的是别人的感受，想他的境遇在别人看来是如何。如果我们换个角度考虑就会发现，有人之所以对达官显贵们的生活眼热，是羡慕他们拥有各种可以获得安闲快乐的器物，而非因为他们真的享受了别人难以获得的安闲快乐。同样，阔人们也只是比别人拥有更多的可以获得幸福的手段，更容易达到预期的目的。他们甚至不会觉得自己比别人更加幸福。可是在一个人已年过花甲、疾病缠身、老迈乏力的时候，那些声名显赫所带来的所谓快乐就像镜花水月一般了。对于这些老朽来说，即使事先允诺下了那些空洞无聊的快乐，他也不会再鼓起勇气去苦苦追寻了，只会在心中诅咒当年的野心，留恋少年时那闲适懒散的生活和一去不回的各种享乐的机会。而这一切他都牺牲了，换来的却只是些无意义的东西和满腹的失落、牢骚。如果权贵因颓丧或疾病而被废黜，以一副可怜的样子出现在每个人面前，他就会细心观察自己的处境，并考虑什么才是自己的幸福所真正需要的东西。那时，权力和财富就像是机械，它们庞大而又费力，是为了产生肉体上微不足道的便利而设计出来的，由极为精细和灵敏的发条组成，必须极其细微周到地保持它们的正常运转，而且不管我们如何小心，它们随时都会突然爆成碎片，并且使不幸的占有者遭到严重打击。它们是巨大的建筑物，需要毕生的努力去建造，虽然它们可以使住在这座建筑物中的人免除一些小小的不便，可以保护他不受四季气候中寒风暴雨的袭击。但是，住在里面的人时刻面临着它们突然倒塌把自己压死的危险。它们可以遮挡夏日的阵雨，却挡不住冬天的风暴，而且，常常使住在里面的人更多地感到担心、恐惧和忧伤，并面临疾病、危险和死亡的威胁。

在我们的想象中，苦痛伤悲总是把我们的感受禁锢在自己的身体中，安闲舒适时又把它们扩散到周围的万事万物里。就像人们在病痛或失望时往往万念俱灰，把平日追逐的那些宏大计划看得一文不值那样。可一旦大病初愈，心情转好，他们又会把那些计划看得快乐无比。又如宫里流行的那些新巧玩意儿，它们的雍容显贵深深吸引着我们，而让我们充满艳羡地注视着它们如何给主人提供消遣、满足和舒适的生活。但如果我们认真思考一下这些玩意儿所能提供的实际满足，以及满足本身所带来的美感，就会觉得这种作用无聊而又微不足道。可惜我们用这种抽象和哲学的方式来思考的时候确实不多。而按我们的设想，它们带来的满足与世界和谐、有规律的运行几乎是一回事。如果用这样复杂的观点来考虑问题，财富和地位所带来的愉快，就会使我们把它们想象成某种重要的、美丽的和高尚的东西，值得我们为获得它们而倾注心力。

天性同时以这种方式欺骗我们。这种蒙骗正是不断地激起和保持人类勤劳的动机。正是这种蒙骗，最初促使人类耕种土地、建造房屋、创立城市和国家，在所有的科学和艺术领域中有所发现、进步，这些科学和艺术提高了人类的生活水平，使之更加丰富多彩；完全改变了地球面貌，使自然界的原始森林变成可耕种的肥沃平原，把沉睡荒凉的海洋变成新的粮库，变成连接大陆上各个国家的大道。土地因为人类的劳动而加倍肥沃，维持着成千上万人的生存。骄傲而冷酷的地主眺望自己的大片土地，却并不想到同胞们的需要，而只想独自消费从土地上得到的一切收获物，可这是徒劳的。因此，用“眼大肚子小”这句俗话来形容他们再贴切不过了。他们欲壑难填，可肚子的容量又比一个最普通的农夫大不到哪里去，只好把自己消受不了的那部分用适当的办法分给别人：做饭的厨子、盖房子的泥瓦匠、为他提供各种工具和玩意儿的手艺人等等。于是，拜地主先生的奢侈和怪癖之赐，这些人都分得了一份糊口之物。要是等待地主先生大发慈悲，他们大概早就都饿死了。无论何时，土地提供的食物大体能养活所有的居民，阔人只是从大量的产品中挑中了最难得、最心爱的一部分，虽说他们都是些只顾自己、自私自利的家伙，雇佣千百人为自己劳作的动机无非是满足自己那点无厌而又无聊的私欲，但他们还是跟穷汉一起分享了他们的改良成果：一只看不见的手引导人们对生活用品进行分配，而且几乎与所有居民平均占有土地的情况一样。这样，就无形地推进了社会的总体利益，给越来越多的人提供了生活保障。所以上帝把土地分给一小部分地主时，并没有忘记和遗弃那些没有土地的人，后者也享用了他们在土地产品中所应有的一份。若比较人类生活幸福的满意度的话，他们大概也不比那些好像地位远远高于他们的人们差多少。在肉体的舒适和心灵的平静上，所有不同阶层的人几乎处于同一水平，一个在大路旁晒太阳的乞丐也享有国王们正在为之奋斗的那种安全。

人类相同的本性，对秩序的热爱，对条理美、艺术美和创造美的重视，常足以使人们喜欢那些有助于促进社会福利的制度。当爱国者为各种社会政治的改良鞠躬尽瘁时，他的行动并不总是由对可以从中得到好处的那些人的幸福所怀有的单纯的同情所引起的。一个热心公益的人赞助修公路，通常也不是出于对邮递员和车夫的同情。爱国者们为改良社会面貌和政治领域而鞠躬尽瘁的行为，也未必出自对受惠者的单纯同情。同样道理，立法机关通过奖金或其他政策鼓励麻线或呢子生产，也谈不上是同情穿麻布或者呢子服装的人，更不是同情纺织品制造者或者经销商的善举。政策的进步、贸易与工业的发展——这些高尚的、安邦定国的大计，总会让我们兴奋，而所有对它们有好处的事情也相应地使我们感到欣慰。因为它们是我们政治制度不可或缺的环节，是国家机器协调又迅疾运转的动力。如果这个体制存在着各种障碍难以正常运行，那我们自然也无法安宁，而如果看到这个如此重要的体制正在日益完善，则我们必定也会欣慰不已。那些规章制度之所以得到我们尊重和景仰，原因就在于它能使生活在它之下的人们过得幸福和安康，这也是它们唯一的用处所在。有时或是出于某种对制度的认同，或是出于某种对艺术及发明的热衷，我们好像不看重目的而更看重手段，并且希望使我们的同胞更加幸福。这应该是为了把良好的、规范化的制度推向完美，而不是关注民生疾苦。有些人天生热心于公务，在其他方面就显得不那么慈悲为怀了。这些自相矛盾的方面很容易在每个人身上发现。就像俄罗斯古代那个鼎鼎有名的立法者，谁能比他更没人情味而又热心公益呢？还有，慈悲为怀的不列颠国王詹姆士一世对民族的利益与荣耀毫不关心。有人生来就不思进取，你如果告诉他，阔人们过的是如此安逸舒适的生活，不受日晒雨淋，不用挨冻受饿，不用劳苦穷困，他往往听不进去，丝毫不会产生作用。如果要成功说服他，你就得给他认真描述阔人的豪宅里厅堂如何宽敞，陈设怎样豪华；甚至得逐一讲明各种陈设的用处，说明所有侍从的数量、级别和不同的分工。只有这些才能对他产生影响，可这其实也不过能使他衣食无忧而已。同理，如果你打算通过空谈经邦济世之乐，或者描绘理想臣民的快乐生活而劝说一个自私的家伙去关心公益事业，必定会徒劳而返。你想要说服他，就要向他认真说明伟大的社会政治体制带来了以上种种好处；社会各个部分间的依赖互助关系；如何可以把这种制度成功引进自己的国家，从而使整个国家机器运转得平稳而高效。大概没有人会听了这个而无动于衷的，最起码他会暂时振作起来。因此，各种政治研究——如果它们是正确的、合理的和具有实用性的话——都是最有用的思辨工作。甚至其中最没有说服力和拙劣的研究，也不是全然没有效用的。它们至少有助于激发人们热心公益的精神，并鼓励他们去寻找增进社会幸福的办法。

第二章　论效用性表现赋予人的品质和行为的美，以及这一种美在何种程度上被看成原初的赞同原则

效用性是人的品格与行为之美的源泉，而这种美的概念则取决于在多大程度上受到发自内心的赞同。与艺术品或者国家机器一样，个人和社会的幸福也受到人的品格的影响。如果一个人具有审慎、公平、顽强、朴素的品格，那么他自己和别人都会感到满意。反之，莽撞、懒惰、懦弱以及贪杯好色不仅会使自己一事无成，别人也受连累。相比之下，前者的心灵具有所有那些属于为了达到最令人愉快的目的而创造出来的最完美的机器的美；后者的心灵具有所有那些最粗劣笨拙的装置的缺陷。哪一种政府机构能像智慧和美德的普及那样有助

于促进人类的幸福呢？所有的政府只是某种对缺少智慧和美德的不完美的补救。因此，尽管美因其效用而可能属于国民政府，但它必然在更大程度上属于智慧和美德。相反，哪一种国内政策能够具有像人的罪恶那样大的毁灭性和破坏性呢？拙劣的政府的悲惨结果只是由于它不足以防止人类的邪恶所引起的危害。

各种品质看起来从它们的益处或不便之处得到的美和丑，往往以某种方式来打动那些用抽象的和哲学的眼光来考虑人类行动的人。当一个哲学家考察为什么人道为人所赞同而残酷遭到谴责时，对他来说并不总是以一种非常确切的方式来形成任何这种有关人道和残酷的特别行为的看法，而通常是满足于这些品质的一般名称向他提示的那种模糊和不确定的思想。可只有在很特殊的情况下，一种行为的优劣才会显而易见。同样，只有面临非常特殊的情况，我们才能明确意识到自己和行为者的感觉是否一致。当感受一致时，我们会对他产生感激，反之则憎恶。正如我们抽象地思考美德与邪恶时，不同品质引发的那些不同的情感就模糊不清了。但必须承认的是，我们对美德带给人的欣慰或罪恶带给人的灾难留有最深刻的印象，远远超过了对其他品质的印记。

效用性使人产生快乐这一道理最早是由某位别出心裁的论者阐述的。他认为我们直觉产生的这种效用性的美是全部美德的本源。除了对自己或别人都有意义的内心品质之外，没有再可以称为美德的东西了。同理，邪恶的定义也是如此。我觉得对于个人或社会的效用性来说，本性似乎决定了我们的好恶，这几乎是放之四海而皆准的。可这种想法并不是我们思考问题的首要原因。我认为效用性或危害性决定了美与丑的本质，而这种情感只是由于对美与丑的知觉而得到强化，完全不同于知觉。

首先，对于美德的赞赏似乎不可能同我们赞赏某幢使用方便且设计良好的建筑物时所具有的情感相同；或者说，我们称赞一个人的理由不可能与称赞一个橱屉的理由完全相同。

其次，我们将发现任何内心气质的效用性很少成为我们赞同的最初根据；赞同的情感总是包含有某种合宜性的感觉，这种感觉和对效用的直觉是完全不同的。我们可以在被认为是美德的所有品质中见到这种情况。根据这种分类，那些品质因为对我们自己有用而在一开始就受到重视，也因为对他人有用而受到尊重。

对我们来说，最有用的品质是高明的品质。只有靠它们，我们才能高瞻远瞩，预见利害。其次是控制自身情绪的品质，靠它们我们才能忍受暂时的痛苦，或放弃暂时的快乐。而审慎的美德则正是由以上这两点构成的，而且对任何人来说，它们都是最有用的一种美德。

高明的智慧之所以为人称道，不仅是因为其有利，更因为它的正义、恰当和精确。就像艰深而晦涩的数学乃至高等数学领域，大家所以觉得它伟大，并非认为它能解决什么实际问题，只因它最能体现人类智慧的伟大。大众和个人未必懂得科学的具体作用——虽然这一点要证明也不太容易。这种品质是很难坚持的，特别是面对那些对新事物既无知又自命不凡的人的责难时。同样的道理，我们的自我控制能力有时会对自身一时的欲望进行压制，以便其在其他场合能得到更充分的满足。也正因此，这种自我控制力在效用性和恰当性方面受到我们的称许。而我们能够做到这一点也得益于基本能保有一种旁观者的心态。对于一个公正的旁观者来说，一周乃至一年以后的快乐毫不逊色于眼前的欲望诱惑，因而如果我们为了眼前的一时之欢而牺牲将来，在他看来简直是荒谬而不可理喻的。而如果我们能通盘考虑，为了将来更大的快乐而牺牲眼下的一时之欢，则会因为这种自律性而得到旁观者由衷的钦佩。十年后预期的快乐或许与眼前的快乐相比微不足道得多，可对前者的追求能带来尊敬与钦佩，而对后者的追求则往往导致我们身败名裂。通常，我们会赞许那种为了获得遥远但巨大的利益而牺牲安逸、辛苦劳作的人。就像俭朴、勤劳和毅力虽然都只是为了获得财富，可仍然受到人们的高度赞许。有时，赞许之情甚至会上升为尊敬和仰慕，这也推动着那位行动者继续前进。这是一种人类感情上难得的共鸣——特别是从人性的种种弱点来看。

前面我们探讨了人道及公平的特征，可以得出结论：我们对这些品质的赞许很大程度上来自于当事人和旁观者情感的共鸣。实际上，在对他人最有用的品质中，除了人道和公平外，还有更重要的东西——慷慨大方和热心公益。

慷慨、关心公务与正义一样都是建立于恰当性这一相同的基础之上。表面上看，慷慨和人道拥有密切的联系，但它们却并不具有同一性，即不会出现在同一人身上。若人道属于女人，慷慨则属于男人。女人的特征是温柔体贴，而非慷慨大度，要让她们做出大手笔的捐献是最不容易的，这一点民法典的立法者早就发现了。通常，人道感情产生于旁观者对当事人的强烈同情之心，从而使他们休戚与共。因而，即使最人道的行为也不必否定自我、克制自我或者追求恰当的努力，只需与强烈的同情心相联系即可。而慷慨则不同，没有人生来就慷慨大度，愿意为上司或朋友的利益而牺牲自己的利益。虽然有人即使在一个职位上干得很舒服，却因为有能力比自己更强的人存在而自动让贤；也有人为救助别人的生命而牺牲了自己宝贵的生命，但他们这样做却并非出自人道，亦或真的大公无私，而只是从他人而不是自己的角度出发，以别人的眼光看问题。因为对于别人来说，好人的这种出手相援肯定比只靠自己好得多，而助人者自己恐怕不会这么想。所以人们在为他人的利益牺牲自己的利益时，一般是从旁观者的身份来考虑取舍的。例如，一个士兵为了保护上级而牺牲了，假设他自己本来没做错什么而长官牺牲了，他不会有太多的想法的，他更关心的是自己的切身利益。可是当他的目的是得到客观的旁观者的理解和赞许时，他就会觉得，对于每个战士来说（除了他自己），上级的生命要比自己的宝贵得多。因而认为，当为了保护上级而牺牲了自己的生命时，任何一个公正的旁观者都会对他的行为表示肯定的。

对公共事物的关心也是如此。假如一个军官为了使君主的领土得到微不足道的扩张而送命，并不意味着这个军官觉得自己的生命不比新领土有价值。对他个人来说，即使为祖国征服对方整个国家，也不如自己的性命更加重要。他在对比这两者时，用的是他为之战斗的整个民族的目光和心态。众所周知，对于民族来说，战争的胜利远远高于一个人的生命。当他这么想时就会觉得，为了这个崇高的目标，他就是抛头颅洒热血也值得。由此可见，英雄主义最普遍的体现就是出于强烈的责任感和恰当感而对个人自然感情的成功抑制。例如，许多可敬的英国公民平时若只从个人角度看问题，会觉得米诺卡民族的覆灭还不如一个几尼的损失更令人揪心。可一旦保卫那座要塞成为他们的责任，他们则会为之万死不辞。还有因为阴谋推翻罗马刚刚确立的自由而把自己的孩子们处决了的布鲁图斯一世。他要是只考虑自己的心情，似乎有些因小失大，因为相对于他最宝贵的儿子们的性命，罗马有可能受到的损失简直是微不足道的。然而，布鲁图斯并非以一个父亲而是以一个罗马公民的眼光来看待他的儿子们，从而大义灭亲。而对于一个罗马公民来说，他的儿子们的性命哪怕与帝国最微小的利益比起来，也是微不足道的。因此，与其说我们的钦佩之情出自这些行为的效用性，不如说是出自其不寻常的，因而是伟大、高尚的恰当性。毋庸置疑，当我们考察这种效用性时，它又赋予了这些行动以一种全新的美，从而使其进一步得到我们的赞美。但这种美并非显而易见，而要经过严密的思考才能体会到。

可以看到，就赞同的情感来自美的效用这种观念而言，它和其他人的情感没有任何关系。如果可能的话，一个人同社会没有任何联系也会长大成人，他自己的行动仍然会因其所具有的不同倾向而使他感到适意或不愉快。他可以在谨慎、节制和良好的行动中觉察到这种美，而在相反的行为中感受到丑恶；他可以以我们在前一场合用以看待一架设计良好的机器的那种满足，或者以我们在后一场合用以看待一个非常笨拙粗陋的发明的那种厌恶和不满，来看待他自己的性格和品质。不过，由于这些概念非常精细、微妙，只与人们的爱好相关，而所谓爱好又正是建立在这些概念的恰当与否之上，所以它们不会被一个处于孤独痛苦中的人察觉。因为在融入社会之前，他无法把二者联系起来，也不会为了这方面的缺陷而惭愧，抑或因相反的情况而得意奋发，更不知道自己会受到惩戒或得到奖赏。所有这些情感意味着一些别人的想法，他是感觉到这些情感的人的天生的裁决者；并且只有通过对他的行为的仲裁人的决断抱有同感，他才能够想象出自我欣赏的喜悦或自我谴责的羞耻。

第五卷

论习惯和风气对我们的影响

第一章　习惯和风气对我们关于美和丑的看法的影响

以上论述了对我们人类感情有着强烈影响的某些原则。这些原则界定了在不同时代和国家，何种行为值得赞扬或责难。但除此之外，习惯和风气两种原则，也对我们美的判断产生着重要的影响。

如果人们经常同时见到两个对象，其想象就会形成从一个对象很快联想到另一对象的习惯。假如前者出现了，我们就期待后者跟着出现。它们主动地使我们彼此联想，我们的注意力也容易跟它们一起变化。虽然若不受习惯的影响，它们的联系并不存在真正的美，然而，如果习惯已经这样地把两者联在一起，我们对两者的分离就会感到不适宜。如果前者出现时后者没有像通常那样随之出现，我们就认为这是令人困惑的。没有看到我们期望看到的东西，自己习惯性的想法也被这种失望搅乱，就好像一套服装一旦缺少了某些惯常的小装饰，或者腰上少了一个扣子，会让我们感觉很是别扭。如果这种联系背后有着某种自然的搭配感，那么习惯就会将这种感受强化，相应地，我们也就更难以接受相反的安排。有些人习惯了用某种高尚的眼光看待世界，而厌恶所有平庸或丑恶的事物。如果某种联系的存在不恰当，我们的感受就会被习惯减弱，甚至全部消解。习惯于肮脏混乱的人则已经丧失了一切对于整洁和优雅的感知能力，他们对一些陌生人看来可能滑稽可笑的家具或衣服的式样，已经无动于衷，因为他们已经习惯了。

风气不同于习惯，或者更确切地说，它是某种特殊的习惯——特指身份或者素质高的人身上体现的风格，而非贩夫走卒者流。大人物举止闲雅、不怒自威，加之其平日的豪华衣饰，使他们偶然摆出的姿态都有种特殊魅力。虽说这种姿态本身并没有太多的深意，但时间长了，便会自然成为雅致和豪华的代名词。一旦他们改掉这种姿态，它就失去了此前具有的全部魅力，而且现在仅仅为下等人所应用，似乎具有他们的某种平庸和难看的样子。

衣服和家具是习惯风气的产物，这一点世所公认。然而，那些原则的影响绝不局限于如此狭隘的范围，而是扩展到在各个方面都有情趣的对象：音乐、诗歌和建筑学之中。衣服和家具的样式正在不断地变化；5 年以前人们所欣赏的式样今天看来会显得可笑，经验使我们确信，这主要或完全要归因于习惯和风气的流行一时。衣服和家具不是用非常结实的材料制成的。一件设计良好的外套花费了 12 个月才制成，它的款式就不能再作为时髦式样流传开来。家具式样的改变不像衣服款式的改变那样快；因为家具通常较为耐用。然而，它一般五六年就经历一次更新换代，每一个人都会在他的一生中见到家具变换各种不同的流行式样。其它一些艺术作品更为经久不变，乐观一点估计，它们制作的式样可以持续流行很长的时间。一幢施工精良的建筑可以存在好几个世纪，一首优美的歌曲通过口耳相传可以流行很多代，一首动人的诗歌甚至会流芳百世。因为创作者的独特风格、情趣或手法，这些艺术作品可以流行很多年。所以人们在一生中看到这些艺术形式发生重大变化的机会并不多，也没有机会了解不同的年代和国度里的流行艺术，因而很难在将它们与自己身边的流行时尚相比较时，能够不带有任何的偏见。所以，几乎没有人认为艺术品的审美标准会随着习惯和风气而变化，而会觉得那是以理智、天性为标准的。然而，稍加研究就会发现，习惯和风气对建筑、诗歌及音乐的影响，其实丝毫不逊色于其在衣服和家具领域的作用。

如若对某种装饰的特定比例关系习以为常，便会觉得其他的比例关系格外地不协调。多利亚式石柱头的高度为直径的八倍，爱奥尼亚式石柱的高度是柱头盘蜗直径的九倍，科林斯式石柱直径是柱头叶形装饰的十倍，并且各种柱式都有其特定的装饰物，究竟哪一个是最恰当的？其实，这些都只是以风气和习惯为准罢了。按建筑师的说法，先人是根据精确的原则而为每个石柱配合上了适当而独特的装饰。一旦换成其他风格的装饰，就会引起对建筑学深有造诣的人的反对。不过话又说回来，要让我们想象只有唯一的一种比例关系，或者此前曾经有过五百种同样合适的样式也同样是有些难度的。因为无论如何，在习惯形成了建筑物的特殊准则后，如果它们不是毫无道理的话，那么，想以其它一些仅仅是同样适合的准则，甚至以从高雅和优美的观点看来自然比原有法则略胜一筹的其它法则去改动它们，是荒唐可笑的。一个人穿了一套不同于他过去常穿的衣服出现在公众面前，虽然新衣服本身非常雅致或合身，但是会显得滑稽可笑。同样，在习惯和风气已经确定之后，以与之极为不同的方式去装饰一座房屋，似乎也是荒唐可笑的，即使新的装饰本身比常见的装饰要优越。

古代论者认为诗歌的某种韵律体例是对一定感情和内容的自然表达。风格或严肃，或轻快，皆有其对应的体例。然而，现代的经验似乎同这一原则相矛盾，虽然这一原则本身好像很有道理。在英国是讽刺诗，在法国就是英雄诗。拉辛的悲剧和伏尔泰的《亨利亚德》几乎写下了同样的诗句："让我把你的忠告当作一件大事。"相反，法国的讽刺诗与英国的十音节的英雄诗同样美妙。习惯使一个国家把严肃、庄重和认真的思想和某种韵律联系起来，另一个国家把这种韵律和任何有关愉快、轻松和可笑的东西联系起来。在英国，再也没有什么比用法国亚历山大格式的诗写的悲剧更荒唐可笑的了；在法国，再也没有什么比用十音节的诗体写作的同类作品更荒唐可笑的了。

一件装束无论多么怪诞，一旦被某个很有名望的大人物加诸于身，则会迅速流行；一种新手法借助于出色的大师之手，也会在业内成为楷模。高明的艺人会改良已有的艺术形式，开创全新的写作、音乐或建筑风气。在五十年的时间里，意大利人对于音乐和建筑的情调产生了显著的变化，而这不过是出于对音乐与建筑学等各个艺术领域中那些著名大师的模仿。然而，昆德良却对塞尼加扰乱了罗马人的情趣、抛弃庄重理性的雄辩而煽动浮华轻佻之风进行了批评。萨卢斯特和塔西佗也受到了类似的指责，他们提倡的风格被认为虽简洁优美、诗意盎然，但明显是劳神费力和矫揉造作。一个作家要具备多少伟大的品质才能使自己的缺陷变成受人欢迎的东西呢？继对一个民族的情趣的改善给予的赞扬之后，能给予任何一个作家的最高颂扬，或许就是说他败坏了这种情趣。在我们自己的语言中，蒲柏先生和斯威夫特博士各自在所有用韵文写成的作品中采用了一种不同于先前所运用的手法，前者在长诗中这样做，后者在短诗中这样做。巴特勒的离奇有趣让位于斯威夫特的平易简朴。德莱顿的散漫自由和艾迪生那表达正确但常常是冗长乏味郁闷，不再成为模仿的对象。现在，人们都按照蒲柏先生简练精确的手法来写作所有的长诗。

习惯和风气，不只是使艺术作品受到其支配性的影响，它们同样影响我们对自然对象的美的判断。在不同的事物中，有多少不同的和对立的形态被认为是优美的？在一种动物中受到赞扬的比例，完全不同于在另一种动物中得到尊重的比例。每一样东西都有它自己的特殊形态，这种形态受到人们的称赞，并且具有自己的美，这种美区别于其它任何东西。

渊博的耶稣会教士比菲艾神父认为，各种事物自身的美体现于其最为常见的状态和颜色之中，如此而来，人的容貌之美都属于一种中庸状态，与各种丑恶的造型相去甚远。比如一个漂亮的鼻子，不太长也不太短，不太直也不太弯，在各种极端状态中处于中庸地位。似乎是上帝的无心而为，但又好像完全违背了这一原则。有些东西会有小的差异但仍大体相像，就像我们对着某个图案临摹出若干张图画，虽说它们难以完全相同，但其与原型物的相似肯定大于它们之间的相似程度，原型物的主要特征在所有的图画中都能找到。再如有些图画非常之古怪，没有人愿意认真临摹它们，但与各种最粗心的作品相比，最细心的作品与最粗心的作品所具有的相似性仍要更大一些。同理，最漂亮的某种生物都具有该类生物造型上最明显的特征，并且保有多数个体之间的较大相似性，而怪物或变形物很少与它们所属的生物种属相像，并且看上去都丑陋不堪。

每种事物的美都是既罕见又普遍的，能够如此中庸的事物很少，但各种同类物都具有与之相似的特征。因而正如比菲艾神父所说，各种事物中，最为常见的即为美。只有先通过实践和经验来认真研究，我们才能说什么东西是美的。我们关于花朵、马匹或美的知识不适用于对人体美的评价，而且由于地域、生产生活方式的不同以及生物适应其生存环境不同而产生的形态差别，也产生了不同的美的标准。摩尔马之美不同于美洲马之美。不同国家间关于人的体形和面孔的美的标准更是千差万别。在几内亚海岸，白皮肤代表着一种惊人的丑陋，而塌鼻子和厚嘴唇则是美的象征。还有些国度则最崇尚两耳垂肩。在中国，如果一位女士的脚大到适于行走，她就会被认为是一个丑八怪。在北美有些野蛮的民族中，人们把四块板绑在自己孩子的头上，就这样在孩子的骨头柔软未成熟之时，把头挤压成差不多完全是四方的形状。欧洲人对这种荒唐凶残的习惯感到震惊，一些传教士把它归因于盛行这些习俗的那些民族的无知愚昧。但是，当他们谴责那些野蛮民族时，他们并没有想到直到最近这几年为止，欧洲的女士们已经作了近一个世纪的努力，把她们天生的漂亮的圆形头颅挤压成同样一种四方的形状。尽管已经知道这种习俗会引起不少痛苦和疾病，但是习惯还是在一些或许是人们所能看到的最文明的国家里使它受到大家的欢迎。

按照那位渊博而睿智的神父的美学体系，人们出于习惯而形成了对特定事物的深刻印象，这就是美感的全部魅力所在。不过我对于习惯是否是我们判断外在美的全部标准存有怀疑。比如任何形状因为有益于达到某种目的而被我们所喜欢，这好像与习惯无干。我们的眼睛可能对初次见到的某种颜色就愉悦不已；迷人的外表、姿态万千总比相反的情况更让我们欣悦。丝丝入扣的互相联系的变化要比杂乱无章的组合更受钟爱。具有联系的各种变化，其中每个新的变化出现似乎都是由在它之前发生的变化引起的，并且所有联系在一起的部分在其中似乎具有相互之间的某种天然联系，比没有联系的对象杂乱无章的集合更受人欢迎。虽然我不能承认习惯是美的唯一原则，但是我可以在以下程度上同意这一天才体系的真实性，即我承认：任何外部的形状，如果和习惯大相径庭，并且与我们通常在各种特殊事物中看到的那种样子不相似，那么几乎没有一种会美得如此令人愉快；或者，任何外部的形状，如果它同习惯相符，并且我们已习惯于在每一个某类事物中看到它，那么几乎没有一种会丑得如此令人不快。

第二章　习惯和风气对道德情感的影响

习俗和风气对于美感的影响如此广大，以至行为美也不例外。但对于行为美来说，这种影响却是要小得多。习惯成自然，通常的外在形状总能让我们看顺眼，不管开始时它们与习俗或者风气多么水火不容，但是，尼禄或克劳迪厄斯式的品质和行为，是习惯永远不会使我们与其协调的东西，也是风气永远不会使其为人们所赞同的东西；前者总是恐惧和仇恨的对象；后者总是轻视和嘲笑的对象。我们的美感所赖以产生的那些想象的原则，是非常美好而又脆弱的，很容易因习惯和教育而发生变化；但是，道德上的赞同与不赞同的情感，是以人类天性中最强烈和最充沛的感情为基础的；虽然它们有可能发生一些偏差，但不可能完全被歪曲。

虽然习惯和风气对道德情感的影响并不完全如此重大，但是，同它在任何其它地方的影响相比却非常相似。当我们天然的是非之辨与习俗和风气相吻合时，我们的情感就会更加敏锐，爱憎就表现得更加明显。所以，受到真正的良师益友而非狐朋狗党影响的人会习惯于正义、谦逊、人道和理性，而难以容忍它们的对立面。而不幸在暴力、堕落、虚伪中长大的人，即使良心未泯，也难以被别人看作正直的人，因为他们自幼对这些已习以为常，从而完全丧失了对这些恶行的愤慨，并且对应该为此受到惩罚没有任何的意识。

有时，风气也会冷落某些本应受到尊重的品质，而对某种程度的混乱进行表彰。例如，在查理二世在位时代，某种程度的放荡不羁被认为是自由主义教育的特征。按照那个时代的看法，这种放荡不羁是同慷慨大方、真诚、高尚和忠诚联系在一起的，以这种态度行动的人被证明是一位绅士，而不是一个清教徒。因而，某种程度的落拓不拘会被看作是自由主义教育的烙印。相反，庄重的举止和得体的行为则被与欺骗、狡诈、下流、伪善视为一道。那时的浮华之徒都爱赞美大人物的缺陷，仿佛这是好运的体现和高层的美德，跟自由、独立、坦诚、大度、温文尔雅密切相关。而地位比较低的人所具备的美德——节俭简朴、勤勉刻苦和严守准则，在他们看来似乎都是粗俗的和讨厌的。他们把后者的美德同那些品质通常归属的地位的低下联系起来，同自己猜想的，通常与诸如卑鄙的、怯懦的、脾气坏的、虚伪的和小偷小摸的性情相伴而生的许多重大缺陷联系起来。

人们的行为方式和思想感情因职业和生活境遇的不同而存在着一定的差异。诚然，每一阶层和职业都有其惯常的准则。然而，中庸却是我们所普遍认同的思维方式。在各个阶层中，总有那么一种人，特殊的生活条件和境遇给他们的烙印并不太深或者太浅。而一个人固然应该体现出他的职业特征，但却不应无时无刻地故意卖弄。同样，不同的生活和年龄阶段也都有着不同的行为方式。例如我们习惯于老人的庄重沉稳，衰老多病、饱经患难使他们更令人尊敬。年轻人，我们则希望他们表现得机敏、活泼和朝气蓬勃。因为我们的经验认为，所有新生事物都会给年轻人白纸一样的心灵带来强烈冲动。相反，老年的保守迟钝或者青年的轻浮虚幻则会让人觉得不舒服。我们希望青年能学习老人的老成，老人也能保持些轻快活跃。然而，老年人的呆板拘谨若出现在年轻人身上就会显得滑稽；年轻人的放纵、轻率和虚荣如果在老年人身上太明显，也会被人蔑视，这就是所谓的过犹不及。

每个阶层或职业都有其特殊的行为方式，这是由习俗塑造的，不过有时这些行为方式也可以脱离习俗而具有适当的独立性。如果我们考虑到人们由于受自然影响，生活环境千差万别，我们就会对这种特殊的品质感到由衷的钦佩。我们认定一个人的行为恰当，并非仅仅因为他的行为只适合他所处的某一环境，而是适应他所处的所有环境。如果他完全被一种环境所束缚，而不能恰当地适应其他环境，可能就无法得到我们的完全赞同。不过，如果环境变化不大，我们也不能太过强求他。在私生活中，一位父亲失去独生子而表现出悲伤和脆弱的情感是完全正常的。但作为军队统帅，在公众的安全和荣誉需要他倾尽全力时，如果表现出这种情感，就是不可原谅的。因为在正常情况下，不同职业的人们由于处理不同的事物，会产生不同的感情。因而我们应当设身处地地从他们的角度考虑问题。此外，我们可以希望一个官员表现出对生活乐趣的追求，但难以接受一位牧师也这样做。因为作为传播天国福音的信使，牧师的使命是为世人的严酷前程以及预言违背原则会带来的各种不幸进行祷告，同时他本人应该作为自己说教的第一个执行者。因而，即使生活得轻松放荡的人们也会认为，牧师的心灵应该充满着庄严肃穆的情绪，而不是轻率、冷漠以及各种鸡毛蒜皮的琐事，因为这些都不适于这一使命。对于一个牧师，我们在他身上最希望看到的品质就是庄严肃穆、圣洁无染，这也是被我们所广泛接受的。所以也可以说，先存在着某种不受习俗影响的恰当的行为方式，而后习俗把它与某种职业联系起来了。

其它一些职业通常具有的品质的基础却不是如此简单明了，我们对这些品质的赞同完全根据习惯，不必通过上述看法去确定和加深对它们的赞同。例如，我们出于习惯把快活、轻浮、活泼自由以及某种程度的放荡的性格加到军人的职业上去。但是，如果我们考虑到什么样的性情最适合于这种职业，或许我们就容易断定：对一直暴露在非同寻常的危险之下，因而会比他人更经常地想到死亡及其后果的那些人来说，极其严肃和思虑周全的性情是最好的性情。然而，军人的这种处境，或许也是相反的性情在军人中间如此普遍地流行的原因。

如果我们冷静、专心地加以观察，就会看到：为了征服对于死亡的恐惧，需要做出如此巨大的努力，以致那些经常面临死亡的人发现，使自己不关心自身的安全并置之度外，因此而投身于各种娱乐和放荡之中，这样更容易使自己忘掉死亡的恐惧。一座军营不是一个富有思想的人或一个沉思默想的人的活动范围：确实那种人常常是很果断的，并且能够通过某种巨大的努力，以坚定不移的决心面对几乎不能避免的死亡。但是面对持续的、虽然不是近在眼前的危险而被迫做出长期努力，这种努力会耗尽心力、压抑心情，使得内心再也不能感受到一切幸福和享乐。那些纵情逸乐、无忧无虑的人，根本没有必要做出任何努力，他们简直从来不下决心去考虑它们，而只是在不断的享受和娱乐中忘却有关自己处境的一切忧虑，这些人更容易忍受这种境遇。

无论什么时候，当一个军官没有理由去考虑正在遭受的不寻常的危险时，他很可能失去自己欢乐而又放荡不羁的性格。一座城市的卫队长通常同其他公民一样清醒、仔细而又吝啬。由于同样的原因，长期的和平非常容易缩小市民和军人之间性格上的区别。不管怎样，从事这种职业的人通常的处境，使欢乐和某种程度的放荡不羁如此明显地变成了他们常见的品质。并且，在我们的想象中，习惯如此强有力地把这种品质同这种生活状况联系在一起，以致我们非常容易轻视这样的人，他的个人气质或处境使他不能获得这种品质。我们嘲笑一个城市卫兵严肃而又小心谨慎的面部表情，它和他的同事们的面容大为不同。那些同事似乎常常以自己行为方式的一成不变为耻，并且不是出于自己职业的风气，喜欢装出对他们来说绝非出乎本性的轻率的样子。无论我们惯常在某一可尊敬阶层的人士身上看到的举止是什么，在我们的想象中，这种举止是如此密切地同这个阶层联系在一起，以致无论什么时候见到这个阶层的人士，我们都期望见到这种举止，而如果未见到便觉得缺点什么。我们感到窘迫和为难，不知道自己如何去谈论那种品质，它显然像是一种与我们曾经想加以分类的那些品质不同。

同样，不同时代和不同国家也会形成不同的性格。而且人们对各种品质的评价标准也随着国度和时间的不同而有别。在俄罗斯被看作女人般阿谀奉承的举止，在法国宫廷则可能显得粗野鄙俗。波兰贵族中吝啬节约的习俗，到阿姆斯特丹公民身上就是极大的奢侈浪费了。但不同的时代和国度都把上层人常有的品质说成是美德，思想感情也伴随它们而相应变化。

在文明国家中，以人道为基础的美德得到比以自我克制和对激情的控制为基础的那些美德更多的培养。而在野蛮未开化国家，情况则完全相反，自我克制处于比人道更重要的地位。灯红酒绿、歌舞升平的文明时代，人们缺少了对艰难困苦和危险的耐受能力，脱贫致富也谈不上美德，因为太容易了。无人再强调节制欲望的必要性，纵欲的趋势在各个领域都蠢蠢欲动。

在野蛮人和未开化的人中间，情况完全相反。每个野蛮人经受了某种斯巴达式的训练，并且，为环境所迫，能经受各种艰难困苦。他处在持续不断的危险之中：经常遭受极度的饥饿，每每由于生活资料匮乏而死亡。他的环境不仅使他习惯于各种困苦，而且教育他不屈服于困苦所引起的各种激情。他不可能期望他的同胞因这种弱点而表示同情或纵容。在我们能更多地同情别人之前，我们自己必须处在某种程度的舒适安闲之中。如果我们自己受到痛苦极为严重的折磨，我们就无暇顾及邻人的痛苦；并且所有的野蛮人为满足自己的欲求和急需而奔忙不已，不会太多地注意他人的欲求和急需。

因此，所有的野蛮人都在为满足自己的需求而劳苦奔波，无论他们遇到什么危难，都不会指望从别人那里得到同情和帮助，同时也根本没空顾及别人的痛苦。并且他不愿因为一点小小的困难而声名扫地。他不允许自己的神情和行为的镇定受到情绪的影响，不管那种情绪有多么的强烈。正如有些人的描述，无论在什么场合，北美的野蛮人都会表现出一种气定神闲的架势。他们觉得如果流露出了爱欲、痛苦或者愤怒等感情是非常丢人的。这种出奇的自我克制和高尚举止大大出乎欧洲人的想象。

在一个国度里，如果所有人的地位和财产都差不多，我们往往会认为他们的男女应该能够不受拘束地自由恋爱，并且纵情欢爱。但正是在这样的国家，男女婚配却是由父母做主的。他们的青年觉得，要是自己对某个女子情有独钟，或者过分关注自己将与谁订婚，那会是被人一辈子都瞧不起的事情。在富有教养和人性的时代被普遍接受的男女对爱情的向往，在野蛮人中却是最无耻的娘们儿气的行为。即使能够结婚，他们也似乎为如此卑鄙的结合方式蒙羞。他们无法共同生活，只能住在父母家里，找机会偷偷相约。在其他所有国家都被认可的两性公开同居，在这里被看作最无耻和娘娘腔的淫乱。野蛮人不仅在这种本性上具有巨大的自我控制能力，而且能够麻木地忍受各种责骂、侮辱，即使在亲人们的众目睽睽之下也毫不冲动。当一个野蛮人被对手俘虏并按惯例处死时，他照样不动声色，即使受到了最可怕的拷打也不会呻吟。除了表现出对对手的蔑视外，他几乎没有任何反应。当对手慢慢点起篝火烧烤他时，他会嘲弄行刑的家伙，威胁他们：如果他们中的任何一个落在他手里，他会用比这个更残酷、更精妙的办法来处置这个人。为了加强受刑者的痛苦，在几个小时的烧烤、戳划他身上最敏感、最柔软的所有部位之后，会把他从火堆上放下来一会儿。在这个空当里，他会说起各种与自己无关的琐事和天下大事。其他围观的野蛮人也同样麻木不仁。他们吸着烟叶，开着玩笑，除了需要行刑的时候，几乎不看那个受刑的家伙，好像根本没有这回事一样。野蛮人从小就知道迎接他们的会是这种命运。为此他们专门创作了一种所谓“死亡之歌”。当他成为敌人的俘虏并要被折磨死时，他会唱起这首包含了对敌人、对死亡与痛苦的极端蔑视的歌。当他将要投入战争、与敌人交手或者遇到任何重大场合，他都会心硬如铁地唱起这首歌。所有蛮族都有蔑视死亡和酷刑的风俗。没有一个来自非洲海岸的黑人在这一方面不具备一定程度的高尚品质，这种品质常常是他那卑劣的主人所不能想象的。命运女神对人类实行的绝对统治，从来不比下面这种情况更为残酷，那就是：使那些英雄民族受欧洲监狱里放出来的残渣余孽的支配，受那些既不具备自己祖国、也不具备征服别国美德的坏人的支配，他们的轻浮、残忍和卑鄙，十分公正地使他们受到被征服者的轻视。

野蛮人国家的习惯和教育要求每个野蛮人具备的那种超人的、百折不回的坚定，并不要求在文明社会里养育的那些人也具备。如果后者在痛苦中抱怨，在贫困中悲叹，听任自己受爱情摆布或为愤怒所困扰，他们很容易得到人们的谅解。人们并不认为这种软弱会影响他们的某些基本品质。只要他们不让自己激动得干出任何违反正义或人道的事，那么虽然他们面部表情的平静或他们的谈吐和行为的镇定多少会受到干扰和破坏，失去的只是一点声誉。敏感、激情的文明人一般更容易赞同某种慷慨激昂的举动，并原谅其中稍微过火的方面。当事人也不用担心为此被人唾弃，可以放胆率性而为。我们在朋友面前比在陌生人面前放得开，因为前者对我们更宽容大度。文明民族与蛮族里冲动行为的不同后果也是由于这个原因。在彼此相聚聊天时，文明人表现得像朋友，野蛮人表现得像路人。如果所受教育比较呆板的旅行者到法国或意大利这两个欧洲大陆上最文明的国家游历，肯定会因为见到的那种乐天知命的兴奋感到困惑不已。当得知没能进入某支部队时，一个法国年轻贵族会在所有大臣面前潸然泪下。修道院长杜·波斯先生说起过，一个意大利人被罚款 20 先令时，大概比一个英国人得知自己将被处决时表现得更为冲动。在罗马的优雅之风最盛的时候，西塞罗甚至有一种洒脱的名士习气：几乎每次演讲结束时，都会当着全体元老和公民悲伤落泪。我认为在罗马民智未开的初期，社会风气恐怕不允许演说者这么冲动。古代的战将可以表现出高尚、庄严或者决断，但好像都不太熟悉雄辩而奔放的演讲。那些在法国和意大利风行多年的慷慨激昂的雄辩只是最近才传到英国来的，虽然它的实际用处还无人知晓。由于文明和野蛮民族自我控制的程度差别很大，以致对他们的行为进行评价的标准也各不相同。

这种差别有许多的不同表现。率性的文明人会趋于坦诚和豪爽，压抑感情的野蛮人则虚伪狡诈。任何和亚洲、非洲或美洲的蛮族打过交道的人都会觉得这些人难以理解，并善于成功地隐藏事物的真相，即使巧妙的诱惑或无情的拷打也不起作用。然而，野蛮人受到伤害后的情绪虽然没有显露出来，却深深埋藏在心底。当愤怒的洪水终于决堤时，报复会是相当的残忍和可怕。北美那些比较胆怯和爱动情的女孩子如果受到母亲的责备，往往不会有什么过分的冲动，最多说一句“我不是你的女儿”，然后就跑去跳井了。在文明民族中，一个男人的激情通常不是这样狂暴或猛烈。他们常常吵吵闹闹，但很少造成伤害；而且通常似乎只指望使旁观者确信他们这样激动是正确的，并得到他的同情和赞同，做到这一点，他们就满足了。

然而，习惯和风气对人类道德情感产生的所有这些影响，同它们在其它地方产生的影响相比，是微不足道的；那些原则所造成的判断的最大失误，并不与一般的品格和行为有关，而是同特殊习惯的合宜或不合宜有关。

在不同的职业和不同的生活状况中，习惯引导我们去赞同的不同的行为方式，并不是至关紧要的事情。从老年人和青年人身上，从牧师和官员身上，我们都期待着真理和正义；我们正是在瞬息即逝的事情中，寻找他们各自品质中的明显特征。如果我们留意，也常常可以看到我们没有注意到的情况：一种习俗已经使我们觉得，各种职业都分别具有不受习俗影响的恰当性。这样我们就不能抱怨说，人性具有很大的区别性。虽说程度各异，不同民族对他们认为好的品质的评判标准还是大体相同，但是当一种美德的功用被无限夸大，从而损害别的美德时，情况就不妙了。波兰人惯常的慷慨好客可能影响节约与有序；荷兰人尊重的节约也许会伤害亲密与大度。野蛮人必需的勇气弱化了他们的人性，文明人所需的敏感或许也伤及了他们性格中的坚强。一般说来，在任何民族中产生的行为风格，常常在整体上被认为是最适合于那个民族的处境的。勇气是最适合于一个野蛮人的处境的品质；灵敏的感觉是最适合于生活在非常文明的社会中的那些人的品质。因此，即使在这一点上，我们也不能抱怨人们的道德情感全面败坏。

通常，在一般的行为方式领域，风气和习惯并未怎么背离行为的自然本性。可在某些特殊领域，风气和习惯所至就会严重损害良好的道德，甚至会把那些极端错误的行为说成是合理合法的。

例如，还有什么比伤害一个婴儿更野蛮的行为呢？这个婴儿的孤弱无助、他的天真无邪、他的惹人喜欢，甚至引起了敌人的怜悯，不饶恕这个婴儿的性命，被认为是一个狂怒和残酷的征服者的最凶暴的行为。那么，一个父亲若伤害即使凶暴的敌人也不敢伤害的那个幼小的婴儿，对于这个父亲的心肠我们必然会有什么想法呢？但是，遗弃婴儿，即杀害新生婴儿，是几乎在全希腊、甚至在最有教养和最文明的雅典人中间都被允许去做的事；无论何时，由于无力抚养，父母都可以把婴儿抛弃，听任它被野兽所食而不会招致非议。我们在原始社会就习于此道并沿袭至今，并且已经麻木不仁。现在我们发现，所有的蛮族都盛行这种做法，越是原始低级的社会越宽容这种行为。因为野蛮人往往生活在极端的物质匮乏中，时时受到饥饿甚至死亡的威胁，对他来说同时养活自己和孩子往往是不可能的。因此他抛弃孩子也算说得过去。而一个人在打不过对手而丢下自己的婴儿独自逃命的行为，通常也能被人接受，因为期待两全的必然结果将是两人同时送命。

因此，在这样的社会里，父亲有权力决定是否要把一个孩子抚养成人是很正常的。可是在希腊晚期，出于含糊的经济原因或图省事的动机而杀婴则是不可容忍的。那时的陋习认可这种行为，以致哲学家们精辟的理论也随声附和而不加批评，甚至引经据典论证它的合理性。亚里士多德把这种做法说成是地方长官在许多场合应当加以鼓励的事情。仁慈的柏拉图具有同样的观点，似乎赋予他的一切哲学著作以生命的人类之爱，并没有在什么地方指明他不赞同这种做法。如果习惯能够认可如此可怕的违反人性的行为，我们就很可能推想，几乎没有什么如此粗野的特殊的行为不能够得到认可。这种我们天天听到人们在谈论的事情已经司空见惯。人们也似乎认为，这是为那种本身是最不义和最无理性的行为进行的一种十足的辩解。

人类行为的普遍品质与特殊习俗的差异缘何如此之大？习俗的影响又究竟何在？其实，答案很简单——那种所谓习俗根本就不存在。因为如果那种残暴的习俗成为普遍的，那么这个社会将片刻难存。

第六卷

有关美德的品质

第一篇　个人的品质对自身幸福的影响

引　言

我们可以从两个角度探讨个人的品质：一是它对本人幸福的影响；二是它对别人幸福的影响。

上帝希望人类首先关心养生之道。口腹之欲、悲喜、冷热等带来的不同感受，可能就是上帝给人们的启喻，指导人们从中悟出哪些是需要选择的，哪些是需要回避的。监护人是最早发布各种告诫的，其目的也是教导人们如何避免伤害。这样下去，人们慢慢就会明白，某些审慎和预见是必要的，它们既能满足人们先天的欲望，又能使人躲避寒暑，趋利避害，进而使财产保值甚至增值。

财富为人们提供身体所需的消费品及生存条件，这是它的首要功能。但我们的社会地位和声望又很大程度上取决于我们实际拥有的财富，以及别人对我们所拥有的财富的猜测。在生活圈子里获得名誉和地位，受人尊敬，往往是我们最渴望的，这种渴望激发了我们无休止地追求财富的欲望。也就是说，若没有得到地位相当的人对我们的尊重，我们可能就难以立足于世了。换句话说，我们在自己圈子里的地位和声望，很大程度上体现了我们的行为和品质，对善良的人而言两者完全可以等同起来。

通常来说，健康、财富、地位和名誉是幸福生活的主要保障。关注它们，恰恰是审慎这种美德的职责。

我说过，我们家道中落时体验的苦痛要比富裕时感受的快乐强烈得多。因此，审慎这一美德首先并且主要就体现在安全上。人们大多情愿安于现状而不愿轻率地改变自己的健康、财富、地位或名誉状况。在他们心中，如何保住自己已有的财富地位是首先要考虑的，其次才是如何获得更多利益。因此，他们主要用稳健保守的方法来积累家产，也就是在自己的行业里练就真本事，刻苦努力地工作，压缩所有开支，甚至不惜一定程度的吝啬。

审慎的人天分不一定很高，但他能掌握最实用的知识和技能，善于认真学习自身需要的一切知识，而这不仅仅是为了装点门面。他不会拼命用骗子的伎俩来对付你，不会用自命不凡的傲慢来吓唬你，也不会用浅薄无耻的自负来愚弄你，更不会用惑众的妖言来蛊惑你。他甚至不一定展露自己的真才实学，他说起话来总是质朴谦逊。他永远不会拉帮结派为自己谋利益。然而，在高层的艺术和科学界却不可否认地存在着大批结党营私之徒。这些人擅长相互吹捧，随时准备反对任何与他们有利益冲突的人，但他们却还总把自己当成最具高尚品质的仲裁人。审慎的人也可能曾经混迹于这种帮派，但那也只为一时自保。他们只是想通过这种途径了解那些帮派的倾轧、诽谤以及阴谋诡计，以此使公众免于被愚弄而不会借此欺骗公众。

审慎的人害怕谎言被揭穿以及因此而带来的羞辱，因此，他永远真诚。但这并不代表他任何时候都吐露自己的真情而无所顾忌；尽管他从来不说谎，但这也不意味着在他人无理取闹的情况下他仍然无所顾忌地吐露实情。换句话说，他做事小心谨慎，言谈有分寸，总是三思之后再发表对其他人或事的看法。

审慎的人不一定感受敏锐，但他的身边从不乏好友。他对朋友从不过分热情，只是云淡风轻地表现恰当的关爱。开朗的青年和涉世未深者，可以从他这里得到诸多益处；对于少数几个经历过种种考验的密友来说，这是一种真诚、理性而坚固的友情。审慎的人有自己的择友标准，这种标准不是轻率而缺乏深度的夸耀之辞，而是对朋友的谦逊、审慎，对高尚行为的尊重。他交际能力很强，但却讨厌世俗的应酬。虽然，酒肉朋友的圈子可以令人愉快并能畅所欲言，但他很少在其中露面。毕竟，喧嚣的迎来送往以及一时的口腹欲望的满足会影响他节约习惯的养成，并打断他不懈努力的脚步。

审慎的人不一定谈吐犀利而富有机锋，但他绝不会让人厌恶。他讨厌无理和鲁莽的念头，但绝不盛气凌人。而且，在日常所有的场合中，与同等级的人相比，他宁可表现得更为谦逊。他言谈举止符合礼仪规范，并虔诚、严谨地去尊重社会认可的社交礼仪。很长一段时间以来，人们都习惯通过践踏理法、任性自然来表现自我的个性——从苏格拉底和亚里士多德时代到斯威夫特博士和伏尔泰，从腓力二世和亚历山大大帝时代一直到彼得大帝莫不如此。这未免为后世树立了错误的榜样，后人甚至摒弃这些伟人的优点而专挑其缺陷来模仿。与这些人相比，审慎的人却树立了一个更完美的典范。

审慎的人意志坚定、勤俭节约并能为了长远之计而放弃眼前利益。这使他赢得了公正的旁观者由衷的赞赏、支持和帮助。这个旁观者不会因他一时的困顿而厌倦，也不会因他追求一些迫切的欲望而受到诱惑。对他来说，他对审慎的人目前的处境感同身受，因为以后他完全可能遇到同样的境况。他们因此更明白这对勤勉者的意义，所以，他理智地赞许这种合理的克制，并在以后相似的境况下实践它们。

审慎的人不会因为穷困潦倒的窘迫而急着开创新的事业。他若要开拓新的事业，必定要进行认真的考察和充分的准备，他会充分考虑每一种后果。自然，量入为出的生活是令人满意的，通过此，他可以把生活安排得从容一些，还可以安心享受这得来不易并不断增加的家产。通过这种持续不断的、细水长流式的积蓄方式，他的生活水平逐渐提高；他不会欲壑难平，想要改变这种生活，也不会实施冒险计划，以免落得个鸡飞蛋打的下场。

审慎的人不会对那些不属于自己分内的事情大包大揽。他只在自己的责任范围内活动，不指望通过插手他人的事务得到提拔，不管闲事，不干涉别人的事情，不自作聪明乱出主意，不会在别人还没有请教时就急于推销自己的想法。他反对任何帮派倾轧和结党营私的行为，讨厌那些经世济俗的陈词滥调。然而，若有人请求他，他甘愿为国效命，不会借此要手段在政界谋得一席。而且，他相信与其自己承担管理公共事务的责任，还不如让其他有才能的人来管理，自己乐得安享余生。究其根本，他讨厌野心和功业的浮华虚荣，也讨厌伟大而高尚的行为所带来的实际荣耀，他最喜欢小康生活中的闲适之乐。

总之，审慎是一种美德。人们认为，当它被单纯地用来指导我们去关心个人的健康、财富、地位和名望时，它很有意义并且比较受欢迎，但它永远都算不上最值得珍惜、最高尚的美德。也就是说，尽管它得到了一定程度的尊重，但似乎难以得到热烈的爱戴和由衷的赞美。

除了关心个人的健康、财富、地位和声望之外，在向更崇高和伟大的目标迈进时的谨慎和明智常常被称为审慎，这是非常恰如其分的。从一个勇武的将军身上，一个英明的政治家身上，一个高层议员身上，都可以看见审慎的影子。可见，审慎与英勇、善良、维护正义等一些更为伟大显著的美德是紧密相连的，并且，它还适当地制约、维系着这一切。最高级而完美的审慎体现在艺术、才干以及任何可能环境下的得体的行为方式之中。它必然代表着一切理性的美德，代表着最明智的思维与最高尚的心灵的结合，代表着最高的智慧和最纯洁的美德的结合。简而言之，较低级的审慎境界与伊壁鸠鲁学派哲人的品质较接近，而较高级的审慎境界则与学院派和逍遥派（Peripatetic）的哲学品质更接近。

对于单纯缺乏审慎，或者说缺乏关心自己能力的人，高尚的人表示怜悯，俗人则会鄙视甚至笑话他，但不管怎么样，他都不会招来愤慨和厌恶。可它一旦与一些低劣品质纠缠在一起时，就会变得臭名昭著。就如狡猾的恶棍天生机敏灵巧，这虽不能使他免于猜忌，但却能帮他逃过追捕和刑罚，而愚笨的家伙则在劫难逃，甚至成为人们泄愤的对象和笑料。在崇尚酷刑的国家，人们对那些残暴的行为已经麻木了，不再恐惧。但在真正以法治国的国家，则人人都会感到震慑。

可见，在上面两种国家，对罪恶的看法是相同的，但对审慎的看法则有天壤之别。在法制正义的国家，蠢行是最大的罪恶，而在前一种国家则不一定。16 世纪的意大利上层社会，人们对暗杀、谋杀甚至雇凶杀人都习以为常。恺撒 · 布吉亚曾邀请临近 4 个小国的君王到塞内加各利亚举行友好会盟，这几个小国之君就带着他们小小的卫队如约而至了，但他们却遭受了被杀戮的命运。即使在那个无法无天的罪恶年代，这种丑行也遭到谴责，但除了名誉受到一点点玷污外，恺撒 · 布吉亚并没有因此身败名裂。虽然他在几年之后下台了，但却并非因为这个原因。在那个时代，作为佛罗伦萨共和国的公使，马基雅维里也算不上最有道德的人，在这桩罪行发生时，他正常驻恺撒 · 布吉亚的宫廷，他用洗练、优雅和质朴的语言对此事做了完全不同于他的其他任何作品的奇怪的说明。他冷漠地评价这出悲剧，对恺撒 · 布吉亚的做法表示钦佩，无视被害人的软弱与不幸，默认杀人者的残暴虚伪。人们总是惊叹和赞美伟大征服者的残暴和虚伪，鄙视、憎恨小偷、强盗和杀人犯，正所谓“窃钩者诛、窃国者为诸侯”。前者只要爬到了王侯之位，即使他造成的危害比后者大无数倍，他所做的一切就都成了义举，而最底层和没有地位的人的罪行则注定永远要受人唾弃。而实际上，王侯们的伪善至少和盗匪一样，其愚蠢和不慎也相差无几。邪恶卑鄙的狡猾之人从别人那里得到的尊敬总要比他应得的多得多，而这样的蠢人则既可恨又可鄙。这是因为审慎和其他美德的结合构成了最高尚的品质，轻率和其他劣迹的结合则形成了最卑劣的品质。

第二篇　论个人品质对别人幸福的影响

引　言

从对别人的幸福产生的影响这方面来说，人的品质分为两种：有益的和有害的。

实事求是地说，我们不道德的企图或恶行之所以让他人愤怒：一是因为我们破坏了别人的幸福，二是因为这种行为本身违反了法律中的正义原则。制止和惩罚犯罪是法律的威严所在。人们因惧怕这种威严而不敢破坏他人的幸福，这也是所有的政府机构费尽心机希望做到的。各个国家和政府都制定了民法、刑法。所以，究竟哪些行为破坏了他人和社会的幸福这一命题应该成为最重要的学科——自然法学——的研究重点。然而，到目前为止，自然法学还处于起步阶段，目前情况下我们无法对其进行详尽的探讨。不过，最正直无邪的人在法律不能为他们提供合理的解释和保护的情况下仍然会尊重那些不破坏他人幸福的人。这种品质还与其他美德（比如说对他人的同情、伟大的人道和高尚的仁义）紧密连接在一起，表现出对他人的关心，就会受到高度的尊重甚至崇敬。显然人们对此已有充分的了解，所以无须赘述。

本篇中，我们只想试图说明天性体现出一种调节次序。据此，我们有限的善行通常先指向个人，再指向社会。显然，作为一种较高的智慧，调节天性在这里也指导着一种次序，并且我们善行的必要性和有用性的大小程度与这种智慧直接相关。

第一章　我们的天性根据何种次序来关注个人

就像斯多葛派学者所说："人最关注的是自己。"不管从哪方面来说，自己肯定比他人更了解自己。人肯定能比别人更敏感、更直接地体会到自己的快乐和痛苦。可以说，人自己具有原始本真的感受，他人对那些感受只能反映或同情地想象。如果前者称为实体，那后者就只能是影子。

显然，除了自己而外，人其次关注的是生活在同一个屋檐下的父母、子女、兄弟姐妹等亲人。他自己的行为受到亲人的幸福或苦痛等感情的深刻影响，他更清楚这些亲人的心声，因此对他们的同情也比外人更亲切鲜明，甚至跟关心自己的程度差不多。

人会本能地将自己的感情都倾注在子女身上，这种感情的强度大概比子女对父母的关注更甚。换而言之，人对子女的呵护之情同对父母的尊重与感恩相比，更发自本能。通常来讲，婴儿出生后的几年里，要完全依赖于父母的哺育，而父母却无需子女的照料。在人的天性中，孩子比老人更重要，所以孩子更能唤起人们强烈而普遍的同情心。孩子可以给人很多期待和憧憬，而老人却未必能够。老人离世一般不会让人十分哀痛，但孩子夭折却很容易让亲人痛不欲生。诚然，圣人因为有高尚的道德修养和人道主义情怀才不厌弃多病的老人，但普通人，即使最凶残冷酷的人也会对柔弱的婴儿产生爱怜之情。

一开始，我们幼小的心灵面对自然时感受到的是兄弟姐妹之间的友谊。我们相亲相爱，其乐融融地生活在同一个大家庭中。兄弟姐妹之间的手足之情作为共同幸福的来源，给彼此带来的欢乐和幸福要比别人多得多。另外，因为生活在同一个屋檐下，他们本能地互帮互助，这使他们之间的感情变得更深厚。

在各自成家立业后，兄弟姐妹们仍然保留着幼年时的情谊，他们的孩子也因为父母之间的情谊而自然保持联系。若孩子们彼此之间情投意合会增强这种天然友谊带来的快乐，而不和则会让这种快乐削减。但是，同父辈相比，这些孩子们基本上不生活在同一个家庭中，所以他们之间的感情会比父母那一代淡，表（堂）兄弟姐妹们的孩子的联系就更少，彼此也更淡漠。随着亲属关系不断变远，他们之间的感情也表现得越来越淡，但比起旁人来还是要强烈得多。

所谓感情实际上是一种习惯性的同情。这种同情，让我们关心自己的亲友，希望他们的生活中多一些快乐而少一些痛苦。由于生活在能自然产生同情的环境里，亲属们彼此分享着这种感情。这是每个人都需要的，同时也构成了一条人际关系的基本准则：彼此之间存在某种关系的人必然也存在某种感情。人们相信，假若有人对此表现得无动于衷，那他一定是不通人性的，甚至品行有问题。那些不温柔体贴的父母、缺乏孝心的儿女更像是禽兽，会被人们极端憎恨和厌恶。

另外，据说在某种特殊情况下，在本来并不具备产生天伦之情的环境里，同样会产生这种血缘亲情，因为人的本性往往可以弥补先天环境的不足。比如，一个从小就不在家里长大的孩子，长大后回到家中，他对父母的爱可能不会太强烈，父母对他的感情也可能相对淡些。同样，那些彼此在相距甚远的国度求学的兄弟姐妹们之间的感情也不会深厚。但由于社会规范所培养塑造的人性的谦逊与道德的作用，他们之间仍会产生一种类似天然感情的替代情感。即使是自幼分离、天各一方的父子、兄弟姐妹之间，仍存在浓浓亲情。他们之间不会产生任何过节，就算曾经有过，他们也不会放在心上。当他们天各一方不能团聚的时候，远在他乡的儿子或者弟兄往往还是他心中最牵挂的人。他们都情不自禁地彼此牵挂，时时刻刻都盼着阖家团圆。如果有热心人帮他们传递消息使其了解彼此近况，他们会因此得到极大的满足和安慰。特别的是，与整天相守在一起的亲人不同，他们认为与其分离的儿子、兄弟是十全十美，没有缺点的。对他们的思念，甚至会成为一种浪漫的憧憬。当他们团聚的时候，他们会自然地按照家人之间习惯的感情方式去关心对方。

然而，时间和经验最终会击碎这种憧憬。也许，他们还真诚地希望融洽地生活在一起，但现实将其化为泡影。当他们彼此了解之后，他们往往会发现，缺乏共同生活的基础，对方的性情爱好与自己想象的完全不同，过不了多久，他们之间的日常交往和交流就变得单调乏味并日渐稀少。也许他们可以继续相处下去，相互关心相互尊重，但绝对没有从小一起长大所形成的那种发自内心的融洽、和睦、同情、推心置腹和坦诚无忌。

需要指出的是，上面所说的这些只适用于那些道德本分的人，它在光棍、无赖和自负的人身上不发生任何作用。这些人只会开粗俗的玩笑，对亲情麻木不仁，加之自幼的分离使他们对亲情十分疏远。对亲人，他们表现的是冷漠和应付，即使最微小的利益之争和口角之辩也会让他们反目成仇，这和真正的尊重相去甚远。

最天然的教育方式是家庭教育，人为的方式则是公共教育。现在的法国和英国上层家庭中，男孩子被送往遥远的名牌寄宿学校读书，女孩子在千里之外的修道院或寄宿学校，青年在遥远的大学学习。这种做法似乎从根本上损害了这些国家上层家庭中的伦理道德，并影响了他们家庭的幸福。也许，接受公共教育真的有一定的好处，但它带来的损失也是不可弥补的。所以，假如你想把自己的孩子培养成尊敬父母、能与兄弟姐妹相处融洽的人，你最好让他们在自己的家里接受教育。他们可以在离家不远的公共学校读书。他们平时就可以住在自己家里，每天有礼貌地与你道别然后去上学。这样，他可以从对你的尊重里学到一种实用的礼节，同时你也可以通过他们对你的尊重中获益。所以，公共教育与家庭教育孰优孰劣，是不言而喻的。

在悲剧和爱情故事里常常有许多感人的场景。这些感人的场景是由亲情的力量造就的，即便是在亲人完全无意识的状态下，这种亲情也在起作用。这种所谓的亲情的力量恐怕也只能出现在悲剧和爱情故事中，只能发生于父母子女、兄弟姐妹之间。所以，那种认为这种感情也可以在表（堂）兄弟姐妹乃至叔婶伯侄之间发生的想法常被贬斥为荒唐的。

在以畜牧业为主的国家以及法律不能充分保证公民安全的国家里，人们普遍选择聚族而居。这是一种很重要的保障安全的方式。不同等级地位之间的人可以相互扶持帮助。他们之间的和谐可以加强彼此之间的帮助，他们的决裂则会削弱甚至破坏这种感情。这些家族内部成员的联系要远远多于与外界的联系。在一个家族中，成员之间都或多或少地存在着亲缘关系，因此成员之间互相扶助是一种很自然的行为。在过去不远的年代里，苏格兰高地的族长还习惯把部族里最穷的人看作自己的堂兄弟或者亲戚。我甚至认为，与本世纪初苏格兰高地部族的社会状况类似的所有民族都是这样。除此而外，据说鞑靼人、阿拉伯人和土库曼人也普遍对族人相当关注。

在商业发达的国家里，因为法律可以保护地位低下的公民的安全，所以人们就没必要聚族而居了。他们散落在各地，追逐利益或者满足自己的兴趣爱好，几代人之后，同宗之间的认同感就没有了，直到忘记了彼此的血缘联系和先祖们的关系。随着国家文明的不断完善和时光的流逝，那种对远方亲人的感情就越来越淡。与苏格兰相比，英格兰较早进入文明状态，程度也越来越完善，所以对远方亲人的关注相对弱一些。的确，几乎所有的国家里的达官贵人为了自己家族的体面和荣耀，不管彼此亲缘关系有多么遥远，都喜欢彼此攀亲戚。他们这么看重家世宗族，并非出于真正的家族感情，而只是为了浅薄无聊的虚荣心。假如一位跟他们有血缘关系但地位低下的人胆敢向他们攀亲戚，那么这些大人物多半会自谦地说，自己几乎完全不了解家族谱系方面的知识。因此，我们恐怕没法指望他们之间能表现什么天伦之情。

我认为，所谓天伦之情，更多的是道德联系的产物而非父母和子女之间血脉联系的产物。当然如果一个疑心比较重的丈夫怀疑孩子不是自己亲生的话，他会因此而对妻子的不贞产生怨恨，并将这种怨恨转嫁到那个可怜的孩子身上。尽管这个孩子在伦理上还是他的子女并一直在他的家庭里受教育，但对他来说，这却永远是一个痛苦和耻辱的标记。

还有一种感情和亲情差不多，那就是善良的人们因彼此交流而产生的友谊。办公室里的同事、做生意的伙伴彼此爱称兄道弟，而且在感情上也是情同手足。他们的亲密和谐对彼此都有益处，并且如果他们足够理智的话，也自然能够和睦相处。能够做到这一点，我们都会觉得这是最正常的，如果做不到就比较丢人。拉丁语中的“必要”（necessitudo）一词就是指这种依附关系。从词源学的角度看，它似乎表明人们适应环境的一种必要措施就是这种依附关系。

道德甚至会在一定程度上受到乡党生活小节的影响。如果一个低头不见抬头见的人没给我们带来什么麻烦，我们也不会伤及他的面子。邻里之间彼此既可能带给对方很大的便利也可能是不便。假如双方都是好人，就自然会倾向于和平共处。我们讨厌与恶人为邻，而乐于接受和平共处。因此，邻里间存在着先于其他人的互助行为。

因为我们的天性习惯于迁就别人以达成一种和平共处的效果，所以有谚语说“近朱者赤、近墨者黑”。如果一个人经常和有智慧、有美德的善人打交道，虽然他自己不一定能够成为这样的人，但他肯定会对智慧和美德产生一定程度的敬意。同样，一个人若整天和荒淫无耻之徒混在一起，即使他不会变得同样堕落，至少也会很快对这些恶行变得麻木不仁。也许，这就是家庭中几代人品质相似的原因之所在吧，当然，除此之外，可能还有遗传因素。

不过，假如出于对一个人高尚行为的赞许而产生了感情，并且这种感情经受住了长期的交往考验，那么，这种感情是一种最值得尊重的感情。这种感情不是出自勉强或者贪图小利的伪装，而是完全自发产生，他们确实称得上是高山流水的知音或志同道合的同志。这种美德只在有德操的人之间存在，因为他们不会彼此勾心斗角，所以交情最稳固，双方有着长期密切的交往，彼此完全信赖，坦诚相待。

友情不仅仅只发生在两个人之间，谁如果认为友谊只能产生于两个人之间，那他实际就把清白的友谊和充满嫉妒与放荡的爱情混为一谈了。年轻人常常产生与高尚行为没有任何关系的轻率、愚蠢和多愁善感的亲昵行为。这种亲昵行为通常是基于性格的某种相似而产生的，建立在共同的兴趣爱好上，或是在某些一拍即合的奇谈怪论上。所以，不管这种朝三暮四的亲昵行为是多么令人愉快，它无论如何也不能被称为严肃的友情。

细究起来，那些曾经给过我们恩惠的人是我们本性中最希望善待的人。上帝创造了我们，是为了让我们坦诚相待、和睦相处，他教导我们对有恩于我们的人知恩图报。尽管善人得到的感恩不一定和他的善行相称，但旁观者对他美德的赞誉及灵魂的呼应，却是最客观的人心之秤。好人必有好报。即使并非每个人都知恩图报，但总有些人能做到滴水之恩涌泉相报。假如我们最看重的是被同道认可和喜欢，那么最有效的办法就是用自己的行动来说明。

不论我们帮助的人跟我们是什么关系，他们的个人品质如何，他们过去有没有帮助过我们，我们给予他们的是仁慈的关爱和热心的帮助而非友谊。在施舍人与被施舍人之间，地位往往相差悬殊：有的穷困潦倒，有的则有钱有权又有势。但这种差距不是依靠杀富济贫就能消除的，更重要的是要寻求社会的安定和有序。社会的安定、有序有赖于人的等级地位差别，而等级地位主要靠对有权势的人发自内心的敬意来维系，然而，对大人物的阿谀奉承很容易让人起鸡皮疙瘩，对小人物的关怀同情则常常不足挂齿。众所周知，富贵对人们的吸引是那样强烈，以致人们都愿意放弃做有智慧、有节操的人而希望成为富贵之人。这个想法是有道理的：智慧和美德的衡量标准太过抽象，而财富和门第很容易比较，因此依财富门第划分社会地位，更有助于社会的安定和有序。基于此，伦理学家告诫我们，要兼济天下、普度众生，不要被显赫的地位诱惑，我们天性善良的智慧也是耀眼夺目的。

显然，假如我们把对权贵的崇拜和对善行的钦佩结合在一起，那它对人的感情会产生更大的影响。如果我们能排除嫉妒之情的话，达官贵人们表现出来的智慧和美德可能会让我们崇拜和倾慕。富人们很有智慧和美德，但他们仍然会遭遇不幸。地位越高，面临的危险和受到的痛苦往往就越大，他们的痛苦程度也会比那些同样具有美德但地位较低的人更深切。高贵的国王和王子遇到的不幸是悲剧和爱情故事中最吸引人的地方。假如他们能够运用智慧和不懈的努力摆脱不幸，重新享受原来那种地位和权势，我们就会报以极大的甚至是过分的热情和赞赏。同时，正是由于我们总是忧主人公所忧，喜主人公所喜，美德和权势的结合才形成了一边倒的结果。

人的各种感情总会产生冲突，当冲突来临的时候，我们会清楚地感受到，想要像数学中的计算那样精准地划分哪种感情在先哪种感情在后很不现实。面对冲突，友情与恩情孰先孰后、到底是亲情重要还是那些能够影响社会进程的大人物的安全更重要？只有我们的心灵——这个冷静的旁观者、我们行为的伟大法官和裁判者——才能定夺。机械的道德准则不能适应环境、品质、事物及其各种细微的差别与变化，因此它难以指导我们的具体行动。假如我们能摒弃外界喧嚣，能够客观而认真地思考我们的处境，我们不难做出正确的决定。

第二章　我们的天性和善心对社群的关注次序

社群也遵循了用来对慈善对象的个人进行排序的那些原则。那些最重要的社群恰恰是我们的慈善行为最优先、最主要的关注对象。

通常来讲，国家和政府是最重要的社群，我们每个人都生活在特定的国家中，在一定的政府的领导下，我们的行为的优劣会对它产生直接的影响。因此，它是我们理所当然的善行的对象。我们的爱国之情不仅仅是出于私心，同时也出自我们的仁义之情，因为我们自己、子女、父母、亲戚、朋友、恩人，以及所有我们最为爱戴的人都生活在国家之下。我们的一切都跟国家密切联系在一起了，它的繁荣富强会给我们带来种种荣耀。我们为祖国强于其他社群而骄傲；我们为它明显的不足而耻辱；我们总是以极大的热情去赞美本国历史上出现的那些仁人志士、政治家、哲人、文学家，并一厢情愿地相信他们比其他民族的人物更为杰出。诚然，我们国家在当代也不乏杰出人物，只是由于嫉妒之心作祟，我们对他们的评价难免受其影响。爱国主义者为了国家的安全与荣耀而献身，万古流芳，因为他们凭良心做事。良心使他们清醒地认识到他仅仅是大众的一员，为了多数人的安全、利益或者荣誉，牺牲自己的生命是一种义务。这种牺牲有时是必要的和高尚的，但我们都明白做出这种牺牲是多么艰难的事情，能达到这个境界的人是凤毛麟角的。因此，这些爱国主义者的行为应该得到高度的赞扬，他们值得我们钦佩与赞许。反之，那些为了自己的一点私利而不惜昧心地把国家利益出卖给公敌的叛国者，总要受到公众的谴责，并因此遗臭万年。

因为我们有深切的爱国情怀，所以我们对任何一个邻国的繁荣富强总是充满猜疑和妒忌。彼此相临的独立国家都在对邻国的恐惧和猜疑中生活，却没有一个公认的权威来调停争端。没有哪个君王敢指望邻国能够正义地对待自己，所以他有以牙还牙的理由。那种动人的宣称尊重对方法律或者外交独立的人的宣言，常常是一纸空文，不过是装腔作势罢了。当有了利益冲突的时候，哪怕是最微小的利益，各国就开始无耻地逃避责任，肆无忌惮地破坏这些原则。由于害怕邻国实力的不断增强会威胁到自己国家的安全，高尚的爱国主义情操总被这些恶劣的民族歧视者们拉来当棋子。据说，老加图（Cato）在元老院演讲的时候，不论每次的主题是什么，他演讲的最后一句总是："我的看法是，应当消灭迦太基。"因为自己的祖国受到了敌国的侵略，他怒火中烧，他用这种最野蛮和强暴的爱国感情形式表达自己的愤怒。又据说斯奇比奥·内西卡也同样用一句话来作为他一切演说的结尾，不过，他的话更富有人性，并且表达了他更为开阔的胸襟和慷慨大度的心态："这也是我的看法：迦太基不应当被消灭。"要是对手已经衰落，不能构成对罗马的威胁了，那么就应当允许它有一定的恢复和繁荣。因为这一缘故，英法两国或许都害怕对方的陆军和海军实力会上升。不过，若是因为妒忌对方国家的繁荣昌盛、土地的改良、工业的发达、商业的繁荣、港湾的坚固与众多、人文与自然科学的进步——这些正代表着我们生活的这个世界的真正进步——而不允许它有一定的恢复和繁荣，那这两个伟大民族就应该被鄙视。在这些方面，各个国家应该摒弃嫉妒和仇恨，使其成为国家间竞争的目标。因此，在这些方面，每个国家不仅要尽力超过别的国家，还应该本着友好的原则，去促进邻国的这种进步而非阻碍它。

爱国情感似乎与普遍的人类之爱无关，它不仅丝毫不受普遍的人类之爱的支配，甚至有时候还与它对立。像法国，它的人口数大概是英国人口数的三倍，要是从人类大家庭的总体来考量的话，法国应该比英国繁荣得多。但是，假如有英国公民因此而不顾一切地将目光聚集在法国而非英国的繁荣上的话，他就不能算一个合格的英国公民。我们是因为我们成长于祖国中而非因为我们的国家是人类大家庭的一部分才热爱它。与其他方面的智慧体系一样，决定我们情感的那种智慧似乎已经决定，只要我们每个人都尽自己所能地热爱自己的国家，就是为促进人类大家庭的幸福尽了很大一份力。

民族偏见和仇恨很容易对相邻的民族产生影响。英国或法国可能都会怯懦而愚昧地彼此仇视，而不会对日本或中国的繁荣产生嫉妒之情。然而，通常他们还是不重视与这些远方的国家保持友好关系。

政治家有着最为广泛和现实的善行。他们与邻国结成同盟以保持力量均衡，或者通过谈判来维持国际间的安定和平。但是，政治家是本着维护本国利益的原则来策划和贯彻这些条约的。当然，有时候也会有更高层次的努力。在签订蒙斯特条约时，法国全权大使阿沃伯爵听从了多疑的雷斯红衣主教的请求，不惜牺牲自己的生命来使条约有利于恢复欧洲的普遍安定。也许是因为对法国存在特有的厌恶之情，所以威廉国王似乎有志于欧洲大部分主权国家的自由和独立。可以说，当时德意志的自由和独立危在旦夕，安娜女王的首相似乎也部分地继承了这种极端仇视法国的心态。

阶层和社群在任何一个国家里都存在，每个阶层和社群都有特权和某些免役的权利。基于共同的利益，同一阶层或社群内部成员关系要密切于与外人的关系。朋友、同党的利益与名誉纠缠在一起，使他自然而然地充满雄心壮志，努力扩张所属阶层和社群的特权与免役权，并谨慎地维护它们，以防被其他阶层或社群夺走。

国体所面临的任务是划分不同的阶层和社群，以及在他们之间分配权力与豁免权。国体的稳定程度就取决于每个阶层、社群维护自己权力与豁免权的程度。任何一个阶层地位的升降，随时都会影响国体的变化。

即使是最偏激的成员也承认，国家是所有的阶层和社群的载体和控制者。只有依靠国家的存在和发展，阶层和社群才能发展。但是当国家利益影响到阶层与社群的利益时，他们就未必会牺牲集团利益成就国家利益了。虽然它本身是不合理的，但它还是发挥了一定作用：它抑制变革创新，努力通过各阶层或社群的最初利益来进行关系划定。尽管有时它似乎是政体变革的障碍，但正因为如此它对体制的巩固和稳定做出贡献。

一个爱国者通常具备两种最基本的素质：一是在某种程度上对事实上已经存在的政体和社会结构的尊重；第二，不做不守法的公民，他衷心希望并努力做到维护同胞们的安全、荣耀和幸福，尽最大努力去增进同胞们的福祉。

在和平年代，上述两个原则总指向同样的行为：当我们的政治体制能够真正维护同胞们的利益时，爱国者就要维护现有的政治体制，这是保护同胞们的安全、荣耀与幸福的最好办法。但是，当公众间的不满情绪、派别争端出现、社会趋于不稳定时，上述原则就会指向不同的行动了。既然现有的社会体制难以维护社会的安定团结，即使最愚蠢的人也想调整与改革这种政治体制。但是，到底是维护还是变革现有政治体制？或者说，什么时候该维护现有政治体制，什么时候该顺应历史潮流变革现有政治体制？这需要具有深谋远虑的政治家来斟酌。

对外战争和国内党派斗争是表现热心公益精神的最佳舞台。在对外战争中，那些建功立业的英雄满足了全民族的热望，因此而受到广泛的赞誉和感激。国内党派斗争中，各党派领袖能得到一部分人的赞誉，同时也受到另一部分人的诋毁，因此很难对他们的品格以及是非对错进行判定。从这个意义上来讲，对外战争带来的荣誉往往比国内党派斗争带来的荣誉更为显著和无可非议。

但是，那些掌权的政党领袖的作用是不可忽视的，他为国家做出的贡献可能比在对外战争中攻城略地获得荣耀更为现实和重要。因为就算他自己不够稳健认真，但他的威信却可以使他的下属稳健而认真地从事改革。他可以改动甚至重新确立国体，防范那些暧昧的、野心勃勃的政党领袖；他可以成为一个伟大民族的最杰出的改革者和立法者；他可以用自己充满智慧的举措使同胞们获得几个世纪的安定和幸福。

同胞遭受的痛苦以及对此产生的同情之心是人性之爱得以产生的基础。在派系斗争造成的骚动和混乱的时候，某种政治体制的精神可能与对公益的热心精神混合在一起，激励公益心，甚至将其催发到疯狂的程度，而公益的热心精神恰恰属于人性之爱。在野党的领袖们常常爱提出一些看起来似乎可行的改革方案，据他们说，这种方案可以消除人们早已深恶痛绝的种种不便和陋习并永久地防止它们卷土重来。尽管在现有体制下的帝国公民在好几个世纪里都安居乐业，但他们还是常常提议对国体进行改革，尤其是在那些最关键的环节进行政治体制改革。因为领袖的煽动使新的制度笼罩了一层谣言的光芒，所以尽管这个党派的多数成员都没有亲身体验过这种新体制，但他们还是陶醉在它虚构的完美中。许多领袖会因此而自我陶醉，同那些愚蠢的人一样相信自己的宏图大志，尽管使自己获得更大的权力可能是他们的本意。这些领袖要一直保持清醒，不让自己的追随者有半点失望，为此他们常常违背良心和原则按照大家最喜欢的意愿来行事。显而易见，这种党性的狂热行为截断了一切调和、折中和合理的迁就、通融的可能性，这使他们经常因为目标太远大而不能成一事，甚至很多只要稍加注意就能解决的问题却无人问津，永远得不到解决。

但是，有一种人就不会这样，那就是完全由人性之爱推动的热心公益的人。他尊重现存的各种权力乃至个人特权，尤其尊重最主要的社会阶层和等级的传统权力；他尽力协调那些并非不可动摇的特权和权力，尽管他知道许多权力和特权被滥用了。柏拉图有句名言说：“不可用暴力对待你的父母，更不可用暴力对待你的国家。”西塞罗明智地认为这是柏拉图的神圣箴言。他虔诚地信奉柏拉图的这句名言，即使用理性无法更改人们的偏见，他也不会使用暴力，他只是努力协调自己的政治计划与人们根深蒂固的习惯和偏见，以防它们产生冲突，在此基础上尽力劝阻人们抵制法律，努力修正在无法确立正确的东西之前的所有错误。他会以梭伦为榜样，尽量在人们的承受范围内制定最完美的法律体系。

但是，政府中的掌权者却不会这样，他们总爱自以为是地相信自己头脑中虚幻的政治计划是最完美的，不容忍别人对它进行的任何一点变更。他总是努力地全面推行这个计划，忽视可能影响计划实施的各方面重大利益或偏见，好像社会上的所有成员都是他的棋子任其摆布。然而，他忘了：棋盘上的棋子没有自己的想法和行动，但人类社会这个大棋盘上的棋子就不一样了，他们的游戏规则完全不同于立法机关的教条。也就是说，如果两种原则一致、方向相同，社会的棋局可以顺利地走下去，且有可能取得较好的结局。反之，盘棋走得就不会顺利，我们的社会必然也不得安宁。

在一切政治投机者中，最危险的是处在权力顶峰的国君。因为影响政治家的一般想法对于法律和政策中系统的、宏观的理念是有意义的。相反，如果无视各种反对的声音，认为自己是全体国民中最有智慧的出类拔萃之人，自己的判断是辨别正误的最高标准，其他人应该适应他、迁就他，那么他就很难在很短时间内全面实施这个理念。为了成为改革家，这些高高在上的贵人开始屈尊留心考虑自己统治的国家结构，但他们始终相信只有自己的决断是正确的，认为自己是国家的意义所在，不能忍受那些可能影响他的意志贯彻执行的东西。由此看来，柏拉图的神圣箴言在他们那里狗屁不是，他们改革的伟大目标是清除他们面前的障碍，削弱贵族的权势，剥夺各城市和郡县的特权，最终使那些地位最高的人和最显贵的阶层都丧失往日的特权，丧失反对他们的力量。

第三章 兼济天下万物的善行

虽然我们的善行很少能超越国家的范围，但我们却可以不受任何限制地对天下的万事万物普施慈悲之心。对于那些淳朴而有益的、有知觉有生命的生物，我们与它们同喜同悲；对于那些有知觉但有害的生物，我们会发自内心地厌恶，之所以如此，可能正是因为我们有兼济万物的仁爱之心，怕有益的生物受到伤害。

那些相信上帝存在的人会相信，那个伟大的、仁慈的、万能的上帝，时时刻刻都在关心和保护着天下的所有生物——无论这种生物是卑贱的还是高贵的。上帝指导着人类发自本性的所有行为，上帝具有最纯粹的美德，这使他时时刻刻都希望把最大的幸福带给人类。但是，对那些不相信上帝存在的人来说，任何高尚的兼济天下的善行，作为幸福的源泉是靠不住的。因为当他面对那个无人主宰、广漠无垠的宇宙时，他会感觉到，除了无穷的苦难和不幸以外，茫茫世界的所有领域都一无所有，这必然让他产生带有感伤性的怀疑和悲观。换句话说，假如他本能地不承认上帝真实存在的话，他将一直在悲观的阴影里徘徊，这使他想象出来的一切美好的事物和幸运的灿烂光辉都黯然失色；但对那些相信上帝真实存在的人来说，所有的痛苦和忧伤都不会磨灭他的乐观之情，因为他是个有美德、有智慧的人。

当个人利益与自己所属的社群或阶层的公共利益产生冲突时，有智慧和美德的人都愿意牺牲前者来成全公共利益。同样，面对国家或者君王的更大需要，他也会毫不犹豫地牺牲自己所在社群或阶层的局部利益。进一步推广，出于虔诚的信仰和习惯，他同样会为了所有上帝创造和管理的有知觉有灵性的生物的利益、为了全世界的大利益而牺牲所有的次要利益。他会深切地感到，既然具有无上的智慧的上帝设计了这样一种格局，那么局部的痛苦和邪恶对于普天下的幸福来说就是十分必要的。深刻地认识了这一点，他就会虔诚地、心甘情愿地承受可能落在自己、朋友、社群或者国家上的一切灾难，因为那是世界的繁荣兴旺所必需的，同时也是他们应当心甘情愿地承受的。

这种对伟大宇宙主宰意志的高尚顺从正是由人的天性决定的。对于那些信赖和崇拜自己的优秀军人来说，他们甘愿为国捐躯，所以，他们更愿意开赴九死一生的战场而不是没有任何危险的地方。因为在战场上，他们能感受到自己正在为同胞做出高尚的努力。他们相信，他们的将军之所以会发出这样的命令，是为了军队的安危和胜利的需要。他们告别了自己的战友，开赴那个指定的必死无疑的光荣战场，满怀激情，欢呼雀跃。但与上帝相比，任何从将军那里得到的信任与爱戴都是微不足道的。一个有理智的人会这样认为：一个优秀军人随时准备去做的事情，他也同样应该做到。既然他和别人都是奉上帝之命来到这个悲惨世界的，那么无论是面对个人的灾难还是整个国家的重大灾祸，他们不仅要顺从，更要快乐地、心甘情愿地顺从。

自古以来，人们就相信，所有的世间幸福都源于伟大的上帝以其慈悲和智慧设计制造出的宇宙这架宏大的机器。这当然是人类应当虔诚思索的所有内容，其他所有思考在这种思索面前都不值一提。投身于这种思考的人，理所当然地应受到尊敬，这种尊敬甚至超过了我们对那些为国家鞠躬尽瘁、死而后已的公务员的尊敬。显而易见，即著有《沉思录》的马库斯·安东尼努斯（又名马可·奥勒留，是历史上少有的哲学家兼皇帝之人——译注）或许因此而得到了比他统治期间公正、温和、仁慈地处理一切事务时所得到的更为广泛的赞誉。

当然，这是上帝的职责而非人类的职责：管理宇宙、普遍关怀一切有灵性有知觉的生物。人的智慧与能力决定了人的关心范围只局限于对个人、家庭、朋友和国家幸福的关心这个很小的范围。另外，我们不能借口思考高尚的事情而忽略小事情。据说，阿维犹乌斯·卡修斯就曾经指责马库斯·安东尼努斯沉迷于哲学推理、关心整个世界的繁荣昌盛却不顾罗马帝国繁荣昌盛与否。可见，哲人以放弃当下的最小责任来进行最高尚的思考也是受到指责的，因此，人们应当引以为戒。

第三篇　论自我克制

所谓道德完备的人是那些能够按照完美的审慎、严格的正义和恰如其分的仁慈等准则去规范自己行为的人。但是，既然人是感性的动物，只是准确无误地了解这些准则不代表人们能保证在行动中贯彻它们。虽然在冷静清醒的时候他是全力以赴支持这些原则的，但在冲动的情况下，他可能会违背那些准则。因此，光凭对这些原则的了解不足以让人恪尽职守，我们需要完善合理的克制。

这种情感冲动被多数优秀的古代道德学家分为两种不同的情形来研究：一是需要借助足够强大的克制力来进行抑制的一时冲动的激情；二是虽可以很快抑制但终生都难以避免的激情。它几乎是频繁的甚至是持续的存在，在人生的某个时刻，它很容易将人引向歧途。

前一种情绪主要包括恐惧和愤怒，以及那些与它们相互关联的其他情绪；后一种情绪主要包括对热衷于安逸、享受、恭维等使人愉悦与满足的事物。强烈的恐惧和愤怒短时间内难以平息。对安逸、享乐、恭维等事物的热衷虽然短时间内可以抑制，但它们却无时无刻不在引诱着我们，引诱我们犯错误并因此而抱恨终生。人们说，第一种情绪常常驱使后一种诱使我们背离自己的职责。根据古代道德学家的说法，对前一种情绪的克制可以称之为意志坚定和隐忍；对后一种情绪的克制则可以叫做节制、严谨、庄重和有节。

这种对自身情绪的克制应该得到某种尊敬和赞扬。因为这种克制本身就是一种美。它与通过自我克制得到的好处或是通过审慎、正义和合理的仁慈行动得到的美无关。有时候，我们的克制引起的一定程度的尊敬和颂扬来自它表现出来的高尚和人格力量，有时则来自那种始终如一的坚忍性。

坚忍者饱经困苦忧患，即使面对死亡仍可以安之若素，不说违心的话不做违心的事，他因此而得到高度的赞扬和崇拜。如果他出于对人类和家国的热爱，为了自由和正义的事业而遭难，那么我们对他的苦难充满了同情，对陷害他的卑鄙小人充满了最强烈的愤怒，并由衷地敬佩他的高尚情操，深深地理解他的人格，钦佩他的行为，总之是各种美好的情绪融合在了一起，因而对他产生最狂热的崇拜之情。从古到今，人们最喜爱和仰慕的英雄们都是为了争取真理、自由与正义的事业而走向了刑场，并在就义的过程中保持了自己的身份和尊严。假如敌人们让苏格拉底安静地死在自家的床上，那么后世就不会有那些对他由衷而绚烂的赞誉了。后世的仁人志士也同样承继了先人们的这种光彩。在我们鉴赏弗图和霍布雷肯雕刻的历史人物像时，特别是看到托马斯·莫尔、雷利、罗素、西德尼等人头像下面那把作为砍头标记的斧子时，恐怕没有人会否认它给这些人物带来了真正的尊贵和情趣，这远比人们佩带的纹章等无聊的装饰物好得多。

因为这些高尚而可贵的行为，不仅清白高尚的人会因此而增添光辉，囚徒也因此让人产生亲切的敬佩之情。当一个窃贼或者强盗大义凛然地站在断头台上时，尽管我们理智地认为他应该受到惩罚，但仍然会为此感到惋惜：一个这么优秀有才能的人居然干出那样卑劣的罪行。

战场是一所好学校，它让人们学习并锻炼高尚的品质。就像前面说过的，人生最可怕的事情莫过于死亡。如果一个人连死亡都不害怕了，那任何自然灾害都对他无可奈何。经历了战争，人们便熟悉了死亡，没有经历过战争的人，会为死亡的迷信式的恐怖摧残自己薄弱的意志。他们仅仅是把生命看成一种追求，把死亡看成令人讨厌的生命终结。但经验会让他们逐渐明白：许多看上去很可怕的重大危险，实际上并没有我们预想的那么悲观。为国捐躯几乎一直是英雄最显著的特点，只要鼓起勇气，机智地沉着应对，就可以在绝望的境地中找到希望。死亡带来的恐惧因此而淡化，躲避、应对它的信心和希望因此而增强。面对危难时，他们学会了顺应放松的心态，不会慌不择路想着逃跑。正是这种习惯性的对危难和死亡的藐视，使军人的形象变得高大，同时使这种职业变得比其他职业更加高贵可敬。

虽然战场上的丰功伟业与任何正义的信念和人性都不相符，但我们仍然会对此有浓厚的兴趣。也许，那些本来无聊的指挥者甚至会因此得到我们的某种尊敬。因为在追求邪恶目标的同时也忍受了所有历史教材中无法描述的艰难困苦，克服了种种困难，海盗的冒险也会引发我们浓厚的兴趣，甚至会带着尊敬的心情去宣扬那些本来猥亵的人的故事。

对恐惧的克制往往比对愤怒的克制显得崇高。从古到今，那种因合理而正义慷慨的表达成就了许多辩论中最为精彩和令人叹服的段落。雅典的狄摩西尼批判马其顿国王的演说，西塞罗控诉喀提林同党的演讲，都是因为激奋高尚的感情而万古流芳。但是，这些激昂的表达是有一定程度的修饰的，这样，那些拥有正义感的旁观者才能够理解并表达同情。过分的怒气以及大喊大叫的冲动让人讨厌并唯恐避之不及。与发怒的人相比，我们对发怒的对象更感兴趣。多数情况下，宽恕作为一种高尚的品质，比愤怒更为合理。不管引起愤怒的那方是否道歉并已得到宽恕，在公众利益需要时，如果与最可恨的敌人进行合作能达成更为崇高的目标，那么那些目光长远的人都能尽弃前嫌与曾经的对手团结协作。可见，这种人值得我们赞扬并尊重。不过，对愤怒的克制并不总是显得如此辉煌壮烈。恐惧与愤怒相辅相成，并常常成为抑制愤怒的原因。要是因为恐惧而压抑了愤怒，这种怯懦的念头我们无法把它定义为高尚的东西。愤怒激发人的斗志，这种斗志有时可以显示人的胆量和气度，展现大无畏的精神。虚荣的人可以容忍愤怒，但绝不会容忍恐惧。那些爱慕虚荣但气血不足的人，总爱在他们的手下或者惮于表达意见的人面前装腔作势，以为这样就可以显示他们勇武的气魄。无赖也喜欢用谎言将自己武装得强暴蛮横，希冀假如自己不能被看成一个可亲可敬的人，就最好被看成一个可怕的家伙。当前的社会风气鼓励人们用武力解决问题，这在某种意义上鼓励了私人复仇。这种风气让那些因恐惧而压抑愤怒的行为显得怯懦猥琐。但不管怎么样，与对愤怒的抑制不一样，对恐惧的抑制多少会显示出某种高尚的精神。除非是为了体面和尊严，不然对愤怒的抑制是不会得到谅解的。

假如不是面对邪恶的诱惑，按照审慎、正义和得体的规范行事似乎也不见得多么高尚。不过，有些肯定属于最高贵的智慧和美德：面临巨大的危难时随机应变、量力而行；虔诚地遵守正义的规范；抵抗住那些违反规范可能获得的利益，忽视那些可以刺激我们违反规范的种种伤害；小人的忘恩负义不会让自己压抑慈悲之心。

自我克制本身是一种重要的美德，其他美德最耀眼的光芒也大都源自克制。伟大而高尚的自我克制力量包含了对恐惧和愤怒的抑制。当我们出于正义和仁慈而这么做时，它就表现出美德以及美德之外的光彩。然而，除了正义和仁慈之外，它们还受其他各种动机的驱使。在这种情况下，尽管自我克制本身是伟大和值得尊敬的，但它们却具有了一种十分危险和可怕的力量。无所畏惧的勇猛可能意味着耸人听闻的恶行，外表的平静和开朗掩盖了内心深处坚定却残忍的报复心，它即使面对重大挑衅也可以波澜不惊。尽管这样做是为了掩饰内心卑劣的想法，但单纯的观察者仍会向他们表达高度的敬佩之情：渊博的史学家达维拉经常赞扬美第奇家族凯瑟琳的超乎寻常的虚伪狡诈；严肃认真的克拉伦敦勋爵高度评价迪格比勋爵和其后的布里斯托尔伯爵的虚伪掩饰 智慧的洛克先生最钦佩沙夫茨伯里伯爵的隐忍虚伪；甚至西塞罗似乎也认为这种欺骗功夫虽然未必崇高，但因其机动灵活所以也值得称颂。总而言之，就是值得称颂和赞许。这种隐秘的颇具城府的欺骗在国家发生大动荡、出现激烈的派系斗争和内战时就有了蓬勃发展的机会。当法律失去了尊严和效力，连最清白无辜的人都难以自保的时候，多数人为了个人安危便见风使舵，做起了墙头草，对占上风的任何党派阳奉阴违。显而易见，伴随着这种伪诈品质的还有冷静坚毅的态度和决然果敢的气魄。就像死亡要经过某种鉴定才能确认一样，伪诈运用成功也需要足够的勇气。但不可忽视的是，某些时候或许它可以调和对立派别之间的矛盾，但它的害处也是相当明显的。这种敌意恰恰是伪诈赖以生长的土壤。

要想不被坏人利用，最好的办法就是抑制那些不怎么强烈和狂放的激情。最受人们推崇的节制、庄严、审慎和中庸，不太可能对人造成危害。单纯、简朴、勤勉和节约，具有原初的朴素光泽，让人觉得亲切，这是和缓而长久地进行自我克制的结果。正是由于这种和缓而长久的克制，那些生活安静简约的人培养了非常优美和典雅的行为。这种优美典雅可能不那么光彩夺目，但未必比议员、政治家或者英雄豪杰的宏图大略逊色多少。

通过上述几个方面对自我克制的性质的探讨，这里无须再对这种高尚的美德进行半点赘述。我现在只想探讨：由于激情种类的不同，得体的程度也有所不同，这种得体，是作为一个有正义感的旁观者所感受到的和赞成的。人们相信，某些激情过分一点比不足更让人觉得舒服，并且这种激情达到的得体程度比较高，甚至可以说它更接近于过分而不是不足。而另一些激情，则恰恰相反，人们更喜欢它的不足，也就是说这种激情达到得体的程度比较低，换而言之，它更趋近不足而非过分。旁观者最容易认同趋于过分的激情，而对趋于不足的认同则需要一些时间。因为，前者是现实的感受，它合乎了当事人的心意，容易被旁观者觉得得体；后者则是不符合当事人心意的那种激情，不但不易被旁观者认可，甚至还让人觉得讨厌。现在这一点可以被看作一个普遍准则，用少数的几个例子就可以证明——在我的考察范围内，还没有发现一个例外。

尽管有时候会显得过分，但仁爱、慈悲、友情、恭敬、天伦之乐等各种情绪都有助于加强人群之间的团结。我们可能抱怨这种感情太过分，但仍会以同情而平和的心态来对待它。那些过于强烈的感情让我们感到遗憾而非厌恶。很多情况下，那些产生这种感情的人会觉得放纵它们多么令人快乐和兴奋啊！当然在很多时候，这种感情被投向了那些不知道感恩的人身上，这往往让感情的施予者变得恼羞成怒。不过，尽管如此，一个善良的人也会对他表示极大的同情，同时对那些麻木不仁和不懂得知恩图报的人感到愤怒。相反，我们把那些因感受不到别人的痛苦而麻木不仁、无动于衷的人归入感情不足的那一类，他们怎么对待别人别人就怎么对待他们。正因为如此，他得不到任何人的友谊与亲情，当然也就享受不到人间最可贵、最快乐的那种感情。

愤怒、怨恨、妒忌、仇恨等感情的过分比不足更让人感到不适，因为它使人们之间产生隔膜，阻碍人群之间的各种联系。如果一个人这类感情太丰富，不但会招致别人的憎恶和诅咒，就连自己也会觉得卑鄙无耻。相反，缺乏这类感情虽然算不上完美，却往往不会受到人们的苛责。男人最致命的性格缺陷就是该愤怒的时候不愤怒，当自己或者亲朋好友遭受侮辱与侵害的时候，要是一个男人不能保护自己或者亲朋好友免受侮辱与侵害，往往是因为他不具备这类感情。愤怒和仇恨作为一种本能有它自己的缺点。过分的和无来由的愤怒与仇恨就变成厌烦和妒忌了。妒忌也是一种激情，它让人怀着极大的恶意审视那些正人君子身上体现出来的一切优点。然而，那种面临大节时乱了方寸，甚至可以容忍那些没有任何优势的人凌驾甚至超越自己的人常常被指责为软弱。它经常表现为仁慈、逃避斗争、害怕混乱和求饶，有时甚至还表现为某种不合理的宽宏大度。这种人在面临一时的利益纠缠时，会自欺欺人地认为这种利益对自己来说是无关紧要的，因此而轻易放弃了。但是，当他软弱地放弃之后，随之而来的往往是强烈的沮丧和悔恨，最后就变成了最恶毒的妒忌和对合理获得某种利益的人的仇恨。为了能够在世界上安逸地生活，不管遇到什么情况，他都必须拼命保护自己的生命和财产，维护自己的尊严和地位。

如果我们个人遭受了过分的挑衅和愚弄的话，我们会感到万分愤怒，我们个人的危险和痛苦的感受也是如此。懦弱是最为可鄙的，那些能够在巨大的危难中平静而沉着地面对死亡的品质比其他任何一种品质都更值得人们赞扬。那种凭借英雄气概和坚忍沉着之情忍受痛苦和磨难的人，总能够得到我们发自内心的尊敬。相反，一个在痛苦和磨难面前懦弱无能，除了知道像个女人那样无谓地哭喊哀号外不知道怎样坚韧地面对痛苦和磨难的人，则难以得到人们的尊敬。人们也怜悯和讨厌那种遇到微小挫折就因神经质而变得烦躁不安的人。坚定沉着的人会安然等待并且承受影响全世界的自然与道德的邪恶灾难，绝不允许日常生活中的微小伤害或者小小挫折打搅自己内心的平静。因为对他来说，这样能给所有的亲朋好友带来生活的宁静和舒适，这本身就是幸运的。

但是，我们对自己所受到的伤害以及痛苦的感受是不同的，有的时候会非常强烈，但有的时候却可能非常微弱。那些对自己的不幸几乎无动于衷的人同样也对别人的痛苦无动于衷，更别提去帮助别人解脱这种痛苦了 那些自己受到伤害却麻木无知觉的人，对别人受到的伤害也肯定是见怪不怪的，更别提保护别人或者为别人复仇了；那些对自己行为漠不关心的人，肯定也会对我们现实生活中的一切变故视而不见、麻木不仁。而推崇美德的要义恰恰就在于关注，如果我们完全不考虑我们行为的后果，我们怎么会去追寻我们行为的真正意义呢？真正具有高尚的道德情操，真正值得我们尊敬和钦佩的人通常具有这样的特征：他们切身体会到灾难对自己的伤害，体会到卑劣品质给自己带来的痛苦，更强烈地体会到自己的精神应该具有这样一种尊严，它不受那些发自本能的激情的支配和摆布，只是单纯地按照自己的良心和上帝使者的指令来决定自己的行为举止。

高尚的坚定与麻木不仁完全不是一回事，它是以尊严和意义为主导的高贵的自我克制。过度的麻木不仁，会让高尚的坚定和克制变得一无是处，不值一文。尽管自我克制会在自己遭受的伤害、危险与痛苦的漠然面前完全失去意义，但对这种伤害、危险与痛苦的感觉往往会被过度地表现出来。如果人们内心那位高尚的法官、一切意义的评判者，能够克制住对痛苦、伤害的过度感受，那么这种行为就会变得十分高尚和伟大了。当然，这么做相当困难，并不是人人都可以做到的。两种人类本性之间的斗争会引起心灵的激烈冲突，使内心深处难以平静，只有坚持不懈的努力才能够让一个人表现出完美无缺的行为。上帝赋予聪明人以强烈而敏感的内心感受，同时他早年的教育和锻炼使这种感受一直鲜活，对那些对自己有所伤害的环境，他会在职责和理性允许的范围内予以回避。那些感情过于软弱、对精神的苦难和肉体的痛苦都非常敏感的人最不适合当兵，也不适合投入派系斗争当中。尽管冲动与激情会因理想而得到克制，但在斗争中平静的内心世界往往首当其冲地受到伤害。当屡次面临这些感情的冲击时，正常情况下理性判断的敏锐和精密会受到损害。尽管他已经暗下决心准备稳扎稳打，但实际上他还是常常受莽撞和轻率所扰，并毕生以此为辱。不管是先天的还是后天的，对于实行自我克制的那些可贵的努力来说，刚毅、勇猛和顽强的性格是最有必要的。

尽管说战争与党派斗争是培养人坚定顽强性格的最好课堂，是治疗人的怯懦猥琐性格的良药，但如果在他顺利毕业之前，在药物发挥作用之前，这种激烈的斗争考验提前到来，那么结果让人担忧。

对生活中的快乐和享受，也会让我们产生过分或者不足的感觉。这同样给我们带来了不快。但是，两相比较，对快乐的感受不足更让我们感到难堪。不管是旁观者还是当事人，麻木不仁比对快乐、娱乐与消遣的强烈爱好更让人厌倦。人们总是厌烦老年人乏味无聊的持重保守，总爱沉溺于年轻人的快活，甚至是儿童们的游戏。不过，尤其是当它和具体环境，和当事人的地位、年龄不相称，以及当事人过度沉溺于它而忘记了自己的职责和利益时，人们还是认为对快乐的极端追求是过分的，并且对个人和社会极其有害。不过，多数情况下，对理性和责任感的淡漠而非对快乐的强烈爱好与追求更容易引起人们的指责。如果一个年轻人对那些同龄人的各种消遣娱乐不闻不问，只知道谈论教条和功业的话，我们还是会鄙视他的迂腐刻板，而不会称颂他清心寡欲——即便他真的没有沾染那些堕落享受的坏习气。

人们的自我评价可能过高，也可能过低。对于个人来说，高估自己让人愉快，而低估自己则让人沮丧。但是，对于一个冷静而客观的旁观者来说，最好还是低估自己而非相反。我们最反感身边的同伴自我评价过高而非过低。如果他们在我们面前摆出一副自命不凡、高高在上的架子时，我们的自尊心就会受到伤害，忍不住去指责他们的骄傲与自负，这时我们就无法公正地旁观他们的行为。不过，要是他们能够容忍别人在他面前装模作样地摆架子，我们会因此而责备和瞧不起他们。相反，要是他们在人群中努力得到青睐，并爬到我们难以认可的地位，尽管我们可能不完全赞同他们，但还是忍不住为他们感到高兴。而且，排除了嫉妒等因素，他们爬高给我们带来的不快，要比他们在别人面前贬低自己时的不快轻得多。

我们经常使用两种不同的标准评价我们行为、品质优劣与否：一种是尽善尽美、完美无缺的标准，这是我们每个人的理念都认可的标准；另一种是世人只要肯努力就能实现的标准，是我们自己、同伴、敌人和竞争对手中的大多数都能达到的标准。前一种标准要比后一种高一个层次。我认为，尽管不同的人，甚至同一个人在不同的场合，评判的标准也往往有所差别，有时使用前一个标准，有时则使用后一个，但不管怎么样，我们在进行自我评价时，大都会或多或少地留心到这两种不同的标准。如果我们使用前一个标准进行评估的话，那么即使最聪慧的人，也只能在自己的行为和品质中看到缺陷和不足，他除了表示悔改、遗憾和谦逊外，再也说不出自以为是、自命不凡的话来。而如果我们使用后一个标准进行评估的话，我们会感到自己能实实在在地符合或达到那个标准。

第一种标准是人们在对自己和他人的行为品质进行长期研究的基础上逐渐形成的，是良心这个正义之神和判断正误善恶的伟大法官和裁判经过漫长岁月形成的，是聪明和善良的人会全身心地投入的标准。根据道德观察的细微和精确程度、专心致志的程度，每个人都会持有这种观念。尽管掌握的层次不同，但基本上，它们的色调还是协调的，轮廓也差不多。聪明善良的人天生就有非常强烈和精确的感受力，在进行考察时，他们会全力以赴，每天都能使色调和轮廓上的特征得到改进。由于能比其他人更全身心地投入到这种考察和探索中，他心中就会形成更加准确的理念模型，从而使自己更加沉溺于那种神秘而脱俗的伦理之美。尽管不一定能模仿得惟妙惟肖，但他会努力根据那个超凡大师的作品来打磨自己的品质。不过，当他看到人造之物几乎无法达到上帝造物时的完美精确，所有的努力都难以达到完美无缺的境地时，他就会变得忧郁而羞愧起来，原来自己是如此的缺乏注意力和判断力，以至在谈吐和行动上都达不到那个完美理念模范的水准。但是，当他将目光转向第二个标准，也就是身边的人通常能够达到的那种水平时，他就会感觉到自己的一些优点了。可这时他的注意力往往集中在对前一个目标的追求上，因此遭受的打击远非自己所能承受。他非常了解自己的缺陷，也知道在追求尽善尽美的过程中的艰难险阻，因此他从不会自得甚至傲慢地看待那些品质不如他的人，也不会摆出一副超然于世的态度来取笑甚至侮辱还不如他的人。他会抱着最大的同情心去看待他们，并通过自己的体会，去督促他们和自己一起提高。

世界上不存在那种道德品质尽善尽美、在任何方面都超越别人的人。所以他不会嫉妒别人在某些方面偶尔比自己强。他总是对别人的优点进行恰如其分的高度赞许，对其抱有敬意，因为他深深懂得，要超越自己是多么困难的事情。总而言之，真正谦逊、客观地评价自己和别人的优点，会在人的心灵和一切行为活动上打下深深的烙印。在美术、诗歌、音乐、辩论和哲学等所有需要自由和独创性的艺术形式中，最伟大的艺术家总是最谦逊的，他比别人更清楚现实中的作品与理念中的作品存在着很大差距，即使是最完美的作品也存在某种不足。他对那个存在于理念中的完美作品已经形成了一些想法并竭尽全力去模拟、再现它，但又永远无法指望自己能模仿得惟妙惟肖。只有那些等而下之的艺术家们才会对自己的作品洋洋得意，因为他情愿只与其他艺术家，甚至是更加不如他的艺术家的作品进行对比，他脑子里完全没有那个尽善尽美的理念。伟大的法国诗人布瓦洛就经常说，没有哪个伟大的艺术家对自己的作品感到完美，尽管他的某些作品可能跟古往今来的同类诗歌一样好。相反，他的老朋友桑托伊尔虽然只创作了一些中学生水平的拉丁诗，但却喜欢将自己幻想成一个诗人，一副对自己的作品心满意足的样子。布瓦洛一语双关地告诉桑托伊尔说，他肯定是在这方面有史以来唯一一个最伟大的人。他们两个所使用的评价标准是不一样的，布瓦洛总是用诗歌方面最完美的理念标准来评价自己的作品，而桑托伊尔不是。我相信布瓦洛已经全力以赴去认真探求那个理念的标准，并尽量精确地把它表现出来；而桑托维尔的造诣当然不能算低，但他主要是通过与他同时代那些拉丁诗人的作品来评价自己的。相比之下，制作一个精巧美妙的工艺品要比一辈子从头到尾都使自己的言谈举止始终符合那个完美的理念要容易得多。艺术家在从事创作时，总是投入全部的技能、经验、知识和注意力，安静地有条不紊地工作。不管是在健康还是患病时，成功还是失败时，劳苦还是清闲时，一个聪明人在任何时候都坚持让理性的光环照耀自己。突如其来的困难和出乎意料的打击不会让他惊慌失措，别人的忘恩负义不会让他失去理智而采取不择手段的行动，激烈的派系斗争和战争也不会让他失魂落魄。

当人们把目光投向第二种标准，也就是多数人可以具有的那种好的品质时，尤其是拿它来评价自己的优缺点时，很多人都会发现自己的言行远远在这个标准之上。公正而理智的旁观者非常认可这种正确的做法。不过，当这些人将所有注意力都放在一般的完美标准而置理念上的完美于不顾时，他就会因远离谦逊而变得傲慢骄横、目中无人；就会变得极其热衷于赞美自己，不再审视自己的不足。虽然说他们的品质离正派往往还差十万八千里，更别提是不是具备谦逊善良的人所具有的那些真正的美德了，但即使是那些很高明的人也往往会被他们愚弄，因为他们那种极端自信和自欺欺人的感觉还是很能够骗取信任的。这就像那些披着大师外衣的骗子和假内行，虽然他们不学无术，但经常会取得惊人的成功。从另一个方面来看，这也说明老百姓是多么容易被骗子们夸夸其谈的吹嘘所迷惑，从而成为他们的崇拜者，拿他们当偶像。在这种情况下，就是那些最清醒和聪明的人也难免失去主见，和众人一起投身到这种盲从的迷信崇拜中。甚至当这种自我吹嘘和某些比较真实可见的优点联系在一起时，连位高权重的大人物也来支持他们。由此可见，人们的理性也更容易被群起的愚昧喝彩和膜拜所搅乱，而当偶然的成功能够博得愚民的顶礼膜拜时，那些骗子伟人就更容易得到成功。当人们远远地观看那些所谓的伟人时，他们往往会怀着某种真诚和钦佩的仰慕之情。有时候，这种仰慕之情甚至超越了骗子们自欺欺人的自高自大。当我们不再以嫉妒的心态来看待别人时，很容易就会敬佩甚至崇拜别人，也正因为如此，那些高高在上的家伙就从凡夫俗子变成了圣人。那些自欺欺人的所谓的圣人的自夸很容易理解，他们也只能骗取不了解他们的那些人的尊敬甚至顶礼膜拜的感情，因为这些人听信了他们那些自我夸耀，但熟悉和能够洞察他们的人则只会对这种自夸报以冷笑。不论哪个时代都有这种情况：许许多多一时声名显赫、威风八面的人物，都会在后世变得一文不值。

我们需要某种狂热甚至过度的自我陶醉与赞赏来取得超凡脱俗的巨大功业，赢得使万众一心拥戴自己的巨大权力。那些最杰出的伟大人物能够出人头地，大多数是因为某种程度的甚至是与他的优点完全不相称的自以为是和自我陶醉而并非是真的拥有过人的优点和长处。对这样的人，我们可以开列一个很长很长的名单：做出了卓越贡献的人，极大地改变了人们对自我处境和地位的看法的人，战功卓著的战场统帅，最伟大的政治家和参议员，创立和领导了人数众多、成就巨大的政党领袖等等。或许也可以换句话说，这种貌似盲目的自以为是的自我陶醉与欣赏，鼓励着这些领袖们投身于那些正常人所不愿问津的事业，并为他们的追随者们制造了更为顺从和崇拜的理由，这帮助他们获得巨大的成功。不过，他们频繁地获得成功会让他们陷入几乎疯狂和愚蠢地迷恋那些虚荣的危险境地。亚历山大大帝几乎就把自己当作一个神，更别提他希望别人把他看成是一个神了。很早以前他就列了一个名单，这个名单包括了他的朋友们的名字，甚至还有他那年迈的老母奥林匹亚的名字。在他即将离世之前，他居然要求人们把名单上的所有人都尊崇为神！这样的行为，大概连神也很少做吧。在部下和追随者的溜须拍马声中，在老百姓的赞扬的海洋中，人们按照神谕（或许是跟着这种赞美）宣告他是最有智慧的、最伟大的、苏格拉底式的贤人。尽管那个神谕没有承认他自己可以加封自己为神，但却无法让他停止频繁地从某些无形而非凡的神那里得到神秘启示。恺撒大帝甚至愚蠢而天真地认为自己是维纳斯女神家族中的一员，他自认维纳斯为自己的曾祖母。就在他“曾祖母”的神殿前，他竟然不愿意离开椅子去接受声威赫赫的罗马元老院把某些非凡的荣誉以天命的形式授予。这种带有孩子气的虚荣真让人难以理解，它和其他一些行为结合的时候，似乎加剧了百姓的怀疑，也增加了刺客们的胆量，加快了阴谋的部署。现在的宗教和习俗基本上不鼓励我们的大人物以神明自居，或者自命为预言家。但一旦成功与老百姓的欢呼爱戴结合在一起，它们会让那些大人物自我陶醉起来，变得摸不清方向，对自己的实际价值和能力也高估起来。这种盲目的自以为是导致了许多轻率和危险的举动，只有审慎才会避免悲剧的发生。伟大的马尔伯勒公爵在那十年取得了一系列的辉煌胜利，这些胜利甚至超出了一个普通人吹牛的想象，但他并未因此而有丝毫的得意忘形，这大概是他最难得的特性了。后世另外一些伟大统帅，比如尤金王子、已故的普鲁士国王、伟大的孔代亲王甚至古斯塔夫二世，也都具备这种理性的冷静和自我克制的能力。蒂雷纳大概最具备这种素质，不过他毕生处理的几件不同的事件表明，他还没有马尔伯勒公爵那样完美无缺。

同平民百姓一样，经邦济世的伟人凭借优异的才能和巨大的成功开始了野心勃勃的追求，但最后都难免败走麦城。

那些真正勇敢、大度和高尚的人，公正的旁观者总会由衷地钦佩他们的品质。这是一种合理、有据且稳定持久的感情，它与对象的命运升降无关。但那种因自以为是和自我陶醉而使旁观者产生的钦佩，则与前面那种感情完全不同。当他们取得声名显赫的功业时，旁观者确实容易被他们的成功遮住眼睛，看不到他们行为中的那些轻率、鲁莽以及与正义不符之处，由此而宽恕他们品质的缺陷，代之以极其神往的钦佩之情去仰慕他崇拜他。但是，一旦这位大人物时运不佳，他就会获得完全不同的评价。那种英雄式的宽大和勇猛会顷刻间变成轻率、莽撞和愚蠢，过去被繁华功业所掩盖的贪婪和邪恶就会大白于天下，这使他们声名狼藉。如果在法萨卢斯战役中恺撒失败了，那么人们对他的品质的评价大概就会比喀提林好不了多少。同加图那个党棍对恺撒的评价相比，最愚昧无知的人也会做出更恶毒的判断，把恺撒说成一个阴谋反对国家法律的恶人。如同喀提林身上具有的那些真正的优良品质一样，恺撒身上的优点也是大家公认的：合乎情理的爱好和追求，优雅明白的文字，完美的修辞，指挥战争的娴熟技巧，危难面前指挥若定的能力，对朋友的忠诚不渝，以及对敌人的无比宽宏大量等等。然而，他妄图夺取一切的野心和目空一切的态度会掩盖他身上那些优点的光芒。在这种情况下，命运会极大地影响人类的道德评价。所谓“胜者王侯败者贼”就是这个道理，同样的品质，成功能使它变得招人爱戴和崇拜，但一旦失败则会让人厌恨和唾骂。当然，人类道德判断中的矛盾也是有一定好处的。这也是贤明上帝的成功创造，跟其他方面一样，甚至跟人类的缺陷和邪恶一样。这种对成功者的盲目崇拜与我们对地位财富的尊敬分享了相同的基础，它有助于确立各阶级、阶层之间的区别，维护社会秩序。它能够让我们比较老实地服从那些因社会发展而产生的胜利者；指引我们以一种尊敬甚至崇拜的心情来忍受那些不可抗拒的和能够带来幸运的残暴。这种残暴不仅包括了恺撒或亚历山大大帝这些杰出人物的残暴，而且还包括了最蛮横和凶残的人，像阿提拉、成吉思汗或帖木儿等人的残暴。大部分人对那些强大的胜利者都带着一种惊异的和有些愚昧的崇拜心理。因为就算反抗也无济于事，所以他们可以安心服从那种不可抗拒的力量对他们的统治。

那些自高自大的人在得意时会显得比谦逊的人更容易取得成功。他们更容易赢得老百姓和没有切实经验的人的赞美。但要是从总体上进行考虑的话，谦逊比自高自大更有益处。那些从来不指望获得意外之名的人，也不会担心谎言被揭穿后的身败名裂，因此日子会过得非常踏实。尽管欣赏他的人不会太多，对他的赞誉也不会太多，但那些对他有深刻了解的哲人，却对他表达了发自内心的由衷的钦佩。那些产生于真正的哲人之间的客观而公正的赞誉，要比无知的人发出的热情喧嚣的赞美动听一万倍。据说巴门尼德曾经在雅典的一个集会上发表哲学演说，他演说时除了柏拉图一个人还在倾听之外，所有的听众都转身离开，他仍然坚持演说下去。他认为，就算只有柏拉图一个人也足够了，因为那是高山流水般的知音。

但是，对那些狂妄而自高自大的人来说，情况就完全不一样了。那些生活在他身边对他有着深刻了解的贤达人士，很少赞美他们。别人给予他的那一点客观公正的敬意，远远满足不了他自我陶醉时的顾影自怜，所以，在他看来，这种敬意就是某种恶意的讥讽和妒忌。他会怀疑和嫉妒那些患难与共的老战友，不仅要把他们从自己身边赶走，而且不珍惜他们曾经为自己付出的努力，忘恩负义，甚至恩将仇报。相反，那些靠阿谀奉承来满足他虚荣心的小人物，反而最容易得到他的青睐和提拔。总之，早年那些同他患难与共、对他忠心耿耿的人，最终都变成了他清洗的对象；而那些奴颜婢膝、善于溜须拍马之徒，亚历山大却给了他们一人之下、万人之上的地位。可这些人后来是怎么做的呢？当他命归西天之后，这些家伙不仅瓜分了他的帝国，而且劫持和杀害了他男男女女所有的亲属。

具体来讲，在亚历山大功成名就、志得意满的时候，为了霸占父亲菲利普开拓疆界的功绩，他残忍地杀死了克立特斯 当卡利斯塞纳斯拒绝按照波斯方式对他顶礼膜拜时，他也将他残酷地杀害了；父亲菲利普的好友、年高德劭的帕尔梅尼奥，因为亚历山大对他产生了莫须有的猜疑，他也就丧身于亚历山大的屠刀下；更过分的是，这个老人几乎所有的儿子也都为他征伐而战死。那仅存的一个，也在受尽他的酷刑后被斩首。帕尔梅尼奥是一个非常出色的人，据说，正是因为这个帕尔梅尼奥的运筹帷幄，亚历山大大帝才赢得了远征的一系列胜利 如果没有他，亚历山大恐怕难以有那么辉煌的功业。菲利普经常说：“雅典人每年能选举出十名将军，真幸运，而我自己在一生中只有一个帕尔梅尼奥。”他相信帕尔梅尼奥的能力和忠义，因为帕尔梅尼奥的存在，菲利普在任何时候都可以高枕无忧。因为，帕尔梅尼奥滴酒不沾，所以他在宴会上常常可以放心大胆地说："让我们尽情痛饮吧，朋友们。"

假如那些超凡脱俗、出类拔萃的优秀人物对自己的评价有所拔高，我们也会以体谅和宽容的心态来看待，因为即便如此，我们仍然相信他们是勇敢、宽容和高尚的人。但是，对于那些碌碌无为却仍然自鸣得意和自命不凡的家伙，我们就会难以接受并原谅他的这一点，并可能因此而对他们产生厌恶之情。细细想来，这种缺点可按程度的不同分为骄傲和虚荣两种。虽然骄傲和虚荣在指称自大的情绪方面是相同的，但区别也相当明显。

不知道为什么，骄傲的人总是打心底里相信自己具有某种优点和长处。他不希望你对他要求太过严格，而只向你提出他自以为正当的要求。如果他发现你尊重他不如尊重你自己，他就会感到屈辱，甚至感觉受到伤害，并因此而怨气冲天。不过就算如此，你也别指望他会屈尊下跪向你说明理由。他认为没必要博得你的尊敬，为了维护自己的自尊，他甚至会装作蔑视它。他不喜欢你用降低自己身份的方式去抬高他，也不喜欢你以伤害自己尊严的方式去表达对他的敬意。

爱慕虚荣的人则恰恰相反。尽管他渴望得到种种尊敬和赞扬，但他自己内心深处却不确定自己是否值得得到这些。他希望你能用一种比较夸张的，甚至颇具感情色彩的眼光看待他。所以，他会难过于你用别的甚至是他本来的形象来看待他。他会抓住一切场合和机会，用非常夸张和无聊的方式向人们炫耀他那些所谓的优点和长处，有时甚至不惜把牛皮吹破。你称颂他，他不但不会轻视，甚至还会低三下四以弄得你非常不安的奉承来获得你的尊敬。他鼓励你对自己做出较高的评价，并期望你用对他的较高评价和互相吹嘘来报答他。为了得到奉承，他瞅准一切机会去奉承别人。为了得到青睐，他在别人面前大献殷勤；为了吹嘘和卖弄自己，他有时甚至不惜为他人提供真实的帮助以哄别人开心。

看到人们对权势和财富充满敬意，爱慕虚荣的人会艳羡不已。

他不仅希望得到人们对财富的那种敬意，甚至还想得到人们对美德和慈善的尊敬。所以，为了摆阔气，他的服装、器皿和生活起居，都要比他的实际经济水平高出许多。刚开始的时候，为了维持表面上的尊贵，在很长一段时间里他都会长期生活在困顿贫乏之中。不过，由于虚荣心的驱使，只要他还能设法维持表面的阔绰以便追求赞誉他就会一如既往。他渴望从你那里得到关于他那些装点门面的富丽堂皇的家居、服饰的赞叹，因此他尽力掩盖他的收支底细。或许，这就是虚荣心引起的最普遍的幻象。比如那些爱慕虚荣的泛泛之辈，总是爱从乡下跑到城市游览，或者跑到外国游历一番。这是一种愚蠢而下作的举动，不过它不像其他打肿脸充胖子的行为那么容易被揭穿，假如他们游历的时间不长，还可以避免暴露它家底的拮据。在几个月到几年的时间里，他们享受虚荣，而一旦他们回到老家，就拼命地省吃俭用以弥补挥霍浪费造成的亏空。

骄傲的人受自尊心的驱使总是小心翼翼地维护自己的独立和尊严，因此他很少会因为这种愚蠢的打肿脸充胖子的行为遭到耻笑。尽管他也向往过那种体面的生活，不过当他的收入还不够多时，他还是会努力缩减一切开支。他十分厌恶那些爱慕虚荣的人一味讲排场，在他看来，那种排场是一种对现实身份的无耻僭越。他会因此而表现出无比愤怒，对那些爱慕虚荣的人进行毫不客气的责骂。或许，这就是让他自己感觉相形见绌的原因吧。

骄傲的人在和自己身份地位相当的人打交道时总感到不太舒服在和地位更高的人相处时，这种不舒服更甚。在那些高高在上的人面前，他无法谈论他的宏图大志，那些人高高在上的言谈举止让他畏缩，不敢放言自己的抱负。因此，他会将目光转向那些地位比他低的人，也就是那些不被他尊重的朋友，从那些人身上也难以获得益处的人——他的下属、侍从和有求于他者。他很少去拜访地位比他高的人，即使去，更多的是为了显示自己的资格和身份，而不是期望从这种相处中得到任何教益。就像克拉伦敦勋爵说的，他有时到宫廷里去，因为只有在那里他才能找到比自己伟大的人；但是阿伦德尔伯爵却很少去，因为他在那里总能遇到比自己伟大的人。

骄傲的人总是拼命避免与地位比他们高的人接触，而爱慕虚荣的人则总是拼命接近那些人。或许他们会觉得，大人物身上的光彩会照耀在他们身上。他经常在君主们的宫廷和权臣们的沙龙间走来走去，一副就要得到肥缺和提拔、小人即将得势的嘴脸。实际上，要是没有那些肥缺和提拔，并懂得如何享受快乐，他反而会更加幸福。这些人会因为成为大人物宴会的座上宾而欣喜若狂，因此而增加了向别人炫耀的资本。他拼命拉拢上流社会的各色人物、被认为能影响舆论的人物、因学识渊博广受尊敬的人物，不断讨好他们。一旦风向开始变化，他最好的朋友处在了不利境地，他就会对他们避之唯恐不及。但是，对于那些可以依靠、能够引荐提拔他的人，他用无谓的夸大、无据的自我吹嘘、持续的应声附和和阿谀拍马等各种技巧来讨好他们，为此他甚至不择手段。当然，他的溜须拍马不会表现得那么粗俗明显，所以还是会让人感到轻松愉快。相反，骄傲的人从来不乱拍马屁，当然也并不是对谁都彬彬有礼。

虽然说所有的自我吹嘘都可笑而滑稽，但虚荣心却往往是一种轻松愉快、温和醇厚的情绪；骄傲则是一种沉重和严肃的情绪。爱慕虚荣的人有时会说谎，但那些谎言主要是为了提高自己的身份，而不是为了贬低别人，因此它对社会没有什么实际危害。公平地说，骄傲的人因以撒谎为耻辱而不愿意撒谎，可他一旦撒谎的话，就往往会造成危害。对于骄傲的人来说，无论是否撒谎，本身都是为了贬低别人。骄傲的人会把那些身处高位的人当成尸位素餐的小人，并因此而愤怒不已。在谈论别人的时候，他总是以一种敌意和妒忌来诋毁别人的长处。骄傲的人虽然不编造谣言，但是他们非常乐意相信揭发别人短处的流言蜚语，甚至还喜欢添枝加叶地传播它们。爱慕虚荣的人即使编造了最恶劣的谎言，人们大多会一笑置之；但如果骄傲的人说了谎话，事情就没那么简单了。

骄傲和虚荣让人讨厌。通常我们习惯把那些被我们看作骄傲或者虚荣的人的道德水准定在一般人以下。但我还是认为，这种思维习惯恐怕会误导我们。尽管不一定像他们自视或者希望我们看待的那样，但通常来讲，骄傲和爱慕虚荣的人的智慧一般或者绝大多数都远在普通人之上。他们肯定是达不到他们自我吹嘘的标准的，但同其他同类的竞争对手相比，他们就会远远高于一般水平了。实际上，这两种情绪都有美德伴随着它而出现，骄傲总伴随着诚挚、直爽、荣誉、正派、坚定的友情和坚韧的事业心；虚荣往往伴随着仁慈、礼貌、知恩图报的愿望，这往往是虚荣心最动人的表现。上个世纪，法国人常常被敌人和竞争对手指责为爱慕虚荣，西班牙人则被指责为骄傲。但就一个旁观的外国人来看，前者是可爱的，后者则是受人尊敬的。

虚荣心和爱慕虚荣都带有贬义。实际上，有时候我们谈起一个人的优点时，说他是因为有虚荣心反而会更合适些。换句话说，他的虚荣心带给人更多的不是讨厌而是高兴。不过，即便如此，虚荣心还是被视为他品质中的一个缺陷和可笑之处。相反，骄傲这个词有时会被看作一种赞扬。例如，我们经常会说某个人非常骄傲，从来都不肯做卑贱的事情。显然，在这里，骄傲与某种高尚的东西密切联系在一起。亚里士多德这个世事洞明的伟人，在描述一个人的高尚品质时，着重刻画了一种特质，两百多年以来，这种特质常常被用来描绘西班牙人：他们缜密地思考所有下决心去做的事情 从容不迫地、甚至是迟缓地做事；他的声调庄重，谈吐审慎，步伐举止冷静审慎；做事时，他常常显得消极懒散，无论当他要做那些性命攸关的重大事务和在投入了最坚定、最强烈的决心时，还是在做小事时。他讨厌莽撞地投身于没有意义的危险事业，但当面临对自己有重大意义的危难时，他会勇往直前，不惜牺牲自己。

一般来说，骄傲的人都觉得自己的品质已经尽善尽美，不需要任何提高，他们因此而自满。很显然，这种人永远也不会承认任何进步。从小到大，那种对于自己优点的自信和狂妄的自高自大都会伴随着他。就像哈姆莱特说的那样，他至死也不会忏悔和接受临终涂圣油礼，他宁愿带着所有的罪孽归天。但爱慕虚荣的人则不同。他有着对光荣与尊严的真正狂热，为了获得那些受人敬佩和尊重的品质，他热情满满。这种狂热肯定是人类天然激情中最好的一种。而虚荣心通常是渴望提前获得本该以后才具有的某种荣誉。比如说，你有一个 25 岁的儿子，正当花花公子的年纪。就算他现在吹牛说自己具有，或者说拼命而白费力气地渴望具有那些聪明和高尚的品质，你万万不可对他丧失信心，当他 40 岁的时候，他完全有可能成长为一个那样的人。因此，教育的秘诀所在就是把这种虚荣心引上正轨。虽然，细枝末节的小小本领并不值得称赞，但千万不要让孩子因那些对现实有重要意义的才艺遥不可及而丧失信心。只有他热切地追求这些目标的时候，他才可能真正实现这个目标。因此，大人所要做的就是鼓励他们去追求，并为此提供一切必要的条件。不要因为他在没有完全掌握它们的时候假装成熟而发脾气。

就我而言，以上所讲的就是骄傲和虚荣依照各自的特性所产生的不同特点。然而，骄傲和爱慕虚荣往往是两种难以分离的品质，骄傲的人往往也是爱慕虚荣的，爱慕虚荣的人多数也往往是骄傲的，这很自然：对自己评价过高的人，也希望别人高看自己；希望别人高看自己的人，对自己的评价也往往与事实不符。这两种缺陷经常密切联系，有时还交融混杂在一起，骄傲得不可理喻和幼稚得桀骜不驯，常常和虚荣心的肤浅和言过其实的卖弄结合，让我们不知道它到底是怎样一种品质，我们到底该称它为骄傲还是虚荣。

那些明显比别人优秀很多的人，时常不是高估自己就是低估自己。虽然说这些人不见得高尚，但私下与他们交往未尝不让人感到快活。当我们和一个胸怀宽广、平易近人的人打交道的时候，所有的人都会感到自由自在。然而，要是这些朋友们比常人没有更好的鉴别能力和更胸怀宽大的品质的话，他们尽管对这位主人公产生友好的情感，但很少对他怀有较多敬意。这种淡薄的敬意不能靠友好的情感来补偿；没有过人的鉴别能力的人，对别人的评价不过跟对自己的评价一样甚至低于对自己的评价时，他会觉得他的朋友怀疑自己所处的身份和地位的匹配程度。因此，他会将目光转向那些不质疑自己的身份地位的愚蠢的无耻之徒。如果心胸不够开阔的话，尽管这些蠢徒可能有某种眼光，他们肯定会利用他的单纯和无知来摆出一副高高在上的姿态，而实际上他们根本没有资格这么做。也许，他会忍气吞声地容忍一段时间，但当他本应具有的身份和地位完全不存在的时候，他开始会觉醒，开始不耐烦，开始怀念原来的那些同伴并因此而感到非常幸福。这之后，他可能就学会了如何公平地对待原来那些友好的朋友。但是，这样一来，原本那个过于谦逊朴实的年轻人往往会变成一个无足轻重、充满抱怨和不满的老人。

不幸的是，那些缺乏天分的家伙，往往会沦落为傻瓜，因为他们往往会比实际水平更低估自己的能力。如果我们有耐心向这些傻瓜投去关注的一瞥，会发现他们的理解力和创造力绝对不会低于那些没有被看作傻瓜的人。很多傻瓜从小也像别人一样读书上学，也磕磕绊绊地学会了读、写、算。而许多不在傻瓜之列的人，尽管小的时候也具备了良好的教育条件，那些少年时候没能够掌握的技巧到晚年也有足够的时间精力去补习，却还是没有学会读、写、算中的任何一项。不过，为了维持自己的骄傲感，他总把自己放在与自己岁数、身份相同的人的水平上，若遭到质疑，他会大胆地站出来维护自己在同僚中的地位。而傻瓜，因为缺乏这种勇气，总觉得身边的每一个人都比自己强。蔑视和不公正待遇让他大发脾气，而平等、善意和彬彬有礼的待遇又无法使他相信他可以挺着胸脯平等地和他人对话。强大的自卑感掩藏在他们心灵深处，好像永远都那么猥琐不堪，导致他们甚至不敢跟别人面对面交谈。实际上，要是他能够平等地和他人对话，人们会发现他的思维和谈话非常有条理、理性。但实际情况却是，就算你摆出非常谦虚的姿态，他还是会担心你把他看得一无是处。多数傻瓜可能主要是因为思维能力的太过迟钝，也没有在同僚当中维护自己地位的那种骄傲本能 但有些傻瓜并不是因为思维水平低，而是因为缺乏骄傲。

因此，良好的自我评价能最大限度地让人获得幸福和满足感，也能最大限度地给公平的旁观者带来愉悦；那些能够客观公正地评价自己的人，也最容易得到别人的尊敬，这实在令人满意。

相反，不管怎么样，骄傲或虚荣的人永远不会得到满足。骄傲者总觉得别人徒有虚名而因此终日怀恨；虚荣者总害怕别人揭穿自己那些毫无根据的吹嘘而永远惴惴不安。那些道德高尚之人可以靠着难得的才性和好运气言过其实地自我夸耀而不被揭穿。他可以欺骗老百姓，但骗不了长久相处的哲人。他可以不在乎老百姓的赞美，但哲人们的评价他是不能不放在心上的。他渴望获得哲人的青睐，但又害怕自己的把戏被看穿，甚至害怕哲人根本瞧不起他而故意端架子，从而使他彻底垮台。刚开始的时候，他暗中防备着这些哲人，最后则开始公开、猛烈地展开敌视行动。为此，彼此之间那些曾经给他带来过无尽欢乐的友谊成了永远的过去。

人们往往不太喜欢骄傲或虚荣的人，所以其品质往往被低估。然而，要不是我们因为受到了过分的人身侮辱而勃然大怒，我们是不太敢跟他们翻脸的。通常情况下，为了明哲保身，我们会采取息事宁人的态度，对他们的蠢行睁一只眼、闭一只眼。但对于那些低估自己的人，除了极少数睿智而开明的人士，我们通常会像他们自己一样，甚至比他们自己更过分地对待他们。这不仅是因为那些低估自己的人比高看自己的人更阴暗，也因为他受到更多的不合理待遇。不管怎么样，无论是对当事人还是旁观者，过分的骄傲总比无原则的谦让好，高估自己总比低估自己更让人感到舒服。

总体而言，同其他感情、情绪和性格相似，自我评价的情感如果能使公正的旁观者感觉恰当，也就会使当事人感觉愉快；反之，当事人也会有同感——不管这种不快是由于情感过多还是过少引起的。

结 论

因为担心自己的福祉，我们学会了审慎；因为在乎别人的福祉，我们学会了正义和仁慈。审慎会约束我们的行为，使我们免遭各种伤害；正义和仁慈则让我们关心别人的幸福，思考别人会怎么想、应该怎么想以及在特定情境下会怎么想。审慎之情是因为利己之心使然，正义和仁慈则展现了我们以慈悲为怀的气度。不过，由于我们关注他人的感受，理性指导了这些美德的产生。要是人们尊重意念中伟大的旁观者，正视自己永不改变的良心，重视对自己行为进行裁决的公正法官和裁判的情感，那么，他一辈子都会坚定不移地按照这三种美德行事；要是我们违背了这些准则，过分节约或者奢侈，过分劳苦或者安逸，因冲动或粗心而损害了他人的利益，没有能够及时地增进他人的幸福，在黄昏时刻，我们的良心就会要求我们对这些错误进行反省，因此我们会因为我们损害了自己和别人的幸福安宁而万分懊悔。

尽管上面提到的三种美德在不同的情况下可能是出于关心自己或他人的目的而产生的，但把握分寸，即尊重意念中那个公正旁观者的感情，这要求我们几乎在所有场合都具备自我克制的美德。如果缺乏这种克制，可以设想，几乎在任何场合，所有激情都会勃然而起、一发不可收拾。激情本身的狂热或者焦躁引发了愤怒和恐惧。由于时间、地点、场合等的限制，人们的虚荣心会受到一定程度的压抑，因此表现得不那么夸张和变态；或者生理欲望受到压抑，不再表现得那么张扬、下流或者纵欲无度。在多数情况下，那种能够驾驭难以控制的激情并使它们变成可以被公正的旁观者接受的唯一准则，就是重视别人会怎么想、应该怎么想和在特定处境下会怎么想。

在一些情况下，人们可能会因为担心发泄这些情绪而产生吃不了兜着走的后果而压抑自己的激情，因此不觉得这种感情会违背理性。在这个时候，激情仍然伴随着怨恨和愤怒潜藏在心灵深处，只是受到了暂时的压制而已。恐惧并不能驱散人的愤怒感情，而只会让他暂时冻结，等待一个比较保险的时机再爆发。但假如一个人能够向别人袒露自己的不幸，他的朋友会以温和友善的态度来看待他的不幸和遭受的伤害，别人温和的同情会立刻疏缓他激情澎湃的冲动，原来的怨恨会被理性与深思熟虑代替。他的愤怒不仅借此被压抑而且被缓解了。那种已经得到疏导和安抚的激情，已经不再会促使他采取报复行动了。

那种理性的分寸感可以节制上面提到的各种激情。但如果只是因为审慎而压制自己的激情，那么这种激情往往会伴随着压制而越来越强烈。也许在很久很久之后，这种激情会在别人几乎已经忘记的情况下，出人意料地、荒唐地、以十倍的狂怒发作起来。

审慎的思维甚至可以抑制愤怒。这种抑制，对于进行某种果敢和自制的努力是必要的。当然，公正的旁观者并不用那种对待理性和同情的激情的那种赞赏来对待这种努力，而是会用对待普通的审慎举动的敬意来搪塞这种努力。尽管这种努力也代表了一些美德，但与理性的分寸感比起来，旁观者不太会觉得它有多么令人神往。

行善者和旁观者都知道这个道理：审慎、正义与仁慈的美德除了令人愉悦之外不会再有别的作用。人们赞赏审慎处世的人，他们自己也会享受在沉静和思虑美德保护下的安逸；人们也会赞赏正直的人，正直的人自己也同样会享受和具有这种安逸的保障。不论是邻居还是做生意的主顾，所有与他打交道的人都会从他这种对他人利益和感受的敏感尊重中得到安慰。受惠者会对仁慈的人心怀感激，他了解了仁慈的人的优点，公众也开始熟悉仁慈的人的好处。无论是善行的奉行者还是旁观者，对美德的赞许总是来源于它那让人愉悦和有益的感受，以及与理性分寸感的结合。

但是，我们赞赏美德，原因并非完全出于它带来的结果。美德的结果有时与人们的意愿相符，而有时则恰恰相反。当它与我们的愿望相符时，我们赞赏它，但就算最终结果没有给我们带来太多好处，我们也不敢完全否定它。英雄主义可以产生于正义事业，也可以投入到邪恶事业中去。尽管在正义的事业中，更多地，人们会景仰英雄主义；尽管在邪恶的事业中，人们也不会完全忽视英雄主义。英雄主义所透射出来的主要是支持坚定信念的分寸感，但人们往往会忽视它的影响力。

第七卷

关于道德哲学的体系

第一篇　论道德情感

关于人类道德情感的本性和起源有各种各样、形形色色的理论，考察一下其中一些最成功的和最卓越的，我们会发现：基本上所有的理论都或多或少地同我一直在努力加以阐明的理论相关联；并且要是充分考察了前面提到过的每件事情的话，就可以解释到底是什么在引导每个作者去形成他特定的理论体系中关于人类天性的观点或看法这个问题。或许一直以来我努力阐明的某个原则就是每一种在世界上享有声誉的道德学说体系的基础。因为建立在以天性为原则的基础上，这些道德学说从某种程度上说是正确的。当然，也不可能完美无缺，肯定会有错误的方面存在，因为它们中间还有不少关于天性的观点是片面的、不完整的。

在探讨道德原则时，需要考察两个问题：第一，美德存在于什么地方？换而言之，让我们发自内心地尊重、敬爱、赞同的自然对象的那种优良、高尚的品质是由哪些性格和哪些行为构成的？第二，内心中是什么力量和功能在起作用，使我们认识这种品质——不管它是值得尊重、敬爱还是赞同的？也就是说，人有喜欢某种行为而讨厌其他行为的意向；把某种行为说成是正确的，而把另一种说成是错误的；赞同、尊敬和报答某些行为，责备、非难和惩罚另一些行为，所有这些，是如何并依靠什么手段、原则来实现的？

当我们考察第一个问题时，我们会像哈奇森（Hutcheson）博士设想的那样去考察美德是否存在于仁慈之中；或者像克拉克（Clark）博士假定的那样去考察美德是否存在于我们所处的各种不同社会关系的行为之中；或者会用其他人的刻板成见去考察美德是否存在于对自己真正的幸福的明智、谨慎的追求之中。

当我们考察第二个问题时，我们会微观地去关注某种具体的良好的品质：它存在于什么地方？是否有自爱之心？它能使我们从自己身上或他人身上领悟到这种品质吗？它能大大有助于增进我们的个人利益吗？或者我们会去考察它是否有理性——它向我们指出一种品质和另一种品质之间的区别，同样也向我们指出正确和错误的区别所在；或者我们会考察它是否有某种被称为道德意识的特殊的感知力——那种良好的品质会使它感到满意和高兴，一如邪恶的品质会使它感到厌恶和不快一样；最后，我们或许会去考察它是否有人类天性中的某些其它性能——诸如某种同情的限制等等。

下面我们先考察前一个问题的体系，接着再进一步考察有关后一个问题的体系。

第二篇　关于美德本质的解说

引　言

可以将对美德的本质，或者对构成良好的、值得赞扬的品质的内心性情已经做出的各种说明归纳为三种类型。一些作者认为，内心优良的性情是存在于对我们所有感情进行合宜的控制和支配之中，而不是存在于任何一种感情之中。从人们所追求的目标以及追求这种目标时的激烈程度来看，这些感情可以说是善良的，也可以说是邪恶的。因此，在这些作者的笔下，美德存在于合宜性之中。

按照另一些人的看法，美德存在于我们对个人利益和幸福的审慎追求之中，即存在于合宜地控制和支配一心追求个人目标时所涌动的那些自私情感的过程之中。根据他们的见解，美德存在于谨慎之中。

还有一些作者认为，美德不存在于专心一意只追求个人的幸福的自私感情之中，而只存在于以促进他人幸福为目标的那些高尚感情之中。在他们看来，美德存在于宽容无私的仁慈中。

显然，他们不是大同小异地把美德的性质归结为人们各种得到适当控制和引导的感情，就是把美德限定为这些感情中的某一类或其中的一部分。人类的感情大致分成自私和仁慈两种，因此，如果不把美德的性质定义为在合宜的控制和支配之下的所有的人类感情，就必须把它限定为以个体的私人幸福为直接目标的那些感情，或者以他人的幸福为直接目标的那些感情。所以，若美德不存在于合宜性之中，就必然存在于谨慎之中，或者存在于仁慈之中。很难想象还有别的什么关于美德本质的解说。下面，我将会把那些表面上和它们不同的其它解说一一摘要出来，这些解说其实在本质上都或多或少地和它们相一致。

第一章　试论将美德置于合宜性之中的道德学说体系

根据柏拉图、亚里士多德和芝诺的观点，美德或存在于行为的合宜性之中，或存在于感情的拿捏得当之中，以下我们将逐一阐述。

1. 在柏拉图的体系中，灵魂被描述成是某种类似袖珍国家或团体的东西，它由三种不同的功能或等级组成。

第一种是判断功能。即确定什么是达到何种目的的合适手段的功能和确定哪些目的宜于追求并且应当相应地得到何种程度的评价的功能。柏拉图十分合宜地把这种功能称为理性，并且指出它是（也应该是）指导所有感情的根本原则。显然，在这个概念下，他把我们借以判断真理和谬误的功能与借以判断愿望和感情的合宜与否的功能都包括在内。

柏拉图把这个指导原则的自然对象（它们很可能反抗自己的主人）即不同的激情和欲望归纳为两种类型或等级。前一种由基于骄傲和恼怒的那些激情组成，或由基于被经院学派称为灵魂中的易怒一面的激情组成，这些激情包括野心、憎恶、对荣誉的狂热和对羞耻的惧怕，对胜利、优秀和报复的渴望等等；总而言之，它们来自或者表示通常用人类的语言隐喻的脾气和天生的热情。第二种由基于热爱快乐的那些激情组成，或由基于经院学派称之为灵魂中的多欲一面的激情组成，它们包括对舒适和安全生活的热爱以及所有肉体欲望的满足感。

我们很少不遵从上述指导原则，随意中断在我们冷静的时刻制定的那些最适宜于追求自己目标的行动计划。当然，受到这两种不同激情刺激的时候要除外，即受到难以驾驭的野心和愤恨的刺激，或受到眼前的舒适和快乐的极度引诱。但是，虽然这两种激情很容易使我们走火入魔、误入歧途，它们仍然是人类天性的必要组成部分：前一种激情保护我们免受伤害并维护我们在人世间的地位和尊严，使我们去追求崇高的和受人尊敬的本质，并使我们能识别以同样方式行动的同道中人；后一种激情给我们的身体提供所需的给养和必要的欲望。

一种基本的美德即谨慎，就存在于这个指导原则的力量、准确和完美之中。柏拉图曾说，谨慎存在于公正和清晰的洞察力中，以追逐哪些目标以及为达到这些目标应该使用怎样全面而科学的手段的观念为根据。

当灵魂中易怒的部分，即第一种激情在理性的指导下，强有力到能使人们在追求美好生活的过程中藐视一切荆棘和危险的程度时，坚忍不拔和宽宏大量的美德就产生了。在柏拉图的道德学说体系中，这种激情远比其它天性更为慷慨和高尚，它们是理性的补充，可以抑制和压住低级、粗野的欲望。众所周知，因为追求幸福而违心去做我们所不喜欢的事情时，我们常常会生闷气，把自己当成憎恨和愤怒的对象。人类天性中的易怒部分，就是用来帮助有理性的激情去战胜由低级欲望引起的激情的。

当天性中三个不同的部分彼此完全和谐一致时，即易怒的激情和由欲望引起的激情都放弃追求理性所不赞同的任何满足，理性除了这些激情自愿做的事情之外从不下令做什么事情，这种充满幸福的平静，这样完美而又绝对和谐的灵魂，构成了希腊语中的一个词：通常被译为自我克制（这个词在希腊语中表示一种美德），当然，它也可以译作好脾气，或内心的冷静、欲望的节制等。

根据柏拉图的道德学说体系，当内心那三种功能都安于各自恰当的职能，不企图去僭越任何其它功能的职能时；当理性力压激情占支配地位时；当每种激情都顺利地、毫不勉强地履行了自己正当的职责，并且用恰到好处的力量和精力去追求目标、尽力达到自己正当的目的时，正义就产生了。正义在四种基本美德中是最后的也是最重要的。完满的美德，行为最大的合宜性——继古代毕达哥拉斯的一些信徒之后，柏拉图把它称为正义——就存在于这个体系之中。

需要加以说明的是，希腊语中表示正义的那个词有好几种不同的含义。据我所知，其它语言中相对应的词也存在这种情况。因此，在词的几个不同的意义之间必然有一些天然的类似。有一种意义是，当我们在实际生活中没有伤害到旁人，或不直接损害他的人身、财产或名誉时，就说我们对他采取的态度是正义的。这种“正义”我在前面已有所论及，遵守它可能是迫于强力，违反它则会受到惩罚。另一种意义是从反面来说明的，如果考虑到旁人的品质、地位以及他与我们之间的关系，我们也确实认为他应当受到热爱、尊重和尊敬，但却不作相应的表示，不以他应该得到的感情态度来对待他，那我们对他采取的态度就是不义的。虽然我们并没有在哪里伤害到他，但是，我们没有尽力为他做些好事，没有尽力去把他放到连那个公正的旁观者也会乐意的合适位置上。这个词的第一种意义与亚里士多德和经院学派所说的“狭义的正义”相一致，也同格劳休斯（Grotius）所说的 justitia expletrix 相一致。它主要是指自愿地做我们按照礼节必须做的一切事情，不去侵犯他人的一切。这个词的第二种意义与一些人所说的“广义的正义”相一致，也同格劳休斯所说的 justitia attributrix 相一致。它存在于合宜的仁慈之中，存在于对我们自己的感情的合宜控制之中，存在于那些仁慈的、博爱的以及在我们看来最适宜的目的之中，这个意义上的正义包含了所有的社会美德。有时，正义这个词还有一种比前两者更为广泛的第三种意义在被使用，并且同第二种意义非常相似。据我所知，其他语言中也存在着这第三种意义。那么它又是如何定义正义的呢？当我们对特定的对象不以应有的敬意去加以重视，或者不怀着应有的热情——而这些敬意和热情在公正的旁观者看来是必须去追求时，第三种意义就会判定我们是不义的。例如，当我们没有激赏一首好诗，没有赞扬一幅好画，就会被认为是没有公正地对待它们，而当我们非常热烈地赞美它们时，则被说成言过其实、溜须拍马。同样，当我们刻意地忽略一些与自己的私人利益相关的特定对象时，会被说成对自己不公正。在这第三种意义上，所谓正义的含意，就是行为和举止的确切以及完美的合宜性，它不仅囊括了"狭义"、"广义"正义中所有的职责，还包括了其他的一切美德，如谨慎、坚忍不拔和自我克制。显然，柏拉图是以最后一种意义来理解正义这个词的。根据他的理解，正义一词包揽了所有值得称颂的美德。

以上就是柏拉图对美德的本质的说明，也是对作为赞扬的合宜对象的内心性情的说明。依照他的说法，美德的本质就是内心世界处于这样一种平和宁静的精神状态：灵魂中的每种功能都活动于自己应当活动的范围之内，不去侵犯其他功能的活动范围，只是以自己应有的力度和强度来履行正当的职责。显然，这同我们前面对行为合宜性所作的说明是相一致的。

Ⅱ. 在亚里士多德的思想体系中，美德存在于理性所养成的平凡的习性之中。他认为，每一种美德都介于两个相对应的恶习之间的某种中间状态。在面对某种特定事物或处于某种特定条件下时，这两个相对应的恶习会因为其中一个太过头、另外一个稍显不足而使人感到不快。这样，介乎胆小怕事和急躁冒进这两个相对应的缺点之间的中间状态的坚忍不拔或勇气，就是一种美德。在容易引人慌乱和恐惧的事物面前，胆小怕事和急躁冒进都使人感到不快；而介乎贪婪吝啬和挥霍浪费这两个恶癖之间的中间状态的节俭，就是一种美德，贪婪吝啬者对私己利益的关心超过了应有的程度，后者则是关心远远不够；同样，介乎过度偏激和缺乏胆量两者之间的中间状态的高尚，就是一种美德，过于偏激是因为我们对于自己的身份和尊严过分在乎和计较，缺乏胆量则是过于软弱、自怜的生命情感。毋庸置言，以上关于美德的种种说明，与我们前面对于行为合宜与不合宜所作的阐述，是相差无二的。

根据亚里士多德的看法，美德是存在于适度的习性之中的，而不是存在于恰如其分的感情之中。要理解这一点就有必要知道：美德可以说是某一种行为的品质，也可以被看作是某一个人的品质。如果将其看成是某一行为的品质，它是存在于对某种产生这一行为的感情富有理性的节制之中，而不管一个人是否习惯于这种控制，即便亚里士多德的看法也是这样的。如果把美德看成是某个具体的人的品质，美德就存在于日常富有理性的节制所形成的习惯之中，存在于对这种做法日渐习以为常和完全的行为掌控之中。所以，偶然大发慈善之心、慷慨济世的行动无疑是一个慷慨的值得赞赏的行动，但实施者未必生性慷慨大方，有可能这个偶然的行动只是他有生以来实施的唯一的慷慨行动。也许他实施慷慨行为时内心的动机和意向是非常正当而合宜的，可是，由于这种突发奇想的大方心情只是瞬间产生的情绪引起的，而不是天性中稳定和本存的情绪，故它不会给行为者带来多大荣耀。我们所定义的关于大方、仁慈、善良的品质，是表示某个人身上一种常见的并内化到心灵形成习惯的性情。任何孤立特殊的行动，不管其意向是如何合宜、恰当，结果都表明它很少会是一种习惯。试想，要是因为某一个别、善良的行动就给实施者打上美德的标记，那么，品质最低劣最龌龊的人也可以自诩拥有所有的美德，在大部分场合，人们都会谨慎行事、低调做人、有节制地和坚忍不拔地追求事业成功，即使有个别的善行，不管它如何值得称赞，人们也会吝于表扬。但是，若平时举止正常的人一旦犯下细小的罪恶，就会极大地影响我们对他的固有看法，有时甚至完全破坏了我们脑海里储存着的关于他的美好印象。因为这种个别的恶劣行动可以说明：他的习惯不完美；较之我们以前根据他的惯常行为所作的设想，他根本不是一个值得信赖的人。

亚里士多德不喜欢别人把自己关于美德存在于行为习惯之中的看法当作是他反对柏拉图学说的观点。柏拉图的观点似乎可以概括为：只要对于该做什么事情不该做什么事情有正确的情感认识和合理的理性判断，就是最完备的美德。他的这一学说是把美德看成了某种科学。他还认为，没有一个人可以明白无误地了解什么是正确的、什么是错误的，并且采取相应的行动。激情会使人类的行动有别于模棱两可、不确定的看法，但大体上同简单明确、显而易见的论断还是相一致的。相反，亚里士多德观点的核心是：令人信服的理解未必能够形成良好的根深蒂固的习惯，好的道德品质来自于行动而非来自认识。

Ⅲ. 根据斯多葛派学说创始人芝诺的看法，天性使得每个动物会自然地关心自己的利益，并且小心翼翼地爱护自己。自爱的感情让他不仅去极力维护自己的生存，而且还会尽力去使天性中各种不同的构成要素相统一并达到完美无缺的境界。

可以这样说，自私自利的感情俘虏了人的肉体及其各个组成部位，俘虏了人的内心及内心中各种不同的感知功能，并且要求把它们都保存和维持在最好、最完善的状态之中。因此，天性使人得出这样的结论：一切有助于维持这种现存完善状态的事物，都宜于选取；而一切有破坏这种现存状态的倾向的事物，都必须抛弃。于是，我们会自然而然地选择这样一些东西：健康、强壮的身体，灵活、协调的四肢和那些能促进它们更加完善的外部便利条件，以及财富、权力、荣誉、别人的尊重和敬意等等，拥有这些比缺乏它们要好得多。同时，我们也会很自然地去躲开和逃避另外一些东西：羸弱多病的身体、笨拙的肢体、消极的感情以及任何可能导致它们的外部不利条件，以及贫困、弱势、人们的轻视和憎恨等等。在这两类相对的事物中，每一类里都有一些东西要比同类中其它事物更宜于选择或抛弃。例如，在第一类中，健康显然比强壮好，强壮又比灵活要好；名声比权力更值得追求，权力比财富更有力量。在第二类中，四肢笨拙不协调要比身患疾病强百倍，贫穷总比无辜受辱好，失去特权又好过穷困潦倒。当面对各种不同的事物和环境进行选择和抛弃时，天性会教给我们如何去判断。美德和行为的合宜性，就存在于人们对它的选择和抛弃之中，当人们不能全部选择那些总是呈现在面前的各种对象时，就必须从中选取最值得的；当人们无法避免那些总是不经意地遇到的各种弊害时，必须避重就轻选择最微小的弊害。斯多葛派学者宣言，因为人类是依据每个事物在天地万事万物中所占的席位，运用公正和精确的识别能力去做出选择和抛弃的，从而得以恰如其分地重视和对待每一个事物，所以，人类保持着构成美德实体的行为完全正确。也即是说，人类要按照天性、按照自然或造物主给我们的行为规定始终如一地生活。从这个方面看，斯多葛派学者有关合宜性和美德的观念，与亚里士多德以及古代逍遥学派学者的相关思想大体上是差不多的。

天性使我们去关心与自己息息相关的对象：家庭、亲朋好友、祖国、全人类、整个宇宙以及他们的幸福。天性也教导我们，两个人分享幸福比一个人自娱自乐更有价值，所以大多数人或者全人类的幸福是无限重要的。无论何时何地，当个体的幸福与集体的或者组织中某个重大部分的幸福发生冲突时，应当（即便是由我们自己作选择也会是这样）使个人的幸福服从于更为重要和有价值的整体的幸福。是聪颖贤明、强而有力、仁慈善良的上帝在安排这个世界上的一切事情，所以，我们可以确信，在他的旨意下所发生的一切都有助于促进整体的幸福和完美。因此，当陷入贫穷、疾病或其它任何不幸之中，我们首先应当尽自己最大的努力，在正义原则和对他人的责任所能允许的范围内，尽快从困境中解脱出来。如果在竭尽全力之后还是没法甩掉困境，我们就应当心安理得地习惯并满足、陶醉于其中：是整个宇宙的秩序和完美原则要求我们在一定时段内处于这种境地。而且，整体的幸福比我们自己微不足道的个人小幸福要重要得多，我们心里也会这样认为，所以，如果要保持存在于天性中的情感和行为的合宜性、正确性，那么，无论境遇如何，我们都应当安于现状并乐于其中。而任何解脱的机会一旦降临，抓住这个机会实现飞跃就是自己的责任了。显然，宇宙的秩序不会让我们永远坐困愁城，而且，伟大的上帝也明确地号召我们冲出逆境，并清楚地指出了所要经由的道路。如果不是自己，而是亲朋好友、国家陷入不幸，情况也大抵如是。只要在不违背人类神圣职责的情况下，我们有能力去防止或者帮助他们走出泥潭，毫无疑问必须这样做，因为行为的合宜性—即丘比特用以指导人类的行为而制定的法则——要求我们这样做。但是，如果帮助他们摆脱不幸远在我们能力之上，就应当视这种不幸事件为合理的、能带来幸运的前兆，因为我们相信，这件事会有助于社会整体的幸福和秩序，而这不正是我们（如果足够明智和公正）所向往的一切东西中最重要的吗？个人的根本利益是整体利益的一部分，我们不仅要把整体的幸福当作一个原则，还应当把它作为唯一的追求目标。

为什么某些事情被说成是同我们的天性相一致，另一些则是相违背的呢？艾匹克蒂塔（Epictetus）说，这是因为我们把自己看成是孤立的个体，与一切别的事情毫无关联、相互分离。在这个意义上说，脚的本性是要保持清洁，可是如果你只把它看成一只脚，不认为它同整个身体有什么关系，有时必须将它踩在污泥上，有时又要踏在蒺藜上，甚至有时为了整个身体的健康而把它锯掉，要是脚拒绝这样做，它就不再是一只脚了。拿类似的观点来考虑我们自己，如果认为自己是与世无涉、与世无争地活在个人构筑的空中楼阁里，那么长命百岁、坐拥家财就会使天性感到愉快。可我们是什么啊？是人。把自己看成是一个人，看成是整个人类社会整体的一部分，为了这个整体，你有时会生病、有时会漂在海上经受凄风苦雨，有时会穷困潦倒举家食粥，或许还会在寿终正寝之前暴病身亡，你肯定会为这些不平的遭遇抱怨不迭，但是如果这样做的话，就像一只脚不再是一只脚那样，你也不再是一个人了。

明智的人从来不怨天尤人。身处困顿下寮、时乖命蹇之际，他也不会去想这是因为命运的安排不公。他认为自己和天下万物、自然界的一切都是相互关联、相互影响的。他用来看待自己的眼光是他所想象出来的人类天性和全世界的伟大守护神用来看待他的那种眼光。可以这样说，神的情感附会在他身上，他把自己看成是广袤无垠的宇宙体系中的一个原子、一个微粒，愿意在整个体系的安排下随分从性。因为确信有一种智慧冥冥中在指导人类生活中的一切事件，所以面临何种命运、处境，他都乐天开朗，心平气和，他自己希望得到的宿命就是宇宙的所有不同部分之间都相互联系、相互依赖。命运要他活下去，他就心满意足地继续人生的道路；命运要他即刻去死，自然界觉得他没有继续生存下去的必要，他也就心甘情愿地走向黄泉。某个愤世嫉俗的哲学家——他的这个学说同斯多葛派学说相类似——曾道，“无论落在我身上的是何种命运，富裕、快乐、健康也好，贫穷、痛苦、疾患缠身也罢，我都会高兴满意地接受，这一切没什么差别，我也不会去祈祷神祇们在什么方面改变我的命运。要是说除了神灵已经赐予的恩惠外，我真的还想得到什么东西的话，那就是——神灵肯提前通知我，什么事情会使她们感到高兴，这样，我就可能依据自己的处境行事，并且高调显示出我接受她们指派时的愉快心情。”“如果我准备出海，”艾匹克蒂塔说：“我会选择最坚固的船只和最好的舵手，考虑最好的天气条件，谨慎和合宜——神为了指导我的行动而给我制定的原则——要求我必须这样做。只是这些原则并不能带来更多的东西，如果出海时遇到风暴，其力量是船和舵手无论施以何种技巧都无法能够抵御的，我就不会自寻烦恼了，该做的事情都已经做了。指导我行动的神灵从未要求我去经受痛苦、焦虑、沮丧或恐惧。是淹死，还是平安抵港，由丘比特来决定，不关我事。我只要把事情完全丢给他就可以了，用不着心神不宁地去考虑他会用哪种可能的方法来决定，怀着淡定的心情，抱着自然而然的态度，我愿意去直面任何结果。”

由于对统治宇宙的仁慈的上帝充满信任，完全认同上帝建立的任何秩序，斯多葛派哲人必然对人类生活中的一切事件漠不关心。在他们看来，个人的全部幸福，首先存在于对宇宙大体系的幸福和完美的思索之中，存在于对人神共组的伟大政体的良性管理的思索之中，存在于对一切有理性、有意识的生物体的思索之中。其次，幸福还存在于履行自己的职责之中，存在于努力得体地完成上帝指定他去做的一切微小的事务中。努力是否合宜对他来说关系重大，但努力结果的成败对他来说却是无所谓的事情，既不会使他感到非常高兴或悲伤，也不能使他产生强烈的欲望或嫌恶感。如果他喜欢一些事情而讨厌另一些事情，选择一些处境而抛弃另外的处境，不是因为他觉得前者在各方面都比后者强，也不是因为幸运总比不幸要完美，而是出于行为的合宜性——也即神用以指导他的行动的法则——需要他做出如此这般的取舍。他有的只是两种伟大的感情：一是想到如何履行自己职责时产生的感情；二是想到一切有理性、有意识的生物将得到最大可能的幸福时产生的感情。心怀坦然，他信赖伟大主宰者宇宙的智慧和力量，从而满足了自己的后一种感情。唯一让他焦虑的是如何满足前一种感情，不是挂虑结局，而是担心自己各种努力的合宜性。因为不管结局是什么，他都相信宇宙巨大的力量和智慧会用这个结局去促进整个大局，但合宜性是他本人最愿意看到的结局。

虽然早已指出了这种取舍的合宜性，而且这种合宜性还是由各种事情本身向我们提出而为我们所理解的，也就是说我们是基于事情本身而做出的取舍。但是，一旦透彻地理解了这种合宜性，合宜行为所展示出来的良好秩序、优雅风度和高尚品质，以及使我们在行为之后感受到的深刻幸福，必然会让我们看到其更大的价值，即选择它比选择其它一切对象在实际上获得的价值更大，而抛弃它却是一个巨大的损失。人类天性中的幸福和光荣会自觉地去关注这种合宜性，若忽视它就会招来苦恼和耻辱。

对一个富有理智、把自己的各种按捺不住的激情和冲动完美地置于天性中占统治地位的节操所绝对控制之下的人来说，在各种场合对合宜性进行精确无误的观察，都是轻而易举的。身处顺境，他会由衷地答谢丘比特，不费吹灰之力他就可以适应这种环境，并且，几乎没有任何诱惑能在这种环境中把他引到邪路上去；身处逆境，他同样答谢人类生活场景的导演把自己置身于诸多强有力的竞技者之中，因为竞争非常激烈，所以胜利后带来的荣誉会更大，并且确定无疑自己会是胜利的一方。还有比我们行为合宜、秋毫未犯却惨遭不幸更让人觉得郁闷和羞耻的事情吗？在这种情况下，邪恶是不会产生的，只会催生最高尚和最优秀的东西。一个勇敢的人面对这样的危险和挑战会欢欣鼓舞，是命运、神使他卷入麻烦之中，而不是因为自己的鲁莽行事。危险、逆境只是为他提供了一个锻炼英雄般的坚强无畏精神的机会，而为了得到更大的合宜性和应得的赞扬而自觉付出努力使他倍感愉悦。一个能经得起考验和敲打的人，不会介意别人用多么严酷的办法来测试他的力量和韧性。同样，一个能理智地控制所有激情泛滥的人，身处任何一种宇宙的主宰安排的环境都会游刃有余。神赐予他各种各样的美德，使他能在所有环境中左右逢源：喜逢愉快，他会克制心中的兴奋以约束骄傲的产生；遭遇痛苦，他会用坚定的意志去承受它、克服它；面临危险或死亡，他会以大无畏的气概和坚忍不拔的精神来鄙视它。总之，生活中的沉浮百态、世态炎凉，都不会使他手足无措，或者茫茫然不知如何处理自己的感情和行为，而是使之合宜，不破坏已有的荣光和幸福。

斯多葛学派学者喜欢谈人生如戏，光怪陆离，游戏其中者需要具备高超的技巧。这个游戏还混杂着某种偶然性，或者说混杂着类似运气的不可控的因素。人生游戏中的赌注通常是微不足道的，它的所有乐趣来自过程：要玩得好、玩得公正、玩得有技巧。然而，尽管已经使出了浑身解数、玩尽了全部技巧，但因为一个偶然性的因素，游戏中的聪明者却输了，这的确是件让人遗憾的事，不过聪明者是不会放在心上的，因为他没有走错一步棋，没有舞弊地做出什么让人不齿的事情，他只是充分享受着游戏所能带来的全部乐趣。反之，一个笨拙的游戏参与者乱下一气，走错了全部棋子，却在偶然性的影响下破天荒赢了，这种成功也只能带给他不值一提的满足感，因为：他一想到自己的所有臭棋就感到郁闷、耻辱，在整个游戏过程中他也没有享受到丝毫乐趣，对未能掌握游戏的规律的怀疑心、恐惧感以及犹豫不决的心态等等令人不快的情感在下每一个棋子时提醒他一遍，在杂念塞满大脑的状态下他发现自己连连出错，有时甚至是走了最烂的棋路，悔恨的心态使他对自己不满到了极点。斯多葛学派的学者把人生以及其中一切随之而来的美好的东西只看成是个微不足道的两便士硬币的赌注——渺小到根本不需要去关心，而唯一值得挂虑的是游戏方式而不是两便士的赌金。因为把幸福押在赢得赌金上，就意味着把它寄托在超出我们控制范围、完全不可预测的偶然因素上，由此必然会给自己带来无休止的担心和不安，并且会使自己陷入悲伤和屈辱的绝望之中。要是把幸福寄托在玩得好、玩得公正、玩得聪明和富有技巧之上，寄托在行为的合宜性之上，也就是把幸福押在了靠适当的训练、教育和专注、自己完全有能力去控制游戏中的一切因素之上，幸福就彻底有了保证，我们也就摆脱了命运的影响。即使行为的结果超出了我们的控制力范围，我们也不会感到担心或焦虑，亦不会悲伤、郁闷甚至失望。

斯多葛学派的学者们根据不同的情况而把人类生活本身以及随之而来的种种便利或不便因素分类成我们取舍的合宜对象。比如，在实际处境中，如果天性感到愉快的成分多于不快，也就是说，可选择的对象多于需要抛弃的对象，那么大体上说，这种生活就是合宜的选择对象，我们可以继续合宜地生活下去。相反，如果实际处境非常糟糕，天性感到不快的成分多于愉快，即需要抛弃的对象多于可作为选择的对象，那么对智者来说，这种生活状态就必须甩掉，他有权摆脱这种乏善可陈的生活，而且依据神赖以指导他的行动的法则即行为的合宜性，也会命令他这样做。艾匹克蒂塔说，人家禁止我住在尼科波利斯（Nicopolis），我就搬离尼科波利斯；人家禁止我住在雅典，我就远离雅典；人家禁止我住在罗马，我就作别罗马；我只被允许呆在狭小而多岩石的杰尔岛上，蜗居那里。但是杰尔岛的房子经常烟熏火燎的，烟小的时候我就暂且忍耐下去；浓烟滚滚的时候，我就蹿到另一所房子，在那儿再也没有什么威力可以命令我离开，我总是不忘把门开着，在高兴时走出来透风，还可以踱步到另一所适宜的房子里隐居，息交绝游。我的房子在任何时候都向世人打开门户，因为除贴身的衣物和自己的肉身外，再没有一个活人可以对我呼三喝四，凌驾在我之上。这个斯多葛学派的学者说，如果你不满意自己的处境，如果你的房子烟多得呛人，你一定得出来走走，但应该是心平气和、志得意满、高高兴兴地走出来，而且还要边走边答谢神灵，而不是满腹牢骚地嘟哝抱怨。伟大的神赐予我们极大的恩惠，并敞开了世界上最安全、平静的避风港——死亡，他随时准备在生活的汪洋大海中接待我们。神准备的这个神圣不可侵犯的巨大避难所总是向人类敞开着，随时欢迎我们入住，它不但把人类生活中的狂暴和不义完全排除在外，而且大得几乎可以容纳一切有意或无心到这儿来隐居的人。避难所封住了一切人抱怨的嘴巴，甚至消除了这样一种幻想，即：除了因为愚蠢和软弱而遭受不幸之外，人在生活中还会有什么不幸！

斯多葛学派的学者们在他们流传下来的一些哲学片断中，还以轻松的口吻谈到愉快地抛弃生命。他们用以下这些段落来诱惑我们去相信那些奇怪的想象：只要感到些微的厌恶和不适，无论在什么场合、什么时间，人都可以带着嬉戏和任性的心情轻松合宜地抛弃生命。艾匹克蒂塔曾说："当你同一个人共进晚餐时，你会为他席间大讲特讲有关迈西恩战争中的冗长故事而发牢骚。他滔滔不绝地讲完如何占领某个地方的高地之后，又接着讲述他是如何陷入包围之中，如果你决心不再忍受他那冗长的故事的折磨，就不会将这顿晚餐进行到底。若继续赴宴，你就找不到一个最起码的借口去抱怨他的这种津津乐道的说教。遇到这种情况跟遇到生活中的邪恶一面差不多。不要轻易去埋怨、藐视那些你觉得自己随时都有力量去摆脱的东西。"他的表述口气是带着愉快甚至轻松的味道，然而，在大多数斯多葛学派学者们看来，抛弃生命还是继续生活，绝对是个艰难的抉择，需要极其严肃和慎重地去考虑。在得到主宰人类生活的力量明确要求我们抛弃生命的召唤之前，我们不应该擅自放弃生命，在早先正是这种力量把我们下放到人类生活中来。但我们并不是在生命无法延长的时候才会受到这样的召唤，无论何时，只要主宰一切力量的天意把我们归类到需要抛弃的对象中去，它就等于给我们的行为规定了伟大的法则，要求我们必须抛弃生命：这是来自神灵的明确无误的号召，多么庄严而仁慈的声音！

正是因为上述理由，所以在斯多葛学派的学者看来，离开生活对一个智者来说是十分幸福的，这可能是他的本分；相反，继续生活下去对一个意志薄弱者来说必定是不幸的，这可能也是他的本分。在智者的处境中，天性中感到需要抛弃的对象多于可以选择的对象，那么他就会抛弃糟糕的人生处境。神藉以指导他的行为的准则亦要求他在这样的情况下迅速离开。当然，即使他认为自己事实上还可以继续生活下去的时候，他也会毫不犹豫地离开这种状态，他把自己的幸福寄托于十分合宜的取舍行动，而不是获得自己所选择的对象或逃避所抛弃的对象。比如他把幸福寄托在他为了追求幸福而做出的各种合宜的努力上，而非结果的成功之上。相反，对于意志薄弱者来说，天性中感到可以选择的对象多于需要抛弃的对象，那么他的大体处境就是合宜的，只需本分地继续生活下去即可。但他最终还是不幸的，因为他根本不知道如何利用顺境，假使抓得一手好牌，他也浑浑噩噩地不知道如何去玩，而且不论游戏过程或终结时会出现何种情况，他都不会玩得尽兴，也得不到真正的满足。

斯多葛学派的学者比古代任何其他学派的哲学家都更坚定地认为，在某些场合心甘情愿地选择去死具有合宜性，但古代各派哲学家们对这种合宜性却有着共同的说教，尤其是只求太平中庸不思进取的伊壁鸠鲁（Epicurus）学派的说教也是如此。在伯罗奔尼撒战争期间以及战争结束后的许多年里，是古代各种主要哲学流派纷呈、思想大放异彩的时期，这时候，希腊的各个城邦国家几乎全部陷入内乱，党派斗争搞得政局一片混乱，而在国外，它们又卷入了极其残酷的战争：战争的各方不仅想占领、统治或者完全消灭一切敌对国家，甚至还丧失人性地要把他们赶尽杀绝，或者至少把他们逼入最坏的境地，如贬为可供在本国买卖市场上讨价还价的奴隶。参与战争的国家大都很小，内忧外患极易使它们陷入种种灾难之中。灾难可能是自己本来就承受着的，也可能是自己一心想要加害到邻国头上的。云波诡谲的时代，即使最正直的高官显达也无法保障任何人的安全，包括他的亲戚朋友和同胞，也可能成为激烈恐怖的派系斗争的牺牲品，被故意判处最严酷的刑罚。如果一个人不幸在战争中成为俘虏，而且他的家乡也沦陷了，那种亡国奴身份带来的伤害和侮辱简直无法形容。

但是，确切来说，每个人会自然而然地想象和预见到生活中可能会遭遇的各种灾难。经常出海的水手会为船只在海上遇到风暴、损坏甚至沉没做好一切思想和行动准备。同样，恰似一个美洲土著人准备好自己的丧歌，并想好自己该如何在敌人无休止的折磨和旁观者的侮辱、嘲笑中体面地死去一样，希腊的勇者也想到了自己可能会遇到的种种灾难，他会自然而然地经常用心考虑：当自己被流放、监禁，甚或沦为奴隶、备受蹂躏、走上绞刑架时，会有怎样的痛苦等着自己去承受，自己又该如何应对。各派的哲学家们，不但把诸如智慧、正直、坚定和克制等品质定义为美德，而且把它们表述成获得快乐、一生幸福的必然手段，只是所有这些值得肯定的品行不一定会为自己的主人免除掉些许灾难，有时反而会使他们加倍去承受那些伴随国家局势风云变幻而来的灾难。这表明幸福同命运完全或者起码在很大程度上是没有关系的。斯多葛学派的学者们认为幸福与命运完全无关，学院派和逍遥学派的哲学家也大抵持如是观。智慧、谨慎和高尚的行为一般会保障人们在各项事业中获得成功；即使失败了，内心也不会太难过，因为内在的美德会让他自我赞赏、自得其乐，不管情势糟糕与否，他的内心永远是一片平静、安宁的和谐。理智而公正的旁观者会钦佩他的行为和自信心，对他的不幸也会给予理解和同情，这样会让他感受到一些安慰。

哲学家努力表明，人在遭遇巨大的不幸时，会比想象中更坚强地去承受。一个人在陷入贫困、被流放、遭到不公正的舆论指责以及在年老体衰、临近死亡时双目失明或失去听觉的情况下劳动的种种悲惨境地时，任何一丝细小的安慰都会给他巨大力量。当他身患顽疾，或者陷入丧子、好友故去的悲伤中不能自拔时，一想到还有很多需要考虑的事情未竟，意志就会逐渐坚定起来。古代哲学家们就"忧患中的安慰"这个小课题撰写了很多著述，流传到现在的只有几个片段，但却是最有教益和最具吸引力的文化遗产。他们的学说中体现出来的那种宏大气魄和英雄气概，与当代一些理论体系透露出来的失望、悲观、哀怨、无病呻吟的调子形成了强烈的对比。

但是，当古代的哲学家试图用尽方法来论证困境中需要加以考虑的一切事情时，比如弥尔顿（Milton）所说的要以三倍的顽强去充实冥顽不灵的心胸等，他们也在努力阐述另一个观点：死亡没有也不可能会有什么罪恶；若处境在某些时候艰难到再也无法忍受时，那么还有一个简单的解决办法：走为上，愉快而毫无畏惧地选择离开。哲学家们说：如果在这个世界之外再没有另一个世界，那么人死了就一了百了，不存在什么罪恶；如果在这个世界之外还有另一个世界，那必然是神的世界，神会保佑一个正直的人在那里幸福地生活。这些哲学家们还为此准备好了一首离丧歌曲——基本上可以这样说——古希腊伟大的爱国者和英雄们在最后的场合会用到这首歌。必须承认的是，斯多葛学派各个不同的下属派别肯定准备了更为激越和振奋人心的丧歌。

自杀在希腊人中是个不常见的现象，除了克莱奥梅尼（Cleomenes）之外，我想不起还有哪位非常著名的爱国者或英雄选择亲手杀死自己。阿里斯托梅尼（Aristomenes）之死和埃阿斯（Ajax）之死发生在传说时代，但广为流传的地米斯托克利（Themistocles）之死的故事虽然发生在可供考证的真实历史时期，却也富有种种浪漫情调。在普卢塔克生平作记述的所有希腊英雄中，克莱奥梅尼似乎是唯一选择以自杀的方式结束生命的人。塞拉门尼斯（Theramines）、苏格拉底和福基翁（phocion），他们顽强地挺过监禁之苦并心平气和地接受来自同胞们的不公正宣判，宁静地走向了死刑。勇敢的欧迈尼斯（Eumenes）听任手下的叛将把自己出卖给敌人安提柯（Antigonus），情愿饿死也不愿做任何徒劳无功的反抗。这位后来被梅塞尼亚斯（Messenians）监禁起来的勇敢的哲学家，被丢入地牢秘密毒死。当然还是会有几个哲学家用自杀了结一生，只是关于他们生平的记述十分拙劣，且大部分都是传说，并不可信。关于斯多葛学派学者芝诺之死有三种不同的记述版本。第一种是：他非常健康地活了98岁之后，有一次在走出自己讲学的书院时不小心跌倒在地，除了一个手指骨折或脱臼之外并没有什么大碍，但他气愤地以手捶击地面，并以欧里庇特斯（Euripides）笔下尼俄柏（Nivbes）的口气叫喊道："我就要来了，为什么你还催我？"旋即回家，上吊身亡。在年事已高时，一个人只需要具备一丁点儿继续生活下去的耐心就可，因此这种版本不大可信。另一种记述是：同样发生在 98 岁的高龄，同样由于一桩偶然事件，他绝食而死。第三种记述是：72 岁时他就寿终正寝了。第三种记述的可信性最大，而且也被一个同时代的权威人士证实，此人在当时具备很好地了解真相的条件，他原来是一个奴隶，后来成为芝诺的朋友兼门徒。泰尔（Tyre）的阿波罗尼奥斯（Apollonius）作出了第一种记述，他大约生活在奥古斯都、恺撒统治时期，在芝诺死后的二、三百年期间享有盛名，但我不清楚谁是第三种记述的作者。阿波罗尼奥斯是属于斯多葛学派的，他可能觉得这样写会给大谈自愿结束生命鼓吹自杀的派别创立者带来荣誉。虽然文人们死后赢得了人们更多的追怀，而同时代的王侯将相早已湮没无闻，但他们活着的时候，却是寂寞、不引人注目的。因为无足轻重，所以同时代的史学家们鲜少记述关于他们的奇异经历。为了满足后人们的好奇心，并且还因为没有权威性的文献可以证实或推翻有关他们的叙述，一些史学家们就开始按照自己的想象凭空来塑造这些文人，而且几乎总是穿插着大量的奇迹。就芝诺的情况而言，虽然关于他死亡的种种奇谈怪论没有得到权威人士的证实，但是却似乎压倒了最真实的情况。第欧根尼·拉尔修（Diogenes Laertius）认为阿波罗尼奥斯（Lucian and Lactantius）的记述更高一筹。卢西安和拉克坦提乌斯似乎既愿意相信老死的灵异记述也愿意相信关于自杀的记述。

相对活跃、机灵、应变力强的希腊人，骄傲的罗马人中间自杀风气更为盛行。但即使在罗马人中间，自杀风气似乎在早期以及在后来被称为讲究德行的共和国时期也未形成。流传下来的关于雷古卢斯（Regulus）之死的故事是一种传说，但也不至于是虚构的，人们喜欢去推测怎样的耻辱会落到那个耐心地忍受着据说是迦太基人强加的种种折磨的英雄身上。在共和国的后期，这种耻辱通常会伴随着屈从。罗马帝国日渐衰落之前的各种内战中，很多敌对政党中的杰出人物，宁愿选择自行了断也不愿落入敌手。西塞罗曾高度颂扬恺撒所指责的加图之死，那是最令世人瞩目的两个伟大的领导者之间争议非常大的问题，它无意间为自杀的死法打上了某种光辉的印记。自杀的风气后来似乎延续了好几个时代，西塞罗和恺撒之间的争论最终以西塞罗胜出，人们赞美自杀多过对其责备求全，鼓吹自由的斗士甚至把加图顶礼膜拜为共和党的殉难者。红衣主教里茨曾评论道：作为一个政党的领袖，身份显赫的加图可以做任何他想做的事情，只要他能够一直拥有朋友们的信任，那他就绝不会做错事，加图的生命体验正好印证了这个颠扑不破的格言。加图，抛开他身上的美德不说，也有缺点和瑕疵——贪杯好饮，敌人曾抨击他是个大酒鬼。对此，塞内加如此反击：不管谁指责加图的这个缺点，细思一下就会发现痛饮狂歌与其他引诱人堕落的邪恶相比，不知好多少倍。

自杀风气在君主的下属之间曾流行过很长一段时间。普林尼(Pliny)的书信中有这样一段记载：仅仅是出于虚荣和矫情伪饰，一些人选择了自杀，他们的动机即使在冷静和明智的斯多葛派学者看来也是不成立的。有的妇人经常会在根本没有必要的情况下用自杀结束自己的生命，显然是在步先行者的后尘，例如，孟加拉国的女子在必要的场合会跟随自己的丈夫殉葬，这种不良的风气一旦成为惯例，必定会造成太多的非正常死亡，对人性的毁灭程度比虚荣心和傲慢所能引起的破坏还要大。

自杀原则巧妙地运用他的哲学理念，想使我们去称许和赞同此种激烈的行为。但天性不会指使健全的人、状态完好的人去自杀。确实，人类会因为生活中的各种灾难和挫折而陷入焦灼消沉的精神境地，压力过大时想毁灭一切的思想都有。有的人单看外表是高高兴兴的，他也以严肃而认真的宗教感情示人，给他人留下深刻印象。但是这并不能消解他心中的苦闷和难过，真实情感无法宣泄还可能使他郁郁寡欢、走向绝境。如果他实在受不了，选择用自杀这种悲惨的方式结束一切不快，人们不会去责备他亵渎生命，而会更多地去同情他不幸的遭遇。这个时候，谁也不会去惩罚他这一行径，惩罚只会落在他尚在人世的亲朋好友身上。虽然他们完全无罪，但一个亲友的愤然辞世终归来说是不光彩的，而且对于他们也是一个重大的灾难。在我们健康完好的时候，天性会促使我们去努力回避这种不幸，去奋力抵抗它，即使自己会遭到危险或者丧生也要拼命保护自己。但是，当我们既没有能力保护自己抵御不幸，也没有完全放弃的想法时，脆弱的意识会让我们下定自杀的决心，因为实在没有勇气和坚韧再支撑下去，天性原则不管用了，心中审判员的判断也不管用了，只有自杀在召唤我们。我记得曾经读到或听到过一个故事：一个美洲野蛮人在被敌对部落俘虏关押之前就会自杀身亡，免得日后受其折磨，并在他们的侮辱和嘲笑中屈死。他勇敢地承受这一切，并对敌人给予他的嘲笑报以十倍的轻视，这样做让他倍感满足。

斯多葛学派整个道德体系赖以建立的两个基本学说是：轻生死顺天命，平常心看待生活中的每一件事情。放荡不羁、精力充沛但往往待人苛刻的艾匹克蒂塔是前一个学说的真正创立者和倡导者；而温和富有人性的、仁慈的安东尼努斯，是后一个学说的倡导者。

厄帕法雷狄托斯，获得自由之前曾经是个奴隶，在年轻时饱受残暴的主人的折磨，年老时，又因为图密善的猜疑和反复无常而被逐出罗马和雅典，被迫蜗居尼科波利斯，并且随时都可能被暴君送去杰尔岛或者处死。但是他依然对冷酷的人生报以最大的蔑视，心情非常平静，既不兴奋也不懊恼，更不会措辞激烈地诅咒，生命中的快乐和痛苦对他来说是无关紧要。

性情温良的皇帝，统治文明地区的权力至高无上的君主，没有任何特殊的理由去抱怨自己所处的优越地位，他非常满意事物的正常进程，也会经常指出普通观察者很少注意到的细枝末节处的优美。他说到：无论是年老还是青春，这两种生命状态都具有各自的合宜和迷人之处，虚弱的风烛残年与风华正茂的年轻一样合于人的自然本性。好比儿童时期过了就成长为青年，青年期过了会步入中年，老年人必然会走向死亡，这是恰当而自然的结局。他还这样说：就像医生吩咐这个病人去骑马、那个病人去洗冷水浴、另外一个走路用赤脚一样，主宰宇宙万物的无所不能的神也会让这个人身患疾病、截肢，或者失去妻儿。因为相信吞咽掉一服又一服苦涩的药剂，经受过一次又一次痛苦的手术之后就会康复，我们会谨遵医嘱，并且抱着希望很乐意地忍受非人的治疗过程，即使康复希望很渺茫。同样，病人相信无所不能的神会用最苛刻的处方来帮助自己恢复健康并最终获得幸福。他充分信任丘比特的一切伟大计划，认为他给人类开下的处方对全人类的健康、繁荣和幸福不但是有益的，而且是必不可少的。要不是这个原因，神才懒得制定一些计划，这位无所不知的造物主和指导者不会容忍这类事情的发生。宇宙中即使是最小的相辅相成的事物也彼此非常相称，所有事物联合起来就组成一个巨大的、互相联系的统一体。与此类似，表面看起来毫无关联的一系列接踵而至的事件，会组成因果关系大锁链中的一部分，并且十分必要。由于是来自整个宇宙的安排和设计，因果关系必然无始无终，它们对宇宙的延续保存、繁荣昌盛来说是必需的。谁不愿意接受落在身上的事情，感到遗憾或诅咒它的降临，谁就是希望在延续和保存整个宇宙有机体的同时去阻止这架机器的运转，去粉碎这条绵延不断的大锁链，希望为了私己的蝇头微利去扰乱和破坏整个世界机器的运转。他愤愤不平地诘问："啊！你这主宰一切的世界！对你来说相宜的事情落在我身上简直就是灾难，你认为及时的机遇于我而言不是太早就是太迟，四季更迭以及随之而来的东西就是我的自然果实：一切都要任你摆布，为了你的正常运转只能投身于你那整体之中！有个人说，啊！聪明的塞克罗普斯臣，为什么你不道一声：啊！这就是可爱的天堂？"

斯多葛学派的学者，当然不一定是全部的，但至少有一些人试图根据这些卓越的学说去演绎他们的奇谈怪论。

聪敏的斯多葛学派学者尽力去理解宇宙主宰一切的观点，并且尽力用接近这位神的眼光去看待种种问题。作为伟大主宰的宇宙按顺序安排出各种各样的事情，其中一些在我们看来可能无关紧要或者事关重大，但对主宰者本人来说，就像蒲柏（Pope）先生比喻的那样，寻常得就像极易破灭的肥皂泡；好比世界的毁灭也是一早就被宇宙安排好的，从它开天辟地时就已将这个结果安排在大锁链中的组成部分了，是同一种准确的智慧、同一种普施天下的、无边无际的仁慈的结果。对斯多葛学派的智者来说，所有不同的事件本质上都是完全一样的。在这些事件的进程中，他自己会略加控制和支配一小部分，尽其所能地做出合宜的行动，并按照自己认为正确的指令行事。但他对自己付出真诚努力后的结果并不挂在心上或者患得患失，不管成功还是失败，都不会太在意。他觉得那一小部分需要他承担责任的体系进展顺利还是遭到失败完全无关紧要。如果由他来安排这些事件，他就会进行适当的选择或抛弃，但他没有这个权利，所以他选择信任一个卓越的智者——主宰一切的宇宙，当所发生的事件如他所料是一切联系和因果关系的自然结果时，他会满心欢喜、极其真挚地衷心接受。在宇宙所定原则的影响和指导下，他可以完美地做任何事情。所有的举动，一如他为报效祖国而慷慨地献出生命般值得称颂和夸奖。对于主宰者宇宙来说，稍微挥舞一下手中的权力，或者最大限度地行使他的权力，一个世界就被缔造出来或者毁灭掉了，恰似肥皂泡形成般易如反掌。斯多葛学派的智者认为，我们通常所标榜的高尚行为，比起微不足道的举动来，并不需要做出更多的努力，前者与后者一样轻而易举就可以做到。根本都是源自同一原则，并没有什么值得大书特书的价值，也不值得受到更多的称赞和夸奖。

凡达到了上述尽善尽美的境界的人都是幸福的，而稍嫌不足者则无论他们怎样想接近这种完美的境界，都很不幸。斯多葛学派的学者如是说，离水面仅一英寸的人同水下一百码的人一样都不能进行呼吸，所以，没有完全克制住个人的、局部的、自私的激情的人，除了追求一般的幸福还有其他别的热切欲望的人，由于狂热追求自私的激情而陷入不幸和混乱之中，未能完全跨出深渊自由自在地呼吸新鲜空气，他同深渊最下面的人一样不能享受到安全和幸福。智者的所有行动都是非常完美的，而达不到大智大慧境界的人都有着这样那样的缺陷，斯多葛学派的学者们也这样认为。他们说，正确的真理在本质都是一样的，谬误者的本质还是谬误，所以每一种真理的价值都是平等的，每一种谬误的错误指数也差不离。故而一种光荣的行为并不值得得到比其他的光荣行为更大的荣誉和赞赏，一种可耻的行为也不会比其他的可耻行为更值得羞辱。这和打靶时打歪一英寸、打歪一百码都是没有打中靶子的道理一样。所以，没有充分的理由就不合宜地对我们做出了毫无意义行为的人，与没有充分的理由不合宜地对我们做出了意义重大的行为的人均犯了同样的错误。例如，随随便便杀死一只公鸡的人，跟随随便便就弑父的人一样，都是有罪过的。

两个怪论中的前一个几乎全部是一种曲解，第二个则显然过于荒唐了，都不值得对它进行认真的考察。它委实已经荒唐到让人们怀疑自己是不是在某种程度上被误解或误传了的地步。无论如何，我觉得朴实认真、辩才卓越的芝诺或克莱安西斯（Cleanthes）不可能是斯多葛学派这些离题诡辩的怪论创造者，因为这不会给他们的理论体系带来什么荣誉。我倾向于认为是克里西波斯（Choysippus）创造了这些怪论，虽然他是芝诺和克莱安西斯的门徒和追随者，但考察所有流传到现在的有关他的著作，给人的感觉就是一个擅长辩证法、缺乏情趣和风采的空谈家。他极有可能是第一个把老师们的学说改编成充满矫揉造作的学院式或技术性体系的人，这种做法对于消弭可能存在于道德学说或形而上学学说中的良知是一种最好的权宜之计。人们很可能认为他把老师们对那些幸福的具有完善美德的人的描述以及对缺乏这种品质的不幸的人的生动表述过于刻板地曲解了。

斯多葛学派的学者也承认，即使有些人不具备完美的德行和幸福，也同样会在某种程度上取得一些成就。根据所取得的成就大小，他们把这些人分成几种不同的类型，例如对待尚存缺陷的德行，也就是在他们看来本来可以完全实行的正直的、规矩的、适当的、正派的行为，他们用一个合理的或者比较有理性的名称来定义，西塞罗用拉丁文 officia 来表达，而塞内加的表达更精确：conuenientia。我们把那些不完美的但实质上是可以做到的德行的学说称之为斯多葛学派的实用道德学学说。西塞罗《论责任》一书的主题就在于此。据传马库斯·布鲁图（Marcus Brutus）也写了有关这一主题的书，但现在已经找不到了。

有趣的是，斯多葛派哲学的主张与造物主为了引导人类的行动而勾画出来的方案和次序，似乎完全不同。

造物主的观点认为，我们最关心的事情，如由我们自己多少操纵和指导一小部分范围的事件，或直接影响到自己、亲朋好友或祖国的事件，极容易激起我们的欲望和厌恶、希望和恐惧、高兴和悲伤之情。这种激情往往极易达到过于强烈的程度，这时，造物主就会及时地予以适当的补救和纠正。而心中那个伟大的、真正的公正旁观者和法官，也会出现在我们面前，遏制这些激情，把它们控制到有节制的合宜的心情和情绪中去。

有时我们已经用尽全部力量了，但仍然无法控制本来可以操纵在握的事情的结果，它们还是带来了极为不幸的、具有灾难性的后果，这时造物主不会置我们的伤心痛苦于不顾。心中的公正无私的旁观者会用充分的赞赏带给我们安慰，如果我们对指导人间一切事件的仁慈的智慧坚定信任、虔诚服从，遵守崇高和慷慨的原则，心里会得到更大的安慰，因为我们相信：正是因为自己的不幸对整体的利益必不可少，仁慈的智慧才会容忍它们发生。

造物主指出卓越的沉思会使不幸中的人们得到些许安慰，但它并没有认为需要把沉思当作人生伟大的事业和工作。而斯多葛派哲学正好反之而行，他们认为沉思就是一项伟大的事业和工作。这样的哲学教导我们，除了平和的心情以及取舍合宜的行动之外，其他任何事情（除非它们属于由伟大的主宰宇宙管辖、我们既没有权利也不应该去进行任何管理和支配的范围）都不会激起我们热切真挚的感情。根据斯多葛派哲学的要求，我们要保持绝对冷淡的态度，努力节制甚至根除涉及私人的、局部的一切感情，不要对自身或者亲朋好友乃至祖国的不幸而扼腕叹息，不要同情心中公正的旁观者刚刚产生又马上熄灭的激情，总之，就是对神指定给我们一生中要做的合宜的事业或工作等等一切事情的成败不要太在乎，应该采取漠不关心的态度。

这种哲学论断真是在混淆视听，让人们更加茫然无措，但它们是不可能打断造物主所建立的因果之间的必然联系的。不管斯多葛学派的一切论断听起来是多么的新奇有理，只要一些事情会自然而然地激起我们的欲望或厌恶、希望或恐惧、高兴或悲伤之情，我们内心就会涌现相应的实际情感，每个人的感受程度可能会不同，但肯定会存在情愫的暗涌，这是行为必然导致的合宜结果。然而，斯多葛学派的判断还是会在一定程度上影响到我们的内心，伟大的公正无私的旁观者可能会在这些推断的教导下去压抑我们一切个人的、局部的、自私的感情，使它们慢慢减弱直至化为乌有。一切道德学说体系都想指导居住在我们内心的这个人做出判断。毋庸置疑，斯多葛派哲学对它的追随者们的品行产生了重大影响；有时可能还会促使他们行使不必要的暴力，但这种哲学基本的初衷是鼓励他们做出无与伦比的高尚行为且广为行善。

Ⅳ. 除了上述的古代哲学体系之外，我们还要论及一些现代的哲学体系。后者关于美德持这样的观点：它们或者存在于合宜性之中，或者存在于恰当的感情，人们根据这种感情对激起它的源头或对象采取行动。克拉克博士的哲学体系认为，美德存在于根据事物的因果联系所采取的行动中，存在于是否对我们的行为进行了合乎情理的调整而使之适合于特定的事物或特定的联系之中；沃拉斯顿（Woollaston）先生的哲学体系认为，美德存在于体悟到事物的真谛并按照它们合宜的本质而做出的行为之中，或者说存在于实事求是地对待各种事物的行为方式之中；沙夫茨伯里伯爵（Shaftesbury）的哲学体系则认为，美德存在于维系各种感情的恰如其分的平衡之中，存在于控制激情使他们不至于过头的范围之中。但这三种哲学体系在描述同一个基本概念时都多多少少地存在错误。

他们都没有指出，至少创立者没有声称提出过任何可以弄清或判断感情是否合宜的明晰、清楚的衡量标准。这种衡量标准只能在公正无私、见闻广博的旁观者的同情感中找到，在其他任何地方都找不到。

此外，现代的哲学家似乎无法完全透彻地描述自己关于美德的哲学理念，虽然他们很想或者一直都是这样打算和准备的，当然就他们的描述本身看，无疑还是非常公正的。美德存在于合宜性中，哪里有合宜性，哪里就值得一定程度的赞赏。仅这样描述美德还远远不够，因为虽然合宜性是每一种美德行为所必不可少的因素，但却不是唯一的成分。在很多仁慈行为中是有其它性质的东西存在的，因为这些性质使得行为不仅应当得到赞同，而且应当得到报答。现代任何哲学体系都没有对这种仁慈行为应该得到的高度尊敬或这种行为可能激发出来的自然而然的情感进行充分或者成功的说明。他们关于罪恶的描述就更不完善了，原因跟美德差不多，他们不知道不合宜只是每一种犯罪行为的必然成分而不是唯一的成分。极其荒唐和不合宜的东西常常隐藏在很多貌似没有伤害性和没有什么意义的行为之中。一些经过深思熟虑之后企图加害我们周围的人的行为，除不合宜之外还有别的特定的性质，因为这些性质的掺和导致这些行为不仅应该受到责备，还必须接受惩罚；它们不止令人讨厌，人们还想予以打击和报复。但现代任何哲学体系也没有关于我们对这样的行为感到高度憎恶，并进行成功、充分的说明。

第二章　试论将美德置于谨慎之中的哲学体系

流传下来的认为美德存在于谨慎之中的所有哲学体系中，最古老的是伊壁鸠鲁学说体系。有传他的哲学的主要原则抄袭于在他之前的一些哲学家，尤其是亚里斯提卜（Aristippus）。虽然很有这种可能，而且他的敌人也作了这样的断言，但起码他个人阐述那些原则的方法完全是他自己的。

伊壁鸠鲁认为，天性欲望和厌恶的首要对象是肉体的快乐和痛苦，肉体最能诱发激情，这根本用不着去证明。确实，人们有时会回避快乐，原因不在于它是快乐，而是一旦享受了这种快乐，我们就会丧失掉更大的快乐或者遭受一些不必要的痛苦。与其追求得不偿失的快乐，倒不如去避免可能降临的痛苦。同样，人们有时会选择故意痛苦，原因不在于它是痛苦，而是一旦承受了这种痛苦我们就可以避免更大的不幸，或者获得预期中的快乐和成功。所以，伊壁鸠鲁要说肉体的痛苦和快乐是欲望和厌恶的天然对象，以上就已经充分证明了。他还进一步说，肉体是激情的唯一重要的对象。无论人们回避什么还是渴望什么，都是因为那些对象具有产生别的快乐和痛苦感的倾向。能引起愉快的倾向使权力和财富成为人们所渴望的对象，相反，会引起痛苦的倾向使得贫穷和卑贱变成人们讨厌的对象。因为得到同自己朝夕相处的人们的尊敬和爱戴可以使我们感到愉快、远离痛苦的感觉，所以我们会珍视荣誉和名声。若因为无耻的行为和坏名声而使周遭人们对我们有敌意，采取轻视或者愤恨的态度，我们的心情必定会倍感压抑，肉体也会沉重而痛苦，悔恨坏名声破坏了我们的安全保障。

伊壁鸠鲁的说法认为，内心的快乐和痛苦的最终来源还是肉体。一想到过去肉体上的种种快乐，内心就愉悦无比，并希冀得到更多的快乐；一忆及肉体曾经受过的痛苦和折磨，内心就煎熬难受，害怕那些痛苦或者更大的伤心事会卷土重来。虽然内心的快乐和痛苦最终源自肉体，但它们比肉体上原来的感觉要广泛和深刻得多。肉体只是有当前的、刹那的转瞬即逝的感觉，而内心的感觉却统摄过往、将来，它不但可以回忆，还有预期的功能，所以比肉体的感觉要丰富得多。伊壁鸠鲁说，在肉体遭遇到最大的痛苦时，敏感一点就会发现：我们真正遭遇的痛苦不仅仅限于眼前折磨自己的不幸，而且还有极其恼恨地回想起过去的痛苦，甚至幻想着将来害怕会遇到的痛苦，三重痛苦相加，自然不堪忍受。如果只专注于承受每种眼前的痛苦，不考虑它同过去以及将来的一切痛苦之间的联系，那么它只是小事一桩，很容易就会挺过去，这才是人们所说的肉体上尚能忍受的一切痛苦。同样，当享受最大的快乐时，我们会感到：肉体上灵光乍现的愉快感，只是我们愉快的回忆板块中非常微小的组成部分；但因为时时忆及过往的种种欢愉，憧憬着未来的种种幸福，我们眼前的微小乐趣就会无限扩大，当然，内心总是提供这种乐趣的源泉。

由于内心的感受决定着我们的愉快和痛苦，所以一旦我们身上的这一天性处于良好的倾向之中，想法和看法没有受到什么不好的影响，那么不论肉体受到何种影响，都是很次要的事情。如果肉体遭遇到了巨大的痛苦，但理智和判断力依然保持着它们的统治地位，那么，我们仍然可以最大限度地享受愉快。例如，我们大可以去追忆曾经的无数欢笑，大可以去展望将来会有的各种快乐，这样一来痛苦就减少了，心情反而轻松愉快起来，也就是说通过回忆快乐的样子可以减轻肉体现在的痛苦程度，这种方法是很有必要的。肉体上的感觉仅仅是眼前一时的痛苦，其本身并不是十分强烈的，但由于陷入对过去未来所有痛苦的焦灼不安的思虑和恐惧中，痛苦得到了加倍放大。这都是内心的感觉和想法在起作用。好在这种想法是可以通过某些比较恰当温和的情感进行修正的，例如可以借鉴以下的方法：如果此刻的痛苦是巨大的、难以承受的，那么它持续的时间必然会很短；如果痛苦持续的时间过长，那它必然是适度的，并且在很多时间段里有可能减轻。总的说来，死亡就在身边不远，只要你愿意。按照伊壁鸠鲁的说法，死亡是所有感觉的终止，没有痛苦快乐之分，但它不是一种罪恶。我们活着，死亡就不存在，他一旦出现了，我们就要告别人世，所以，死亡只是一个自然的归宿，没有什么大不了的。

如果当下痛苦的实际感觉是微乎其微、不必害怕的，那么就不值得去追求哪怕是一丁点的微小的快乐。快乐的感觉带来的刺激自然比痛苦带来的刺激少得多，因此，如果痛苦的感觉只能微弱地减少心情的愉快程度，那么，快乐的感觉就不会使本已欢愉的心情更加开怀。肉体上没有受到痛苦，内心也就不会害怕和担心，肉体的愉快感觉增加也不意味着内心的愉快会扩大，总之，它不是什么重要的事情。可能具体情况会有所不同，但肉体上的快乐确实不会给上述处境带来什么幸福感。

综上，考察伊壁鸠鲁的观点，人所能享受到的最完美的幸福，也就是人性最理想的状态，存在于肉体所感受到的舒适之中，存在于宁静平和的内心之中。所有美德的唯一目的是达到人类天性追求的这个伟大目标。诚如伊壁鸠鲁所言，人们追求美德并不是因为它们本身具有吸引力，而是它们具有达到完美幸福境界的倾向。

谨慎是一切美德的根源和基本要素，根据伊壁鸠鲁哲学，人们不是因为谨慎本身而追求它。谨慎所照应的内心的那种小心翼翼、勤奋慎重的状态，即始终聚精会神地踏实努力、思考和关切每一行为可能会产生的最深远的影响，才是使人们感到愉快和高兴的事情。谨慎的行事风格具有促成最大善行和消除最大邪恶的倾向。

回避某些快乐，刻意控制和压抑肉体对于享乐元素的天然激情——即自我克制的职责——也不是因为人们就乐意追求被束缚的感觉，而是人们在乎这种美德的全部效用和价值：它是为了让我们将来享受更大的快乐才推迟了眼前的及时行乐，或者它可以使我们避免受到有隐藏在眼前的享乐之后的某种巨大的痛苦。总之，自我克制是一种谨慎态度，它与快乐有关。

人类天性中有一些目标是不愿意主动追求的：例如一些必须以坚忍不拔的精神去克服的处境，勤劳不懈、咬紧牙关、勇敢地面对危险或死亡，之所以选择这些处境只是为了避免未来可能会遭遇的更大不幸。不辞辛劳地日夜奋斗是为了避免贫穷沦落可能招致的羞耻和痛苦，直面危险和死亡是为了捍卫自己的自由和财产安全不受侵犯，保护已经得到的快乐和幸福不被打破，或者为了保卫自己的国家免受侵占，因为国家的安全就是个人的安全。坚忍不拔的毅力会使我们心甘情愿地付出心血去做所有这一切，做出对抗当前困境的最有意义的行为。实际上，坚忍不拔就是在对痛苦、劳动和危险做出恰当评价的时候表现出来的那种谨慎、良好的判断和镇定自若的能力，即为了避免以后可能遭遇到的更加剧烈的痛苦、劳动和危险，于是果断地选择现在相对比较轻微的痛苦、辛劳和危险。

正义也是一个道理。放弃觊觎本属于他人的东西，不是因为人们喜欢这样做。也许我的东西如果在你手中掌控的话价值会更大，但是你却不能因为这个而强行掠夺。无论如何，你要放弃这个念头，因为一意孤行的话只会遭来人们的憎恶和愤怒，而你内心原有的安定和平静也将荡然无存。想想那样做的后果吧：人们会给你各种各样的惩罚，而且不会有任何正义的力量以及隐蔽的地方可以使你免受这些惩罚，想到这些你肯定会满腹惊恐和忧虑了吧。还有一种正义存在于与自己有社会关系的人中间，当亲朋好友、邻居同事等其中一人做了好事之后，肯定会受到来自其他人的尊敬和爱戴，换作我们的话，自己做了好事大家也一样会赞扬，但是如果其中的某个人或自己做了不合宜的行为，必然会引起其他人的轻视和憎恨。因为通过前一种行为我们会获得内心的舒适和平静，而这正是我们积极追求的最大、最根本的目标，后一种行为必然会打破以致危及这种舒适和宁静。因此，正义作为所有美德之中最重要的品质，不外乎就是我们对自己周围的人和事要持敬重和审慎的态度。

以上就是伊壁鸠鲁关于美德本质的学说。奇怪的是这个被描述为态度极为和蔼的哲学家竟然没有注意到：无论美德或者罪恶会对我们肉体上的舒适和安全感觉带来怎样的影响，它们在其他人身上激发出来的自然而然的感情，比起所有其他的一切是更加强烈的欲望或厌恶的对象。比起肉体上可能获得的舒适和安全，善良的心灵更重视自己是否是一个和蔼可亲的人，是否受到别人尊敬、敬重，行为是否得体合宜。相反，如果自己被所有人鄙视、憎恶，成为别人泄愤的对象，那种郁闷感比起单纯肉体上所受的藐视、愤恨要强烈得多，是更可怕的事情。也就是说，我们渴望或者厌恶某种品质，不是出于这些品质可能会给我们肉体带来什么后果的考虑。

毋庸置疑，这样的道德体系同我一直努力建立的体系完全不是一回事。一眼就可以看出来这种体系产生于哪一方面，是基于对天性的什么看法或观点。按照造物主的聪明安排，在所有的场合，包括尘世，美德就是最实在的智慧，是获得安全和利益的最可靠、最机灵的手段。事业的成败在很大程度上取决于人们平时对我们看法好坏的积累，取决于朝夕相处的人是否支持或者反对我们的。但是，要想获得利益并避免他人对我们做出不利的判断，最好的、最可靠的、最容易的、最机灵的办法无疑是使自己获得成功而不是陷入失败。苏格拉底说："你想获得一个优秀音乐家的称号吗？获得它的唯一可靠的途径就是成为一个优秀的音乐家。同样，你想成为被世人称赞的骁勇善战的将军或者励精图治的政治家而去为国效力吗？最好的办法就是去战场和政界获得实际领兵打仗和治理国家的经验，成为一个真正称职的将军或政治家。”同样，如果你想让人们觉得你是一个理智的、能够做到自我克制、坚持正义和平易近人的人，你唯一要做的就是向这些目标品质努力看齐。如果真正成了一个和蔼可亲、受人敬重、令人敬爱的合宜对象，那么不消说，你很快就会获得周围人们的尊敬、爱戴和敬意。因此，道德实践一般来说很有利，相反，罪恶则不利于我们。

把所有美德都归结为一种合宜性，是因为伊壁鸠鲁放纵了一种癖好，所有人都有的天然癖好，尤其是某些哲学家似乎特别钟情这种癖好，把它作为彰显自己聪明才智的重要手段。这种癖好就是用尽可能少的原则来说明一切表面现象。显而易见，当伊壁鸠鲁把所有欲望和厌恶的基本对象都归结到肉体的快乐和痛苦上时，他自己已经深陷这种癖好了。作为原子论哲学的伟大支持者，伊壁鸠鲁从最明显的和最常见的物质细小部分的形状、运动和排列中推导出人体的一切力量和技能时感到无比快乐，但他用相同的方法根据上述最明显和最常见的现象来说明内心的一切情感和激情时，无疑也感受到了一种同样的快乐。

伊壁鸠鲁的体系与前面论及柏拉图、亚里士多德和芝诺的体系在某个方面是相同的，即认为美德存在于这样一种行动之中：以最合宜的方法去获得天性欲望的各种基本对象。它与其它体系的区别主要表现在两个方面：首先，对天然欲望的基本对象所作的说明不同；其次，对于美德的优点或者为什么这种品质应当得到尊敬的原因所作的说明不同。

伊壁鸠鲁认为，天然欲望的基本对象不是别的东西，而是肉体上的快乐和痛苦；而其他三位哲学家的说法则颇为丰富繁杂，认为除此之外还有许多其它的对象，例如知识、亲朋好友、祖国的幸福等等，这些东西都是人们生活中的基本需要。

伊壁鸠鲁还说，美德本身是不值得追求的，它也不是天然欲望的根本目标，只是因为它有避免痛苦、带来舒适和快乐的倾向才成为适宜追求的东西。而在其他三位哲学家看来，美德之所以值得追求，不仅因为它是实现天然欲望及一些人生基本目标的手段，而且还因为它本身就是比所有值得追求的目标还重要的东西。人是为了行动而生，所以人的幸福必然不仅存在于他对行动后果的愉快感觉之中，也存在于积极努力地追求某种幸福的合宜性之中。

第三章　试论将美德置于仁慈之中的体系

认为美德存在于仁慈之中的道德体系虽然不像我已论及的以上各种体系那样时代遥远，但也是一种非常古老的体系。它似乎产生于奥古斯都时代以及其后的一些哲学家的体系。这些哲学家们自命为折中派，自称主要信奉柏拉图和毕达哥拉斯的观点，所以晚期也以柏拉图主义者的称号而闻名。

在这些哲学家们看来，仁慈或仁爱是行为的唯一规则，因为这是神的天性，神还用它来指导着所有其它品质的实践。智慧的神发掘出可以达成她的善良本性目的的一切手段，以便用她神奇伟大的力量来实现。仁慈还是一种至高无上、处于美德支配地位的品质，所有其它的品质都处于从属地位，神的行为中所折射出来的全部美德或全部道德最终都源自仁慈这种品质。人类内心的至善至美品质和各种行为美德，都与神的美德的某些部分相似或相同，所以影响神的一切行为的仁慈、仁爱原则同样也会影响到人类。人类在这种原则的指导下所生发的行为无疑是值得称赞的，即使在神看来也要惊叹赞扬。只有在行为中充满博爱和仁慈，我们才是在模仿神的行为，并且必须模仿得就像我们自己的自发行为一样，才能对英明伟大的神的种种美德表达恭顺和虔诚的赞美，才能在自己心中培植出同样神圣的原则，把自己的感情熏陶成至善至美的品质，以成为神所喜爱和看重的合宜对象。只有这样，我们才会最终达到同上帝直接交谈和交流思想的地步，这也是这种哲学要求信徒们达到的主要目标。

好似受到古代基督教会的许多神父的一致尊敬那样，宗教改革之后，这种哲学也为一些极其虔诚、博学多才、态度和蔼的神学家所接受。如拉尔夫·卡德沃思博士、亨利·莫尔博士、剑桥的约翰·史密斯先生。在所有古往今来的支持者中，已故的哈奇森博士对这一哲学的推崇程度无疑是无与伦比的。哈奇森博士是一个观察力最敏锐的、最突出的、最富有哲理性的人，尤为重要的是，他很理智并且见识广博。“美德存在于仁慈之中”，这个观点已经被人类天性的许多表面现象证实了。前面提到：合宜的仁慈是一切感情中最优雅和最令人愉快的；天性的同情心促使我们珍视这种感情；仁慈必然倾向于行善，所以它是感激和报答的合宜对象等等。由于以上种种原因，仁慈似乎在我们的天然感情阶梯中占据了比其它各种感情更高一级的地位。仁慈的行事方式在我们看来令人非常愉快，而其它一些激情的癖好，例如过分的狠毒、过分的自私或过分的憎恨则总是让我们感到极大的憎恶。即使过分的溺爱，甚至带有偏心的友爱，也会让人稍稍生厌，唯有仁慈这种激情，可以尽量无限制地发泄而无须去关心或注意其合宜性及程度，它会永远保持着闪光点和迷人之处，它本能的善意之中就存在着一些令人感到高兴的东西，这种善意不断地做好事，从来不去理会所从事的行为会受到责备还是赞同。其它的一些激情可就不是这样了，它们一旦过了限，没了合宜感，就再也不是令人感到愉快的激情了。

包含仁慈感情因素的行为会产生一种高于其他行为的美，若一种行为缺乏仁慈，它必然潜伏着与这种感情正好相反的倾向，会伴随着具有这样倾向的蛛丝马迹，而构成特殊的道德上的缺陷。有害的行为之所以会受到惩罚，是因为这种行为表明它丝毫不将别人的幸福看在眼里。

除了以上的论述之外，哈奇森博士还补充说，如果一种行为被发现除了仁慈感情之外还掺杂着其他动机，人们对这种行为的合宜性的美好感觉，就会因为其他的动机而减弱。例如，一个原本被认为是出自感激之心的行动，被人发现它其实只是想得到某种新的恩惠；或者，一个原本被认为出自公益精神的行动，被人发现它的根本动机是希望得到金钱报酬和积累名声，诸如此类的发现，会完全抵消这些行动原来呈现出来的优点和合宜性。因此，混有任何自私、不可告人的动机的行为，像混有不纯元素的合金一样，会让人们彻彻底底地质疑这种行为原来的仁慈、合宜本质。故而哈奇森认为：毫无疑义，美德只存在于纯粹无私的仁慈之中。

相反，如果发现某种通常被认为是自私的行为竟是出自仁慈的动机时，会大大增强我们对这些行为优点的理解和认识。我们会信任任何一个以这种努力方式去增进自己幸福的人：他只是想做一些有益的事情，或对自己的恩人作适当的报答，毫无其他意图。我们当然会热爱和尊重这个人。而这似乎更加充分地证实了这个结论：只有仁慈品质才能为任何一种合宜行为打上美德的印记。

最后，哈奇森博士想到：在异议者们就行为的正当性所展开的全部争论中，什么最能合理地证明美德是明白无疑的呢？公众的利益是参加辩论的各家都不断提到的标准。因此，他们普遍承认，任何有助于促进人类幸福的行为都是正确的、值得称赞的、具有美德的；而任何阻碍人类幸福的行为，都是错误的、应当责备的和邪恶的。在后来发生的关于消极顺从和积极抵抗孰是孰非的争论中，人们的看法在某一点上大相径庭。当特殊利益受到侵犯时，软弱的屈服是否会比短暂的抵抗更可能带来罪恶？而最有利于人类幸福的行为在道德上是否也是善良的？哈奇森认为这从来就没有成为一个让大家注意的问题。

仁慈是使所有行为获得美德品质的必要条件，所以某种行为包含的仁慈感情越浓厚，越能得到更多的赞扬。

那些旨在谋求某个组织或团体的幸福的行为，由于它们表现出了比单纯追求个人幸福的行为更大的仁慈，所以相应地它们会具备更多的美德品质，也会得到更多的支持和赞扬。因此，为一切有生命的生灵谋福祉的感情在所有感情中，只有美德最大，而只是在某一方面可能具备美德品质的行为感情会比较贫乏，比如只追求个人的幸福，或只是希望自己的儿子、兄弟、朋友等有亲密关系人获得幸福。

完美的品德，它存在于指导人类的全部行动以最大限度地增加利益的过程中，存在于使所有低层次的感情都服从于对人类普遍幸福的追求之中，存在于只把个人当作芸芸众生之一，只有在不违反或有助于全体利益时才会去追求个人幸福的行动之中。

无论从哪个角度、哪一方面来看，自爱都称不上是一种美德。它一旦妨害众人的利益，马上就堕落成为罪恶的品质。若它除了使别人更关心自己的幸福外并没有产生别的什么后果时，是一种无害的品质，不值得称赞也不需要责备。富人们所从事的慈善活动，虽然有很大一部分动机源于自私自利的心理，但依然具有美德，值得赞扬。因为，单就这些行为足以表明仁慈原则的力量和活力。

哈奇森博士不但不承认自爱是一种可能促成美德行为的动机，而且他还认为自爱是对孤芳自赏的一种畸形的支持，是为了使良心得到安慰的某种形式的喝彩，它削弱了仁慈行为的优点。哈奇森说 自爱，这种自私自利的动机，观察一下它对所有行为起了什么作用就可得出这个结论：它不是一种纯粹而无私的仁慈的弱点。只有纯粹无私的仁慈的感情，才能给合宜的行为打上美德品质的印记。

但按照人们的惯常看法，虽然自爱这种感情专注于对自己内心的赞赏，但还不至于在什么地方会减弱行为的某种美德因素，它应该被看作是旨在获得美德品质的一种动机。

以上就是这个温和的体系关于美德本质的种种说明。这种体系具有一个非常明显的特点，那就是通过把自爱描述成根本不可能给受它影响的人带来任何荣誉的东西，人们要在心中培植和助长一切感情中最高尚和最令人愉快的感情，从而去控制好过头的自爱，并在一定程度上消除这种性情的消极影响。

正如其它的哲学道德体系未能充分解释最高尚的品质——仁慈的特殊优点到底源于什么地方一样，这个学说体系似乎也有缺陷：它没有充分解释人类对谨慎、警惕、慎重、自我克制、坚持不懈、坚定不移等较低级的美德的赞同源自何处。这种体系所关心的唯一要点是人类各种感情的意图和目的以及它们产生有益或有害结果的倾向性。至于激起这些感情的原因合宜与否、相称与否，则完全不提。

很多时候，关心自己个人的幸福和利益，也是一种非常值得称赞的行为。人们通常将自私自利动机的养成归因于节俭、勤劳、专心致志和聚精会神的习惯，而这些习惯同时也被认为是非常值得赞扬和肯定的品质，理应得到每个人的尊敬和赞同。诚然，当某种仁慈感情的行为中混有自私自利的动机时，似乎会损害本来具有的美感。但出现这种结果的原因，在于仁慈的原则在这种特殊的场合显得缺乏应有的强度，而不在于自爱之情配不上构成某种具有美德的行为的动机并同它的行为对象完全不相称。当然，自爱的品质显然是有缺陷的，总的说来是应该受到责备而不是赢得称赞。若某种仅仅缘于自爱之情的行为中混有仁慈的动机，那么我们对这种行为的不经意的合宜性依然会有美好的感觉，对行为人的不经意的美德也会大加赞赏。自爱之情绝不是人类天性中的弱点，或人们倾向于喜欢去猜疑的缺点，我们没必要动不动就猜疑某人是否存在自私自利的缺陷。然而，如果一个人并不关心自己的亲戚朋友，也不适当地关心自己的身体健康、生命以及财产这些他本来必须关注的东西，毫无疑问这是个缺点和遗憾，虽然有某种可爱程度，但它把一个人变成与其说是轻视、憎恨不如说是可怜的对象。而且这种缺点多多少少还是会有损他的尊严和人品，会削弱他身上那些原本让人尊重的气质。一般人不喜欢满不在乎和奢侈的品性，这种品性不是因为缺乏仁慈，而是缺乏对自身利益的恰当关注。

一些诡辩家常常以人类的行为是否具有增进社会福利的倾向作为判断行为正误的标准。但并不能由此而断定，对社会福利的关心是行为的唯一具有美德的动机，只能说在评价行为的合宜性时，它会是一个重要的参考标准。仁慈大概是神的行为所遵循的唯一原则，有很多理由可以说服我们相信这一点。一个神通广大、无所不能的神，她的幸福可以不费吹灰之力就争取到，一切都无求于外界，除了仁慈地帮助芸芸众生她还会有其他的动机吗？上帝的情况就是这样伟大而无私，但人这种不完美的生物要维持自己的基本生存需要却会在很大的程度上求助于外界，行事时也往往会带有更多别的动机。如果任由天性、感情支配、影响我们的行动，而不屑于行为是否合宜，是否会得到别人的尊敬和称赞，那么人类的外界环境就会非常恶劣了。

迄今为止，对美德的本质作了主要说明的就是以上三种体系了——把美德置于合宜性之中、把美德置于谨慎之中以及认为美德存在于仁慈之中。其它一切有关美德的描述，尽管表面看起来千差万别，却都可以归入上述三者之一。

认为美德存在于对神的意志的服从之中的体系，既可以归入把美德置于谨慎之中的哲学体系，也可以归入把美德置于合宜性之中的哲学体系。有人会因为质疑我们服从神的旨意的必要性而发问：为什么我们一切都要听神的指挥、按她的意志行事？这个问题不但是对神的大不敬，就其本质来说也是非常荒唐的，我只能告知两种答案：一、因为神是法力无边的，如果我们服从她，她就乐于源源不断地施与我们幸福和快乐；若是我们逆她的旨意行事，得到的将是她的永无休止的惩罚；二、撇开我们的幸福和一切关于神的报酬、惩罚不说，单一个道理就可以说明我们为什么要听从她的安排：即一个生灵应当绝对服从它的创造者，力量有限和不完善的人应当绝对服从力量无限和至善至美的神，这是颇具和谐性和合宜性的。我想象不出除了这两个答案之外还有什么更好的回答。如果第一个回答是恰当的，那美德就存在于谨慎之中，或是指迫于神的意志去合宜追逐自己的根本利益和幸福。如果第二个回答是恰当的，那么美德就存在于合宜性之中，原因在于人类情感中的恰当性或和谐性顺从了激起这些感情的客体的优势。

把美德置于效用之中的道德哲学体系同把美德置于合宜性之中的体系大体相似。这个体系认为，凡是对本人或他人来说是愉快或有益的品质，人们都会将其看作美德而予以赞赏，而与此相反的一切品质，人们则会将其视为邪恶并加以反对。任何感情的合宜性或效用，都取决于人们对这种感情的宽容度，如果它在可以忍受的范围之内，就是有用的，若超过了某个合宜的界限，就是有害的。所以这个体系主张：美德不是存在于某一种感情之中，而是存在于所有感情的合宜程度之中。它与我一直在努力建立的学说体系之间的唯一区别是：它没有重视旁观者的同情或相应的感情，而是把效用作为合宜程度的自然的、根本的衡量尺度。

第四章　试论将美德等同于放荡不羁的哲学道德体系

迄今为止所阐述的所有体系都认为：不管美德和罪恶会存在于什么地方，它们的品质都有着真正的、本质的区别。感情的合宜和不合宜之间、仁慈和其它的行为原则之间、谨小慎微和鲁莽草率之间，都存在着真正的、本质上的差别。另外，它们基本上都极力鼓励值得称赞的倾向、劝阻可能会受到责备的倾向。或许，它们中还有一些倾向于打破各种感情之间的平衡，倾向于使人的内心更偏向于某些行为，使之超过其应有的比例。

把美德置于合宜性之中的道德学说体系，主要是介绍一些高尚的、庄重的、令人尊敬的美德以及自我控制、自我克制的美德，比如坚忍不拔的精神、宽宏大量的气概、贫贱不移的傲骨、不溺于钱财的清高、藐视痛苦的坚强以及视死如归的豪迈等等。行为中最高尚的合宜性就展现在这些伟大的努力中。相较之下，这种道德学说体系很少强调和蔼可亲、温柔敦厚、宽容仁爱的美德。特别是斯多葛学派的学者还把这些中庸的美德看作是缺点，认为一个富于理智的人不应该把这些缺点容纳于心中。

而把美德置于仁慈之中的学说体系只是以最大的热忱来鼓励和赞美所有较为温和的美德，完全忽视了心灵中一些本来更庄重和更值得尊敬的品质。它甚至不认为那些品质是美德，只称之为道德能力，认为它们可以得到适当的尊重和赞赏。这种学说体系把那些以获得个人利益为目的的行为原则看成是更坏、更糟糕的东西。它断言这些原则本身不具备什么优良的品质，当它们同仁慈这样伟大的感情恰好一起发生作用时，只会削弱后者的光芒。谨慎在它那儿也被认为是只想增进个人利益，绝不是什么美德。

认为美德存在于谨慎之中的学说体系不遗余力地赞扬慎重、警觉、冷静和明智的克制等习性，在很大程度上又贬低了上述温和的、值得尊重的美德，它否定了温和感情中的优美因素，也不觉得那些值得尊重的美德到底是哪里显得崇高。

尽管都有缺陷，但这三个体系的基本倾向都是肯定人类心中最高尚的和最值得称赞的习性。如果大部分人类，或者只有少数人决定遵循上述三种体系中的某一个道德哲学规则行事、生活的话，那么，它对社会就是有用的。我们可以从它们每一个当中都学到既有价值又有特点的东西。训诫和规劝可以激发心灵中坚忍不拔和宽宏大量的精神，古代强调合宜性的体系正是主张这一点；如果记住“己所不欲勿施于人”的原则经常换位思考，就会激发我们对周遭人们的仁慈感情和博爱精神，强调仁慈感情的体系不也是这样思考的吗？尽管伊壁鸠鲁的体系是上述三种体系中最不完善的，我们也从中知道了温柔敦厚的美德和令人尊敬的美德有助于增进人类今生今世的利益、舒适和清静。伊壁鸠鲁把幸福归入舒适和安定的获得之中，所以，他努力用奇特的思维方法表明，美德不单单是最高尚、最可靠的品质，还是获得诸如宁静、舒适这类生活中无价之宝的唯一手段。美德会给我们带来内心的平静和安定，这是其他一些哲学家所看重和称赞过的东西。伊壁鸠鲁没有把这个问题一笔带过、忽略不计，而是极力去强调和阐述温和彬彬的品质会对人类外部处境的顺利、安全问题产生怎样的积极影响。鉴于此，古代各种不同哲学派别的人才热衷于研究他的著作。西塞罗是伊壁鸠鲁学说体系顽固的反对者，但他曾经引用了伊壁鸠鲁最令人激赏的论点 只有美德才可以保证你获得幸福。斯多葛学派最激烈地抨击伊壁鸠鲁，但它的代表学者塞内（Seneca）比谁都爱引用这个哲学家的论述。

有一种学说体系试图完全抹杀掉罪恶和美德之间的区别，这十分危险而有害——就是孟德维尔（Mandeville）博士的学说体系。他的所有见解几乎没有一个正确的地方，但若是以一定的方式观察人类天性的某些表现，似乎还能证明孟德维尔的主张并不是毫无可取之处。他总是以粗鲁朴素而又活泼诙谐的辩才描述并夸大自己的理论，给自己的学说加上了某些似是而非的真理外套，于是一些非常容易被骗、生活资历浅的人就会被忽悠。

根据某种合宜感，考虑到什么行为会值得表扬和称赞，孟德维尔博士把所有被表扬的行为诋毁成行为者为了追求赞扬和掌声才做出的举动，或者更坦白地说，只是一种爱好虚荣的举动。他说，人的本性决定人只会更加关心自己的幸福而不是时时牵挂他人的幸福，人只喜欢看到自己成功而不喜欢被别人超越。如果看到一个人这样做好事，毫无疑问他是想欺骗我们，可以确信他的动机仍然是自私自利的，其中最强烈的莫过于虚荣心了，周围的人们一旦给予他赞赏和好评，他马上会感到荣幸和极大的振奋。当表面上看来他是为了同伴的利益而牺牲掉自己的利益时，实质上他只是为了获得同伴们异乎寻常的称赞，那可以大大地满足他的虚荣心需要。而且，从预期看，损己利人的行为会带来更多的快乐，这种快乐远远超过了自己所放弃的利益。综上，他的行为根本就是一种自私自利的行为，出自某种自私的动机，一如在其它任何场合那样。可是，他觉得很满足，这样的信念让他很开心，起码他认为自己是心底无私的，要是自己还不作此想法的话，别人又怎会赞同？这般说来，根据孟德维尔的学说体系，所以视公众利益高于个人利益的一切公益行动都是对人类的欺诈和哄骗，这种被大肆夸耀的、被人们争相仿效的美德，只是自尊心和奉承心态的产物。

我不想去考证那些最慷慨大方、富有公益精神的行为是否出自某种自爱心理，这个问题对于确定美德的实质没有太大意义。因为自爱之心也往往是会促成具有美德品质的行为。我只想强调，那种想做出光荣和高尚行为的欲望、想使自己被大家尊敬并赞同的欲望，不能被冠以虚荣的名号。即使行为者本人确实向往名副其实的好声望和名誉，实实在在想让人们对自己身上的某些可贵品质表露出尊敬和赞美，也不能斥之为虚荣。前一种可以定义为对美德的爱好，而这是人类天性中最高尚、最美好的感情。后一种可以定义为对真实的荣誉的追求，这种感情无疑比前者低了一个等级，高尚程度也似乎次于前者，但这两者都值得褒扬。到底什么是真正的虚荣呢？即自欺欺人地想让别人夸赞自己，甚而自己也找不出哪里有值得人赞许的地方，或者自己也对是否能获得赞许表示怀疑，这是真的虚荣。还有一种虚荣体现在用华服丽装或轻浮虚飘的外在行为来掩盖自己空虚的本质，妄想获得不可能有的发自别人心底的赞美，这种人才是真得了虚荣病。他渴望以某种品质得到真正的夸赞，也完全知道自己是配不上那种夸赞的，但却念念不已。虚荣的人处处有：总是附庸风雅，在表面上摆出一副知书达理的样子而实则腹中空空、草莽一个的纨绔子弟；总是胡编乱造一些不切实际的冒险动作来骗取他人关注的无聊说谎者；总是盗用著名作者的名声写伪书的糟糕愚蠢的堆砌文字者，上述这三种人才是被虚荣熏坏了脑子。还有一种人也有虚荣的毛病，别人私下秘密地向他表示尊敬和赞赏，他会觉得不愉快，他喜欢来自人群的喧闹、分贝巨大的喝彩声，无言的敬意没法使他感到满足，除非亲眼见到亲耳所闻。他总是迫不及待地强求周围的人们夸赞他，虚空的头衔、溢美的颂词、门前车水马龙、出入进来随从众多、公共场合感受到人们带着敬意和关注的表情向他致礼等等，他只向往这些外在的浮华。这样的虚荣与前面提到的两种激情完全不同，前两种既高尚且伟大，虚荣却是人类道德中最浅薄和最低级的感情。

虽然这三种感情，即：想使自己成为被人尊敬的合宜对象的欲望，或使自己有资格得到人们赞许和敬佩的欲望 想以实际行动去赢得真正的荣誉和尊敬的欲望；想得到别人虚飘赞美的欲望——大不相同，前两种感情总是为人们所赞成、肯定，而后一种感情总是为人们所藐视、唾弃，但它们之间还是有着某种细微的雷同之处。当孟德维尔，这个伶俐无比的家伙以幽默而又迷人的口才把这种雷同加以夸大后，一些读者就被他欺骗了。无论是虚荣心还是对于名副其实的荣誉的爱好，目的都是想获得尊敬和赞美，这样看来似乎有相似之处，但两者之间的区别还是很明显的：前者是一种正义的、合理的、公正的感情，后者则是一种龌龊的、荒唐的、可笑的感情。渴望获得名副其实的荣誉的人只是希望获得自己本来就有资格获得的东西以及在公正合理的原则下就能取得自己想要的东西。相反，在根本没有资格的前提下想要获得尊敬的人就是在非法要求本来不属于他的东西。前者很容易就会得到满足，不消去刻意猜疑人们是不是没有给予他足够的尊敬，也不会在意人们是不是把这种尊敬之情写在脸上挂在嘴上。后者则从来就没有满足的时候，他总是疑神疑鬼地瞎咋呼：为什么他们不给我足够的尊敬和赞扬？因他内心有这样一种意识在作怪：总是想得到更多的肯定，不管自己有没有那个资格。礼节上的轻微疏忽于他也是一种不能宽恕、简直无法承受的侮辱，是轻视他的表现。他焦躁不安而又极不耐烦，诚惶诚恐地害怕失去人们对他的一切敬意。所以他必须确定自己总是得到新的尊敬和赞美，别人只有不断地奉承他、谄媚他，他才能保持正常的心理状态和性情。

想得到名副其实的荣誉和尊敬的感情，与那种只是想得到赞扬并使自己成为被赞扬的人的感情也有某些相似之处。

首先，它们的目的相差无几：都旨在真正成为光荣的和高尚的人；其次，两者对真正荣誉的热爱都有一点点类似于虚荣心的感觉，即会不同程度地涉及到他人的感情。因为，即使是品德最高尚无私的人，因为热爱美德本身而渴望拥有美德的人，或者最不在乎别人对自己看法的人，也想弄清楚到底世人对他抱以什么样的看法和态度，想知道自己是否因值得赞赏的合宜行为得到了真正的荣誉和夸赞；他意识到如果人们是以冷静、公正的态度切实、恰当地了解他所有行为的动机和详情的话，他们肯定会给予自己荣誉和赞赏。虽然他不在乎人们实际上对他有怎样的看法，但他确实重视人们应当对他持有什么看法，即他喜欢人们客观公正地看待他。所以，他的行为动机中崇高的一点就在于：只要他认为是高尚的感情就会去主动追求，而不管别人对他的品质会抱有什么样的想法。如果他进行换位思考，不考虑别人会怎么看自己，而是考虑别人应该怎样看待自己的话，他一定会得到来自他人的最高评价。因此，热爱美德的感情中多多少少要考虑他人的看法，但只会考虑别人的观点是否理智、合宜，而不是专注于考虑别人会持什么样的观点。从这一点来看，热爱美德和热爱追求真正的荣誉是有雷同之处的。当然，两者之间还是有差别：一方面，只考虑什么是正确的、合宜的，只凭合宜的行为会得到什么程度的尊敬而行事的人，总是在人类天性所能想象到的最崇高的和最神圣的动机采取行动；另一方面，如果一个人的合宜行为值得赞赏，但是他无休无止地渴望立即获得这种赞赏，也会遭来人们的质疑，因为他的动机混杂着某些人性的弱点。他会因为人们不了解他的合宜行为和优良品质而感到屈辱，也害怕居心叵测的敌人会因为嫉妒他而破坏他的幸福。相反，有一种人因为从来不受命运的摆布，不受同他相处的那些人的古怪想法的影响，幸福却得到了保障。在他看来，人们因为无知而轻视他、仇恨他，他不会为此而感到一丁点屈辱，"人不知而不愠"，别人那是以错误的观念来看他的。他相信：只要人们更好、更全面地了解自己，就会自然而然地尊敬和热爱自己。确切地说，人们所仇恨和轻视的不是他，而是另一个被他们误认为是他的幻影。试想，一个友人在化装舞会上装扮成我们的敌人，我们因为没有认出他来而对其生出发泄愤恨之情，如果那个友人是一个真正宽宏大量的人，在受到不正确的责备时也不会很在意，那么他很可能会感到高兴而不是屈辱。然而，人类天性中很少有达到这种高尚境界的。人类中除了意志最薄弱的和最卑劣的家伙会在意虚假的荣誉之外，别人都会对它嗤之以鼻。但与此相矛盾而叫人感到困惑的是，虚假的屈辱常常会使表面看起来最坚定、最有主见的人感到屈辱。

孟德维尔博士并没有把虚荣心这种肤浅的动机完全说成是所有美德行为的根源。他也尽力从别的方面来指责人类美德的不完善。他认为，所有的美德都没有达到它们所宣称或者所表现出来的那种完全无私、高尚完美的地步，并且它们没有真正使我们折服，只不过是以某种小计谋暗中纵容了我们的激情。无论何时，人类节制享乐欲望的程度远远不如下决心苦行的程度，所以过度的快乐在孟德维尔看来是不可苟同的奢侈和淫荡。在他眼里，每一件普通的东西都豪华得超出了可以满足人类基本需要的限度，即使一件干净的衬衫或一座整洁的住宅在他而言也是有罪的。他甚至抨击人类最基本的性欲和性行为，认为对性交欲望的纵容，就是以最有害、最得不偿失的方式来满足这种激情，根本就是淫荡。此外，他又嘲笑自我克制和贞洁的品质。很多时候，他就是以一种巧妙的似是而非的推理来欺骗读者，总是以模棱两可、莫衷一是的语言掩饰观点的残缺。很多人类感情没有什么别的称号，除了那些表示令人不快或令人作呕的程度名词以外。但旁观者更容易在这种程度上而不是出于别的原因去关注那些感情。如果一些感情震动了旁观者的心灵，使他觉得反感、不舒服，他必然会身不由已地注意到它们，从而会给它们一个名称。如果某种感情符合他心情的自然状态，他会很容易就完全忽略它们，根本不给它们冠以名称，或者即使给了它们什么名称，但由于它们处在感情轻易就可接受的范围内，所以，与其说是表示它们被允许存在，不如说是他对这种感情的征服和抑制。所以，及时行乐和沉湎性爱，这两个普通的名称，标志着寻求快乐和基本的生理需求已经达到邪恶、令人作呕的程度。而另一方面，自我克制和贞节两个词，与其说是表示这些感情还处在被允许的程度，不如说是它们受到了抑制和征服。所以，当他身上或多或少还能显示出这些感情的存在时，他就以为自己已完全否定了自我克制和贞节的美德的真实性，完全揭露了这些所谓的美德仅仅是对人类天性的戕害和愚蠢的欺骗。然而，对于那些美德试图去抑制的感情的对象来说，美德不是要求它们完全处于麻木不仁的状态，只是想把这些感情限制在理智和狂热的分界处，以保证其不会伤害到他人，不会扰乱社会。

不去理论其程度如何以及作用对象为何，而是粗枝大叶地把每种激情统统说成是邪恶的，就是孟德维尔道德学说体系的大谬所在。他把每样东西都说成是虚荣心，因为处在普遍联系之中的社会个体总会或多或少地考虑别人的感情，而这就是他抓住的把柄；在这种诡辩下，他自己下了个荒诞的结论：个人劣行即公共利益。人类天性向往荣华富贵，追求高雅艺术以及生活中一切先进美好的东西，喜欢华服、漂亮的家具以及典雅的设施，爱好建筑物、雕塑、图画和音乐等等一切让人愉快的事情，但这些都被孟德维尔说成是奢侈、淫荡和出风头，而这还没有把人们想追求的欲望全部囊括。他认为，人们追求奢侈、淫荡和出风头必然因为这些是对公众有利的。因为，如果公众不赞同这些东西——他很想适当地给它们套上一些可耻的名称——所谓优雅的艺术就绝不会得到鼓励，并会因为于事无补而枯萎凋零。

在孟德维尔的时代之前，曾经流行过一些发源于民间的制欲学说：即认为美德的前提是人们彻底根绝和消除全部激情。这个学说才是放荡不羁体系建立的真正基础。于是，孟德维尔博士很容易地论证了：首先，人们实际上从未完全征服自己的激情；其次，要是人们普遍都做到了这一点，就会对社会产生毁灭性的影响，因为这将葬送一切产业和商业，最终在某种意义上葬送掉人类生活中的一切行业。通过第一个命题，他似乎证明了真正的美德并不存在，同时暗示了自以为是美德的东西其实只不过是欺诈和哄骗人类的一种伎俩；通过第二个命题，他得出了自己的结论：个人劣行即公共利益，没有种种个人劣行，何来一个社会的繁荣兴旺？

以上就是孟德维尔博士的体系，它曾经在国际学术界引起很大的反响。虽然同这种体系诞生之前的世界相比，它并未引来更多的罪恶，但它还是唆使了那种出于不可告人的目的而施行的罪恶，使之更加肆无忌惮，并且抱着无所谓的让人恼怒的态度欣然承认它那腐坏的动机。不过，无论这个体系如何有害，要是它里面不包含一点真理因素，也绝不可能欺骗到那么多的人，不可能使信奉仁慈、合宜体系的人们感到那么恐惧和惊慌。某个自然哲学体系，似乎表面看来非常有理，也会在很长一段时期内为世人所普遍接受，但它实际上根本没有坚实的基础，同真理相距十万八千里。笛卡儿旋风就被富有智慧的日耳曼民族在将近一个世纪的时间内看成是关于天体演化的最成功的说明。但是，已经有人证明了——且这个证明为所有人信服——有关那些奇妙结果的虚假的原因，不仅实际上不存在，而且根本不可能有，即使它们存在的话，也不可能产生这样的结果。道德哲学体系与自然哲学体系完全不同。一个口口声声想要解释人类道德情感起源的哲学家不可能如此严重地欺骗人类，也不可能严重到背离真理的荒唐程度。当一个旅行者向我们描述某一遥远国度的情况时，他很可能会利用我们轻信别人的心理，把他脑子里毫无根据的、极其荒唐的虚构天花乱坠地说成是非常可靠的事实。但是，当一个人慌慌张张地告诉我们邻居那儿发生了什么事情，告诉我们教区什么地方发生了什么事情时，虽然我们对周边环境非常熟悉，但如果因为过于粗心而不用自己的眼睛去察看一下事情的真相或用脑子想想时，他就可能成功地欺骗我们。然而，即使他最大的谎言也必须同真相有些微的相像之处，甚至其中必须有相当多的事实元素。一个研究自然哲学的物理学家——他声称要指出宇宙间许多重大现象的起源——宣示要对一个海外的国家所发生的事情进行科学的说明，对于这些问题，他尽可以随心所欲地告诉我们，只要他的叙述能保持在似乎有可能的界限之内，就会赢得我们的信任的激赏。但是，若他打算向我们解释感情和欲望产生的原因、人类赞同和不赞同的情感产生的原因时，或当他不仅扯到我们居住的教区中的事情，而且扯到关于我们自己的种种事情时，虽然我们也很可能像把一切都托付给某个欺骗自己的佣人的懒惰主人一样，很可能上当受骗，但我们还是不可能会忽略任何同事实完全不沾边的说明。文章起码得有充分根据，就是夸张过度的文章也要以某些事实为依据。否则，欺骗很容易就会被识破，甚至人们粗枝大叶地浏览都会找出错误。在最没有判断力和最缺乏经验的读者看来，一个作者如果想把某种本性作为任何天然情感产生的原因，而这种本性既同情感的原因没有任何联系，也没有什么特别值得称道的本质，那么这个作者就是一个荒唐可笑的人。

第三篇 对赞同原则的三种不同解释

引 言

在研究有关美德本质这一问题之后，有关赞同原则的探究成为了道德哲学中的另一个重要问题。对于赞同原则，它是人内心的一种力量或能力，使得我们喜欢或讨厌某种品质。它使我们喜欢某一行为，而且认为这种行为是正确的，而反感另外一种行为，并把它归结为错误的。同时，它把某种行为视为赞同、尊敬和报答的对象，而其余的就成了反对、非难和惩罚的对象。

人们对赞同原则的解释大概持三种不同的观点。一种观点认为，我们仅仅是从自爱的角度出发，根据别人对自己利益的某些倾向性的看法来赞同或反对自身的行为以及他人的行为。另一种观点是强调理智的重要性，理智左右着我们判断是非的能力，决定着我们在行为和感情上的区分是否恰当。还有一种观点认为，对于某种行为或感情的看法完全是由我们的情感所决定的，情感让我们产生与之对应的情绪。以上观点中出现的自爱、理智和情感便被认为是赞同原则的三种不同的根源。

在我阐述那三种体系之前需要指出的一点是，对于赞同原则这个问题，在思辨领域有着重要的地位，然而在实践上却显得无足轻重。美德本质问题的讨论在很多特殊场合不同程度地影响着我们有关是和非的见解。而讨论赞同原则这一问题可能就没有这样的影响。去探究那些不同见解或情感源于何种内部设计或结构，仅仅是为了引起哲学家的好奇心。

第一章 论从自爱推断出赞同原则的那些体系

对于赞同原则的解释方式是不完全一样的，因此就导致了大量的混乱和错误存在于他们各种不同的体系中。霍布斯先生和他的众多追随者认为，人不可能在社会上独立存活，这并不是他对同类有天生的热爱，而是因为如果没有别人的帮助，个人绝对不可能生存得舒适和安全。

正是因为这样，凡是对社会有利有益的东西，在他的潜意识里就会认为这能增进自己的利益。

反之，则认为那些可能妨碍和破坏社会的东西会危害到自己。举个例子，道德维护着我们的社会，而罪恶则是社会的破坏者，所以前者能让我们接受并感到愉悦，而对后者则是深恶痛绝。这就好比他从前者预见到了自己的幸福，从后者预见到了它对自己生活的干扰和破坏。

当我们冷静理智地思考那种促进社会和谐的美德的倾向和扰乱社会秩序的罪恶的倾向时，我们对前者的态度是赞美的，而对后者却是彻底的否定和鄙夷。打个比方，我们的社会看起来就像一台运作精妙的宏伟机器，不计其数的令人愉悦的结果在它那协调规则的运转中产生。因此，和其他人类艺术产品的美妙和宏伟的机器一样，任何能让机器运转得更为稳定和快速的东西都将被人们视为一种美，反之，那些阻碍它运转的东西都会引起人们的不快；同样，对于社会这个车轮滚滚向前的机器，我们赞美和支持作为优良润滑剂的美德，而批评和反对像铁锈一样阻碍车轮前进的罪恶。因此，有关赞同和不赞同的起源的这种说明，就其从对社会秩序的尊重来推断赞同和不赞同而言，离不开赋予效用以美的这个原则，我已经在前面和对这点做出了解释；并且正是从那里，这个理论体系所具有的可能性完全地显现出来。作家是很容易影响读者的观点的，当作家们在他们的作品中列举一种乐于交际而又不乏教养的生活具有无数好处，胜于孤独和粗俗的生活时；当他们极力描述美德和良好的秩序是维持前者所必需，同时证实罪恶肯定会促使后者恢复时，读者便欣然接受了作家们那些新潮而又伟大的见解，因为在这些见解中，读者对于美德和罪恶又有了崭新的认识，一种关于美和丑的认识。而且，读者对这一发现一般是非常高兴的，因为他们很少花时间去思考这种他们以前从未想到过的政治见解，自然也就不可能成为赞同或不赞同的根据，尽管他们习惯于据此来研究各种品质。

另一方面，我们从社会福利中享受到了利益，因为这一原因而尊敬美德，这是那些作家从自爱推断出的，但他们并不是要说我们的情感因为赞美加图的美德而获益，抑或因唾弃喀提林的邪恶而受到伤害。照那些哲学家的说法，我们现在的幸福不会被那遥远的年代和国家的兴衰而受到影响，所以这不是我们尊重美德、谴责违法的品质的原因。换言之，我们的情感不会受我们实际所设想的东西带来的好处或坏处的影响。他们的观点是，只有在我们现实生活的年代和国家，我们的情感才会因为它们带来的利益或损失而受到影响，也就是说，我们必须身处其中。简言之，那些作家正在探索且不可能清楚揭示的那种思想正是一种间接同情，是对那些从不同品质中得到利益或损失的人的感激或愤恨所产生的间接同情。当他们说使得我们称赞或愤怒的不是我们已获益或受害的想法，而是当我们处于有这样的人的社会时，我们对获益或受害的设想，那么此时，他们也就间接地指明了这种间接同情。

无论从何种意义上讲，同情都不可能被看成是一种自私的天性。设想当你痛苦或愤怒时，我会对你产生同情，但这可能被误认为源于我的自爱，因为我对你的同情是基于我对你的了解，是我假想在你的处境中设身处地考虑问题并由此产生的情绪。有一点需要明确的是，同情谁被说成是设想处于当事人的处境之中而产生的，但并不是假定当事人所发生的事在自己的身上发生，而是这种设想的变化发生在我们同情的那个人身上。举个例子说明一下，假如你的独生子不幸去世了，我为了表示对你的同情，不需要假设我有一个儿子并且他也去世了来考虑我的感受，而是考虑我改变了自己的身份和地位，跟你对调了所处的环境，真正成为了你之后所遭受的。所以，我的悲伤不是由我自身引起的，而是完全因你而起的。这样就很明确地说明了这不是自私。以本来的自我感受到的这种悲伤，它并不是产生于假想那件事发生在我身上或同我有关的任何事情的想象之中，而完全因为与你有关的事情而产生，这绝对不能被看成为一种自私的表现。就好比一个男人会同情一个正在生小孩的妇女，即使他想象不到那种痛苦，而且那种痛苦也永远不会在他身上发生。但据我所知，那些从自爱推断出来的关于情感和感情的言论，看似有理，却从未得到充分和明白的解释，这大概是混乱和误解了同情体系的缘故吧。

第二章　论把理性视为赞同原则的根源的那些体系

在大家所熟知的霍布斯先生的学说中，他本人认为所谓社会的自然状态也就是一种战争状态；换句话说，就是在正式建立起正规的市民政府之前，人们是不可能过上安稳和平的生活的。根据他的观点来看，保护社会就是拥护市民政府，反之，推翻了市民政府就意味着使我们的社会崩溃。但是，服从具有权威的当权者是市民政府存在的基础，一旦这种权威消失，政府也就随之瓦解。称赞任何能促进社会福利的事物，反对一切危害社会的事物是那些自卫教人士一贯的原则，显然，同样的原则教会了他们在所有场合高呼服从政府，而谴责那些抵抗反对政府的行为。由此可见，何人可称赞何人该遣责的这种观念和服从与不服从的观念应该是相同的。因此，我们判断正义和是非的唯一标准便是——政府制定的法律。

在霍布斯所处的时代，诸多事例让他明白，基督教信徒的动乱和野心应当被看作社会动乱的根本原因，所以他通过宣扬自己的见解，意图让人们服从于市民政府，反对基督教会的权力。这样做导致的结果是，那些神学家们对他深恶痛绝，同时也冒犯了正统的道德学家们，因为霍布斯的学说认为正确与错误的区别完全取决于当权者的专横意志，它们之间存在着不确定性和可改变性，二者之间没有天生的区别。因此，霍布斯先生的学说受到了许多人的激烈反对，遭到了四面八方的围攻。既然这个学说是那么令人憎恶，那就应该把它无情地驳倒——证明在没有法律和任何制度以前，人们就自然地被赋予了区分某些感情和行为中正确的、应该被赞扬的有道德的品质的能力，而分辨出其他行为和感情中错误的、应该受到谴责而且邪恶的品质。

法律是无法成为我们上述所说的那些区别的根源，卡德沃斯（Cudworth）博士曾经这样公正地评价过。从法律的假定来看，无非有两种情况：一是我们服从它是正确的，而违反它必定就是错误的；二是我们服不服从都是无关紧要的。由于法律是以它未出现之前的是非看法或观念为前提的，服从与否和观念的正确与否相一致，所以第一种情况中所说的服从是对、不服从是错是不能成为那些区别的原因的。而第二种情况中所说的那种服不服从都无关紧要的法律，很明显不能成为那些区别的原因。由于内心在法律出现之前就具有了关于那些错误的看法，所以表面看似乎必然会推论出它从理性得到了这种看法，就像它区分了真理和谬论之间的不同那样，理性区分了正确和错误之间的不同。这一理论在人类有关人性的研究只处于幼年时期的时候，并且在人类认真研究和仔细区别内心不同官能的特殊作用和能力之前，是很容易被人接受的；但需要明确的一点是，这一论断虽然在某些方面显得正确，但在其他一些方面却是十分草率的。当人们激烈地争论霍布斯先生的理论时，他们忽略了任何其他的官能都会产生是非观念的问题。所以美德和罪恶的本质的问题在于人们的行为是否同高高在上的法律相一致，而在于同我们的理性是否一致，就成为了当时流行的学说。就这样，人们认为赞同与否的本质和根源就是理性。

从某些方面来讲，美德存在于同理性相一致中是正确的。而且从某个角度来看，这种官能成为了赞同和不赞同的根本原因，它被认为是判断所有是非的根本原因。经由理性，我们发现了那些用来约束自己行为的有关正义的一般行为准则；也经由理性，我们逐渐形成了关于谨慎、公平、慷慨或崇高的那些比较模糊和不确定的概念，也就是说我们时时刻刻记着这些观念，并由此来努力界定和设计我们的一般行为准则。我们通过在一些特殊的场合观察到的那些使我们的道德官能感到愉悦或不快的行为进行归纳总结，并根据我们的官能赞同和反对的那些东西来建立起行为准则。但人们总认为归纳推理是理性的某种作用，所以他们会恰如其分地说，要理性地来看待那些一般格言和观念。然而我们忽略了一点，我们恰好是通过这些来调整自己绝大部分的道德判断，这种判断具有很大的不确定性而且根据不足。如果它们完全依靠诸如直接情感和感情那样容易发生变化的东西，那么，有关健康和情绪的各种情况就很可能从本质上改变这种判断。因此，当那些对理性的推理归纳的格言和观念调整着我们关于是非的最可靠判断时，我们就可以十分恰当地说美德产生于同理性相一致之中，在这种情况下，那种官能就成为了赞同和不赞同的根本原因。

虽然理性在某种程度上是关于道德一般准则的根源，我们也因此借以形成道德判断的根源，但如果认为是理性让我们产生对是非判断的最初想法，并且在某些特殊的场合因理性而形成我们的一般行为准则，那就显得十分幼稚、可笑了。那些最初的感觉是我们直接感官和感觉的对象，而不是理性的对象——如同其他形成一般准则的经验一样。我们通过在某些变化多端的情况中观察发现那些始终让人愉悦的行为，而另外一些行为则让我们感到不快，并以此来形成关于道德的一般行为准则。然而有一点需要明确的是，理性可以表明那些特殊的对象是我们得到愉悦或不快的某些其他东西的手段，并且这种手段让对象因为自身的原因而得到人们的赞同或反对，但并不是说理性能使任何特殊对象因自身的原因而为我们的内心所赞同或反对。感官或感觉是十分重要的，任何东西若不受到它们的影响就不可能因为自身原因而得到赞同或反对。由此看来，并不是理性让我们在那些特殊场合中对美德持赞同态度、罪恶却因自身原因让我们感到不快，而是我们最直接的感官和感觉让我们对前者肯定，而对后者谴责不已。愉悦是我们渴望的主要对象，而痛苦却是厌恶的主要对象，对于它们的区别都来自于直接感官和感觉，而非理性。换句话说，如果美德因自身原因而为人期望，邪恶也同样地受到憎恶，那么最初我们区别这些不同品质的就是感官和感觉，而不可能是理性。

由于理性在某些方面可以被正确地看成是赞同和不赞同的根源，所以很长一段时间以来人们由于疏忽，以至认为这些品质最开始都是来源于这种官能的作用。哈奇森博士最先精确地区分了所有道德的差别在哪些方面是源于理性的，在哪些方面是以感官和感觉为直接的依据，这是他的伟大之处。他对情感道德所作的说明和解释是无可挑剔和辩驳的，并且非常充分地解释了这一点。或许人们并未注意到哈奇森先生所写的东西，抑或对某些表达形式十分的迷信和依恋——这一缺点在一些学者中很常见，特别是讨论一些他们比较感兴趣的主题时，导致了有些人还在继续争论着这个主题，这是没有意义的。

第三章　论把情感视为赞同原则的根源的那些体系

把情感视为赞同本能的根源的那些理论体系，大体上可以分为两种不同的类型。一种是道德情感理论。依照他们的观点，赞同原则以某些特殊的情感为基础，建立在内心对某些行为或感情的特殊感觉能力之上。那些以赞同的方式影响着这种官能的被认为是正确的、应该赞扬和有道德的品质，而另外那些以反对的方式影响这种官能的则被认为是错误的、应该受到谴责和不道德的品质。这种情感是特殊感觉能力作用的结果，它有别于其他的情感，所以他们根据这一特殊性质称之为道德情感。另一种则是认为赞同本能是天生的，就如同造物主在其他场合一样，以十分精确的规则行动并从那些完全相同的原因中产生大量结果，而不需要我们去假定某种全新的、从未听闻的感觉能力。一个例子就是，他们认为同情总是让我们赞同的，并且给了我们这种内心的能力，这就很好地说明了特殊官能的一切作用。

哈奇森博士耗费极大的精力努力证明了，赞同原则并不是建立在自爱的基础上，同时也论证了这个原则不可能是由任何理性的作用产生的。以他的观点，我们只能把它看作一种特殊官能，造物主让人们拥有了这种官能，借以起到这种特殊而又重要的作用。倘若自爱和理性都被排除了，也就找不到其他的内心官能可以起到如此的作用。所以他把这一新的感觉能力叫作道德情感，而且认为它和其他的外在官能有部分相同之处。正如同我们周围的物体以一定的方式影响这些外在感官，于是乎就有了不一样的声音、颜色和气味一样，人心的各种情感，以某一特殊的方式触动这一特殊官能，于是就产生了可亲和可憎、美德和罪恶、正确和错误等不同的品质。

从这个理论来看，我们可以把我们内心获得所有简单观念的各种感官或感觉能力分为两种不同的类型，一种被称为直接的或先天性的感官，另一种被称为反射或后天的感官。内心不需要对另一些事物有感觉为前提条件来获得对事物的感觉的感官叫直接感官。例如，颜色和声音就是直接感官的对象，但看见某种颜色或听见某种声音并不需要以先感觉到任何其它的性质或对象为前提条件。那什么是反射或后天感官呢？我们必须以先对另一些事物有感觉为前提条件来获得对事物的感觉，这就是反射性或后天官能。举个例子，美与和谐就是反射性感官的对象，为了感悟到某种颜色的美或某一声音的和谐，我们就必须首先觉察到这种颜色或这种声音。由此看来，道德情感就是这样一种官能。根据哈奇森博士的观点，洛克先生认为人们从中得到有关人心不同感情和情绪的简单观念的那种反射官能，是一种直接的内在感官。我们再以另外一种反射的、内在的感官察觉那些不同的感情和情绪中的美或丑、美德或罪恶。哈奇森博士试图努力通过表明这种学说适合于天性的类推，并说明赋予内心许多其它如同道德情感一样的反射感觉来更进一步证实这种学说。反射的感觉是很多的，例如在外在对象中的某种关于美和丑的感觉，又如某种对荣誉或耻辱的感觉，以及某种对嘲讽的感觉，再如我们用于对自己身边同胞的幸福或不幸表示同情的感觉。

虽然哈奇森博士这个天才的哲学家倾注了全身心力，去证明赞同本能是以某种特殊的感觉能力，即某种与外在感官相类似的东西为基础的，但他不得不承认从他的学说中会得出某些矛盾的结论，并且许多人会认为这些结论足以推翻他的学说。他承认没有人会把属于任何一种感觉对象的那些特性归于这种感觉本身，这会显得极其荒谬。没有人会愚蠢地把味觉称为味道甜或苦，没人会把视觉称为黑色或白色，也没人会把把听觉称为声音高或低。同样，如果我们把道德官能堂而皇之地称为美德或邪恶，即道德上的善或恶，则是十分荒唐的。这就是说，属于那些官能对象的这些特性并不属于官能本身。由此可见，我们的确可以把这种内心世界——某人内心十分荒诞以致他视残忍和不义作为最高的美德并加以赞同，同时把仁义和公道作为最可耻的罪恶来加以反对——看成是对个人或社会不利的一种令人难以理解、令人奇怪的一种非天性的东西；但是，倘若把它称为道德上的罪恶或是邪恶的东西，确实十分荒唐可笑。

举个显而易见的例子，如果某人对某个蛮横残暴的国王下令干的某桩无理残忍的事情因十分的佩服和欣赏而大声叫好时，我们就不会认为，若我们把这种行为称作非常邪恶的行为和道德上的罪恶，则是极其荒谬的，尽管我们的意思只是觉得此种人荒谬地赞同这种可怕的行为，好像把它看作是一种高尚的、宽容的而且伟大的做法，这是一种道德官能的沦丧。我想如果有这样的旁观者，我们大概会暂时忘掉去同情受害者，而且我们对那个令人憎恶的人只会感到恐惧和厌恶。在某种程度上，我们对他的厌恶程度甚至会超过对残忍暴君的憎恶。那个暴君可能只是因为受到了一些诸如愤怒和恐惧等强烈情绪的驱使才做出这样的行径，这是可以理解的。我们会把这种乖张的情绪看作是道德败坏的最终和最可怕的阶段，是最让人愤恨和最不可原谅的，我们不会把它仅仅看成一种畸形和变态的心灵结构，也同样不会认为它在各方面都是邪恶的，都具有道德上的罪恶。

与之相反的是，那些正确的道德情感在某种程度上往往自然表现为值得人们称赞，是属于道德上的善行。我们甚至应该给予这样的人——如果他所作的赞扬和责难在所有情况下都十分精确地符合评价对象的优缺点——某种程度上的道德的赞同。我们钦佩他的道德情感精确灵敏，它们影响着我们自己的判断；我们甚至会因为它们惊人的、难以置信的正确性而感到惊讶，乃至去称赞它们。的确，我们不能总是相信这样一个人的行为会在每个方面同别人的行为所作的判断的精确性相一致。美德需要内心的决心和习惯，它同样也需要情感的精确性；但当这种精确性变得极为完美的时候，往往会缺少前一种品质，这让人感到遗憾。虽然内心的这种倾向有时显得不尽完美，但是它同任何野蛮的犯罪是不相容的，而且它同样是建立完善的美德这种上层建筑的最恰当的基础。还有一些人本来初衷是好的，想努力做好他们认为属于他们职责范围内的事情，却因道德情感的粗俗而受到了人们的鄙夷。

虽然赞同原则不是建立在各方面同外在感官相类似的各种感觉能力之上，但是它仍然可以建立在一种特殊的情感上，即适合这一特殊目的而不适合其它目的的情感。根据对不同的行为和品质的观察，可以把赞同和不赞同称为某种产生于内心的感情或情绪；并且因为愤恨可以称之为某种有关伤害的感觉，或者感激可以称之为某种有关恩惠的感觉，所以赞同和不赞同也可以十分恰当地称之为是非感或道德感。

然而这种称谓虽然不会被前面所阐述的反对意见挑出错误，却会被其它一些同样不可辩驳的反对意见挑出错误，并加以改正。

原因之一是，不管某一情绪可能会经历什么样的变化，但它仍然会保持把自己和这样一种情绪区分开的一般特征，而且这些一般特征往往比它在特殊情况下经历的各种变化更为明显，也更容易引起人们的关注。例如愤怒，它是一种特殊的情绪，并且其一般特征相比于它在特殊情况下所经历的一切变化显得更为突出。对男人发怒，显然是不同于对女人或孩子发怒的。对于这三种愤怒中的每一种，正如那些仔细的人所看到的，一般的愤怒情感都会因其对象的性质不同而发生不同的变化。但是，在所有这些场合中这种情感的一般特征仍然起着决定性的作用。辨认出这些特征不需要去做仔细的观察，但是要发现它们的变化却必须具有一种非常准确的观察力。然而人人都只注意到了前者，却似乎忽略了后者的存在。因此，如果赞同和不赞同与感激和愤恨一样，是不同于其它任何情绪的一种特殊情绪，我们就会希望在它们两者经历过那些所有可能的变化之后，它仍能保留那些清楚、明白和容易被人识别的使它成为这种特殊情绪的一般特征。然而事实并非如此。如果当我们在不同的场合表示赞成或反对时，并且留意到自己的实际感受，就会发现自己在某种场合的情绪经常是和另外一个不同场合的情绪完全不同的，而且不可能发现它们之间的共同点。举个例子，当我们观察温和、优雅和人道的情感时，内心所怀有的赞同，是和我们由于为显得亲切、伟大和高尚的情感所打动而产生的赞同完全不同的。我们对两者的赞同，在不同的情形之下可能是完美而又纯粹的；但两者产生的结果是不同的，前者使我们温和，而后者让我们变得高尚，二者在我们内心所产生的情感截然不同。不过，从我一直在努力建立的那一体系来说，这肯定是事实。因为被我们所赞成的那个人的情绪在那两种不同的情况下是完全对立的，并且由于我们的赞同都是由那些对立情绪的同情所产生的，所以就像上面讨论的一样，我们在某一情况下所感觉到的东西是不会和我们在另一情况下所感觉到的东西有相似之处的。然而，如果赞同存在于某一特殊情绪之中，这种情绪不同于我们赞同的情感，但和各种其它在观察其适合对象时的激情一样，产生于对那些情感的观察之中，这种情况就不会出现。同样也可以这样来说不赞同。我们对卑劣行为的鄙夷和对残忍行为的恐惧并不具有相同之处。当在我们自己的心境、情感和行为与我们正在研究的那些人的心境之间来观察那两种不同的罪恶时，我们内心的感觉是截然不同的。

另外一个原因是，正如我们前面所提到的，对我们与生俱来的情感来说，不仅人们赞成与否的人类内心的各种情感和感情表现为道德上的善或恶，而且那种适宜或不适宜的赞同也具有相同的性质。因此，根据这一体系，对于我们是如何赞成或不赞成合宜或不合宜的赞同这一问题，仅仅存在一个可能给予的合理答案。需要说明的是，当我们身边的某个人对另外一个人的行为所表示的赞同和我们自己的赞同相一致时，我们赞成他的赞同，而且在某种程度上把它看作是道德上的善行；反之，当它和我们自己的情感不一致时，我们反对它，并且在某种程度上把它看作是道德上的罪恶。因此必须承认的一点是，观察者同被观察者之间情感的一致或对立，构成了道德上的赞同或不赞同——至少在这种情况下如此。那么还有一个问题是，如果在这一情况下它是这样的，为什么它在任何其它情况下就不一样了呢？设想一种新的感觉能力来阐明那些情感的目的究竟何在？

我是反对那些认为赞同原则是以区别于其它情感的某种特殊情感为基础而建立的各种说明的。理由是，这种设想使它成为人性指导原则的情感，到目前为止就好像还没有以任何专门用语给它命名一样很少受到人们的注意，这是十分奇怪的。道德情感这个词是最近才产生的，而且还不能看作英语的构成部分。赞同这个词仅仅是在近几年内才被用来特指我们所说的这一类事物的。我们以合宜的专门用语来称许自己接受和满意的东西，就像我们称许一座建筑物的形状，称许一架机器的设计以及称许一碟肉食的风味。我们并不用良心这个词来直接表示我们据此表示赞成或反对的某种道德官能。良心的确意味着某种这样的官能的存在而且合宜地表明我们对已经做过的行为和这种行为的倾向相一致或相对立的知觉。当热爱、憎恨、快乐、悲痛、感激、愤恨等连同其它许多被当作这一本能主体的激情，已经让它们自己的重要性足以有各种名称来区分它们，它们之中起着决定性作用的感情到目前为止却很少受到人们的关注，所以没有人再认为花费精力给它命名是值得的，这是十分令人奇怪的。

根据我前面所阐述的理论，当我们赞成某种行为或品质时，我们感觉到的情感都来自以下四个在某些方面互不相同的原因：第一，我们同情行为者的动机；第二，我们理解从其行为中得到益处的那些人内心所怀有的感激之心；第三，我们注意到他的行为符合那两种同情据以表现的一般准则；第四，当我们把这类行为看作有助于促进个人或社会幸福的某一行为体系的一个组成部分时，它们似乎就从这种效用中得到一种美，这种美和我们归于各种设计良好的机器的美是全然不同的。在其他任何一种特殊情况中，我们很想知道在排除所有必定被认为出自这四个本能中的某一本能的行为之后，余留下了什么东西；我会直接地把这余留的东西视为某种道德感，或者视为其它特殊的官能——如果有人想确切地了解这余留的东西是什么的话。也许有些人会认为如果这种道德感或这样的特殊本能存在的话，我们就应该能在某些情况下感觉到它，而且感觉到它是和其他各种本能不同的，相互分离的。这正如我们常常能感觉到喜悦、悲伤、希望和恐惧，感觉到它们是纯粹、完全不掺杂任何其他感情的那样。但我认为这是根本不可能的。我从未听说过有谁举出这样的例子，在这种例子中，这一本能可以说成是尽力使自己超脱，同时不掺杂有感激或愤恨、同情或讨厌、对某一行为同某一既定准则相一致或相对立的感觉，到最后，不掺杂有对由有生命的和无生命的对象产生出来的美或秩序的感觉。

另外，还有一种理论体系，它试图从同情的角度来阐明我们的道德情感的起源，它和我一直在努力建立的那一理论体系是完全不同的。它把美德放置于效用之中，并说明旁观者从同情受某一性质的效用影响的人们的幸福，来审视这一效用所含有的愉快的理由。这种同情和我们据以理解行为者的动机的那种同情不同，也和我们据以赞同因其行为而获益的人们的感激的那种同情不同。这正是我们据以赞许某一设计精良的机器的同一原则。但是，所有的机器都不可能成为最后提到的那两种同情的对象。在本书第四卷中我已经对这一体系作了某些说明。

第四篇　论道德实践准则的方式

我在本书的第三卷中曾经提到过：我们唯一准确和明确的道德准则是正义准则，而其它一切美德都是不明确和模糊的，具有不确定性。我们可以把前者看作是一种语法规则；后者则是那些批评家们为了写作的优雅和美妙而规定的准则，这种准则没有明确无误地为我们指导如何做到完美，只是让我们对应该努力达到的完美状态有一个大致的了解。

由于道德准则的准确程度可能因其不同而产生很大的不同，所以那些把它们尽力收集和整理在理论体系中的作者们一般以以下两种不同的方式行事：一种人一贯坚持有关某种美德的思考，而且自然地引导着他们所采用的那种不明确的方式；而另一种人则只是尽力采用其中只有某些可能具有确定性的准则。这就好比写作，前者像批评家那样写作，后者则像语法学家那样写作。对于前一种人，我们可以把那些自我满足于以一般的方式描写各种美德和罪恶的古代一切道德学家计算在内，他们不喜欢规定许多无可指责地适用于所有特殊情况的明确的准则，仅仅是指出某种倾向的缺陷和不幸与其它倾向的正当和幸福，他们只是按照语言可能表达清楚的程度，首先努力确定内心的情感存在于哪一方面，即每一种美德据以树立的内心情感；确定哪一种内心的感情或情绪构成了友谊、慷慨、正义、高尚、人道以及其它一切美德的本质，同时也确定构成了与之相对立的各种罪恶的本质；其次，努力确定行动的一般方法是什么；那每一种情感都可能导致我们达到的普通行为的常态和一般趋向是什么，确定一个人在普通的场合想做些什么，他或许是一个友好的人、一个正直的人、一个慷慨的人、一个勇敢的人或是一个明了事理的人。

我们可能需要一枝巧妙和精确的笔来描述各种特殊美德据以树立的内心情感的特征，然而这个任务并不是不能完成的，我们可以正确地完成它。的确，我们是不可能根据各种环境可能发生的变化来表述每种情感经历或应该经历的一切变化的，它们是永无止境的，连语言也没法描述。有很多这样的例子，比如我们对一个严肃的人怀有的友好情感，是和我们对一个温文尔雅的人所怀有的那种情感不同的；又如我们对一个老人怀有的友好情感，也不同于我们对年轻人怀有的那种情感，它同样和我们对兴高采烈和活泼愉快的人怀有的那种情感不同。再如，我们对一个男人怀有的友谊是和一个女人给予我们的友谊所不同的，即使我们对它并不掺杂任何肉欲的情感。的确，没有哪一个作者能够列举和说清楚这种情感可能经历的这些和其它一切无穷无尽的变化。但是，我们仍然可以十分精确地确定一般的友好情感和对它们来说是一般的亲切依恋之情。描绘这种情感的图画虽然在许多方面还存在某些不完整，但是当我们遇到它时仍然能够发现其中很多相似之处，因此我们能够知道它的根源是什么，甚至可能把它同许多和它有相似之处的其他情感区分开，比如尊敬、钦佩、善意、关心等这类情感。

更为容易做的是，以一般的方式来说明各种美德可能促使我们采取行动的一般方法是什么。很明显，我们不可能在没做过这类事情的前提下去描绘各种美德所据以树立的内在情感或情绪。假如我可以这样说的话，由于它们在心中自我表现，用语言来表达所有不同情感变化的那些看不见的特征，这显然是不可能的。我们没有任何方法可以划定它们的界限并把它们区分开来——假如它们所引起的表面、态度和行为的变化，所暗示的决心，所导致的行动等这些东西都没有——除了通过描述它们所产生的结果。因此，在《论责任》第一册中，西塞罗努力指引我们去实践四种基本美德；在《伦理学》的实践部分中，亚里士多德也给我们指明了他想要我们因此来调整自己行为的各种习性，如慷慨、宽宏大量、高尚甚至适度的幽默和善意的嘲弄，以及亚里士多德这位放任的哲学家认为在美德的排序中应该占有一定地位的一些品质，虽然我们自然给予它们的赞同的荣耀似乎不应该使它们具有如此令人尊敬的名称。

在这类著作中，给了我们适意而生动的犹如图画一样的描述。它们以生动活泼的描述激起了我们内心对美德的自然热爱，同时加深了我们对罪恶的憎恶；它们公正和细致的评述常常对纠正和明确我们对于行为合宜性的自然情感有所帮助，并且通过提供谨慎而周全的考虑，使我们做出在没有这种指导时可能想到的更为正确的行为。在对道德准则的研究中，以这种方式构成的理论被人们十分恰当地称为伦理学的科学，它在某些方面是一种起着重要作用和令人愉快的科学，尽管有些人抨击它没有高度的精确性。特别要注意的是，伦理学很容易被雄辩所装饰，那么，如果可能的话，就可赋予非常琐细的责任准则以新的重要性。其训导经过这样的装饰，就能对年轻一代产生十分崇高和持久的影响，因为年轻人具有很大的可塑性；由于这些训导与风华正茂的年轻人的天生高尚之情相一致，所以它们至少会在短时间内激发他们很大的信心，从而有助于人们确立和巩固最合理、最有益的以及为人们易于接受的习惯。无论戒律和规劝如何激励我们去实践美德，都是通过这种科学完成的，都是以这种方式表达的。

对于第二种道德学家，我们可以把中期和晚期的基督教教会的所有雄辩家包括在内，也可以把在本世纪和上一世纪探讨过的所谓自然法学的所有那些人包括进来，对于他们可能介绍给我们的那种行为一般趋向的特征，他们不满足于自己以这种一般方式来表述，而是尽力为我们指出各种行为的方向，规定正确而精细的准则。由于正义是人们可以合宜地为其制定正确准则的唯一美德，所以它是那两种作家主要考虑的对象，只不过他们所采用的讨论方式完全不同。

但是，上述两种人的思考都存在着片面性。那些撰述法学原则的人，只考虑到了权利人应该利用自己的权利去暴力强求什么；每一个公正的旁观者不会去反对他强求什么，或者当他提请公断时，同意为他伸张正义的法官或仲裁人应该强迫另一方承受或履行什么。另一方面，雄辩家们思考较多的，恰好与前者相反，不是使用暴力可以强求什么，而是义务人考虑自己应该履行什么义务。义务人之所以认为自己必须履行某些义务，一方面原因是极为神圣而严格地尊重一般正义准则，另一方面则是由于从内心深处害怕损害他人，害怕败坏自己的品格。法学的目的是给法官或仲裁人规定做出决断的准则，而给某个善良的人规定行为的准则则是雄辩学的目的。二者所产生的结果是不一样的。假定那些法学准则一直以来都是完美的，那么通过遵守所有的法学准则，就只是在避免外在的惩罚；通过遵守雄辩学的那些准则，假定它们的确应该是这样，我们可能会受到人们的高度赞扬，因为自己正确的行为和正经的态度。

一个善良的人，虔诚和认真地遵循着一般正义准则，会想到自己有义务做许多被逼迫的、极其不义的，或者是法官或仲裁人用暴力强迫他做的事情。这样的情况是很常见的。一个常见的例子是，一个拦路抢劫的强盗，强迫一个旅行者答应给他一笔钱并以杀害他相威胁。那么具有很大争议的问题就是：在这样一种在非正义的暴力强迫下所作的允诺，是否应该看作必须履行的义务呢？

假如从法学的角度来看待这个问题，那么我们得到的结论就可能是不容置疑的。如果有人认为那个拦路强盗有权用暴力去强迫别人履行诺言，这就显得十分荒谬了。强迫别人做出承诺是一种严重到该受严厉惩罚的罪恶，而强迫别人履行诺言则是罪上加罪。拦路强盗没有权力去抱怨自己受到了什么伤害，他只是被那个本来可以即将被杀死的人骗了而已。而认为法官应该强制实施这一允诺，或者认为地方官应该承认它们是法律上所许可和认同的，那或许是所有荒唐事件中最为荒唐的了。由此看来，如果我们把这个问题看作一个法学问题，我们会很快地做出决断，没有丝毫的困惑。

然而，假如我们把它看作是雄辩学的一个问题，我们就不能十分轻易地作出决断了。一个善良的人，由于真诚地遵循着这种要求遵守一切严肃的诺言的神圣准则，是否不会想到自己有义务去履行诺言，这一点是很值得怀疑的。但不容置辩的一点是，我们不应尊重使他陷入这种处境的那个坏蛋的失望情绪。既然不履行诺言并不会对那个强盗造成任何损害，那么用暴力不能强抢到任何东西。但在这种情况下是否不应尊重他自己的荣誉和尊严，是否不应尊重他品质中那不可亵渎的神圣部分——使他尊重真理的法则而憎恶每一种近于背叛和欺骗的东西，这很有可能成为一个问题。雄辩学家们在这一点上当然存在着极大的分歧。一部分人中，包括古代作家西塞罗，也包括现代作家普芬道夫和其注释者巴比莱克，尤其是把后来的哈奇森博士这些在大多数情况下绝不是无所拘束的雄辩家包括在内，这一部分人毫不犹豫地断定我们绝不应尊重这样的允诺，并且十分肯定地认为不这样想就是十足的软弱和迷信。在另一部分人中，包括某些教会的古代神父们，也包括某些著名的现代雄辩学家，他们所持有的另一种观点是断定我们必须履行所有这类允诺。

如果我们依照人类的普通情感来思考这一问题，就会发现，人们甚至会认为我们也应当去尊重这类允诺；但我们会发现找不到任何一般准则来确定这在多大程度上会毫无例外地在其他一切场合都可使用。选择性格直率而又轻易地做出这类允诺的人和随便违背诺言的人作为自己的同伴和朋友是错误的。举个例子，某个答应给拦路抢劫者五镑钱但却未履行该诺言的绅士，会招到我们的某种指责。但是如果允诺的这笔钱数目庞大的话，我们就得认真考虑一下如何去做才是合适的。如果允诺者的家庭会因支付这笔钱而彻底毁灭，或者如果这笔钱大到足以促使最有益的目的实现，那么为了那些小节而把这笔钱扔进如此卑鄙的人之手，就似乎在某种程度上犯了罪，至少它是极不合宜的。如果某人为了遵守对盗贼的承诺而使自己沦为乞丐，或十分阔气地给了强盗10万英镑，那么就一般人看来，这个人的做法是极其荒唐而且十分过分的。这种慷慨在某种意义上似乎违背了他的责任，即他对自己和对别人所负有的责任，因此，人们是绝对不会认可如此尊重被迫做出的许诺的。但是，我们显然是不可能凭借某种明确的准则来确定对此应给予何种程度的尊重，或由此可能给予的最大金额是多少。这是因那些人的品质，他们的境况以及那种诺言的严肃性，甚至和那种冲突的各种情节的变化而变化的；如果人们以那种极其豪爽的态度（这种豪爽存在于那些具有极其放荡的品质的人们中间）来对待这个做出诺言的人，那么它就似乎比在其它情况下显得更为正当。总而言之，正确的合宜性需要以遵守一切诺言为前提，只要这不违反某些其它更为神圣的责任，例如对大众利益负有的责任，对那些我们出于感激、善心或亲情而要赡养和抚养的人负有的责任。但就像我们前面所说的一样，我们找不到任何明确的准则来确定哪些外在的行动是出于对这种动机的尊重，同样，也就不能确定在何种时间哪些美德和信守这种诺言相矛盾。

但是，对做出承诺的人来说，不管在何种情形之下，如果他没有履行自己的诺言，对于他来说，在某种程度上也是一种不光彩的行为，即便他是为了一个最必要的理由。虽然我们在做出这类诺言之后可以确信履行它们是不合宜的，但是，做出这类诺言本身就存在着某种错误。它至少是违背了那些有关荣誉和宽宏的最重要和最高尚的格言。一个勇敢的人处于那种情形之下，由于内心会伴有某种羞耻之心，所以他应该宁死也不做出他既不可能毫不愚蠢地坚持也不可能不知羞耻地违反的某种诺言。背信弃义和欺骗是十分危险和可怕的罪行，同时也是人们非常容易和非常稳当（在许多情况下）地沉湎的罪行，所以我们对它们的戒备比对几乎一切其它东西更为谨慎。所以，在各种情形和处境之下，我们的想象就带有羞于违背一切誓约的观念。从这方面来讲，它们就好比破坏女性的贞节一样，我们因为同样的理由而极其重视女性的贞洁这一美德，而且我们对后者的情感比对前者的情感更为敏感。背信弃义是一种无可挽回的耻辱，不管如何恳求，都不能使其得到原谅；这种耻辱是任何悲痛和悔改都无法弥补的。我们对待这个问题的态度是十分谨慎的，所以在我们的想象中，即使一次强奸也将让我们蒙受耻辱，即便是内心的清白也洗刷不掉身体上的玷污。如果人们曾经一本正经地对此发过誓，甚至对人类中最没有地位的人来说，它也和违背诺言的情况是一样的。忠诚是一种人类必须具有的美德，所以我们都普遍认为即使是那些除此之外一无所有的人们也当然具有这种美德，也是那些我们以为杀死和毁灭他们是合法的人们所当然具有的。如果某人犯有违背忠诚美德之罪，为了挽救他的生命而强烈要求履行诺言，这显然是不合适的；同样，由于其诺言同保持其它某种可尊重的责任相矛盾而予以背弃，也是不合适的。这些情况可以减轻自己的耻辱，但不能把它全部洗刷干净。在人们的想象中，他似乎已经犯了同某种程度的耻辱紧密地联系着的某种罪行。他曾经庄严地宣告他要坚持的某种诺言已经被他背弃了，并且即便他的品质还没有到无可挽回地蜕变和败坏的地步，至少我们是极难抹去某种附加在他的品质上的嘲弄的。依我看来，那些经受过这种冒险的人是不会喜欢诉说他的这种经历的。

这个例子甚至可以用来说明当雄辩学和法学都研究一般正义准则的义务时，它们之间的差异在什么地方。虽然这种差异是基本的而且很真实，对这两种科学提出了全然不同的目的，但在它们之间由于主题的相同性还是产生了很多相似之处，所以那些宣称研究法学的大部分作者，有时根据法学的原则或是根据诡辩学的原则，当他们做那些事情的时候对自己已经毫无区别地把他们所考察的不同问题确定为全然不知。

然而，雄辩家们的学说还包含了基督教和道德上的其它许多方面的责任，而不是仅仅限于考察对一般正义准则的真诚的尊重会向我们提出什么要求。由此看来，主要是在野蛮和蒙昧时代，那些由于罗马天主教的迷信而引入的秘密忏悔的习惯导致了人们去研究这种科学。人们会因那种习惯而把自己的隐私告诉忏悔神父，甚至那些可能被怀疑为对基督教纯洁准则有一点点损害的人的思想也会被告知神父。那个忏悔神父告诉他的忏悔者是否违背了自己的责任以及在哪方面违背了，并告诉他们在能够得到神的宽宥之前，他们会因对神的冒犯而受到什么样的惩罚。

每个人在犯了错误之后都会在内心产生一定的负担，所有那些没有经常进行不义行为的习惯而变得冷酷的人，都会伴有一定程度的忧虑和恐惧。人们在这种苦恼之下，和处在其他苦恼之中一样，都会很自然地有一种向那些谨慎的、自己相信不会泄漏秘密的人吐露内心的极度痛苦来缓解自己思想上的巨大压力的渴望。他们相信这样做必定会引起同情、减轻内心的不安，从而使自己因为供认而蒙受的耻辱得到充分的补偿。当他发现自己会得到一定的尊重，并发现自己过去的行为虽然会受到指责但至少现在的做法是对的，能得到赞同，甚至足以弥补所受到的指责，而且朋友至少会给予他某种程度的尊重时，他的痛苦将会得到解除。人数众多却生性狡猾的牧师在那个迷信的时代，渐渐得到了几乎所有私人家庭的信任。他们的学问浅薄——因为时代的原因，或许他们所采用的方式在许多方面是拙劣而又杂乱无章的，但相比于同时代的其他方式，却是完美而有规则的。就因为这样，他们成为了一切宗教信徒的伟大指导者，而且被人们视为一切道德责任的伟大指导者。若是有人十分幸运地得到了和他们亲近的机会，那他就会获得好名声，但如果某人不幸地被他们所指责，则会抬不起头，无颜见人。人们都会自然地向他们请教心中存在的一切疑惑，因为他们被人们看作是正确和错误的最伟大的评判者；对任何人来说，可尊敬的是让人们知道所有这样的秘密已经为那些献身于神的人所了解了；并且在他的行为中他无法走出重要而困难的一步，除非得到他们的建议和赞同。因此，对牧师来讲，把它确立为一般准则，即应该据此信任他们是受到上流社会的赞同和欢迎的，而且即便没有确立此类准则，他们一般也会毫不困难地得到信任。当他们想让自己拥有成为牧师的资格，成为基督教徒和神职人员的学业的必要部分时，他们也被引导去收集有关所谓良心、美好和困难境况的例证，我们很难从这些例证中断定行为的合宜性存在于哪些方面。他们的观点是，对于良心的指导者们和被指导的那些人，这类著作可能是有用的，就这样，有关雄辩学的书籍开始出现了。

雄辩学家所思考的道德责任，主要是指至少在一定程度上能够限制在一般准则之内的那些道德责任而且违反它们自然会在内心感到某种程度的悔恨和对受惩罚的某种恐惧的那种道德责任。缓和因违反这种责任而产生的内心恐惧，是雄辩家撰写这类书籍的目的。但是，良心并不会因为缺少每一种美德而受到极为严重的责备，显然没有人会因为没有实行十分友善、慷慨或宽宏大量的、处于他的境况有可能实行的行动而乞求牧师的原谅。被违反的准则通常会因这种不足之处而显得不明确，而这一性质也一般是其所具有的，换句话说就是：虽然遵守它可能得到报答和荣誉，但似乎也不会因为违反它而受到实际的责难和惩罚。雄辩家们似乎把这类美德的实践视为画蛇添足，不能非常严格地去强求，因此也就没有必要去探讨它们。

所以，被交付牧师惩罚，并由此归入雄辩家们观察范围的违反道德责任的情况，主要有以下三种不同的类型：

第一种，也是最重要的一种，是违反正义准则。各种准则在这里是完全明确和确定的；违反它们也自然会产生应该从神和人那里得到惩罚和害怕受到惩罚的意识。

第二种，是违反雄辩学准则。几乎在所有明显的事例中都存在着对正义准则的实际违反，但如果人们不对别人做出天理难容的伤害，就不可能犯下这种罪行。在较少的个别事例中，我们的确不能够认为当它仅仅相当于违反了在男女交往中所应该遵守的那些严格的礼节是一种对正义准则的违反。不可否认的是，他们一般是违反了某种十分明确的准则，至少是其中的某一个人有使违反了它们的那个人蒙受耻辱的倾向，对于严肃的人当然也会有使其内心产生某种程度的羞耻和悔恨的倾向。

第三种，是违反诚实准则。虽然在很多场合违反了事实就是违背了正义，但在某种意义上可以认为它并没有违背正义，因此一般不会受到外来的惩罚。普遍存在的罪行，即便是一种非常卑劣的行为也很可能不会使任何人受到伤害；在这种情况下，受骗的人或其他人提出赔偿或报复的要求都是不应该的。不过，它总是对某一明确准则的违反，虽然某些时候违反事实并不是违反正义，它也是这样一种东西——自然地倾向于让犯有这种错误的那个人感到羞愧。

小孩子似乎具有这样一种本能意向——相信人们告诉他们的所有事物。造物主为了保护他们，似乎认为（至少在某些时候）他们应该绝对地相信那些关心他们的童年，以及那些在他们幼小时候使他们得到不可或缺的教育的人。因此他们偏激地相信，只有那些他们所长期体验到的人类中许多虚伪的东西才能使他们在某种合理的程度上产生疑惑和猜疑。在成人之中，每个人轻信的程度显然是不一样的。最不轻信的人一般是最聪明和阅历最丰富的人。

但是，几乎不存在这样的人——其轻信程度不比应有的程度高，以及在许多情况下都不相信流言蜚语，这些流言蜚语不仅原来是假的，而且只要稍加思考和注意就可以知道它们不可能完全是真实的。相信是人天然的倾向。使人学会怀疑仅仅是为了获得智慧和经验，它们也几乎不可能让人学会怀疑。我们之中所有最聪明和最谨慎的人经常相信这样的传说——为自己居然一直认为可信而感到羞耻和惊讶。

如果在一些事情上我们信任某人，那么这个人不会是其他人，肯定是我们的领袖和指导者，我们也对他予以一定程度的尊重。但是我们希望别人也会像自己钦佩别人一样钦佩自己，正是由于受别人的领导和指导，我们才懂得要让自己也成为一个领袖和指导者。并且，正如除非我们自己也相信自己是有能力真正值得钦佩的，否则我们不能总是仅仅满足于受人钦佩一样，除非我们自己也认为自己是真正值得信任的，否则我们不能总是仅仅满足于被人信任。受人信任的愿望和值得信任的愿望与受人赞扬的愿望和值得赞扬的愿望在某种意义上是一样的，两种愿望虽然十分相似，但仍然有把它们区别和分开来的愿望。

受人信任、使人相信、领导和指导别人的这些愿望，在我们所有天生的愿望中似乎是最强烈的。或许它是一种人类所特有的而其他动物所不具备的本能，由我们的言语能力所产生，领导和指导其同类的判断和行动的愿望也不会在其它任何动物中发现。看来，领导和指导的巨大野心，即让自己比起其他人有着真正优势的愿望，完全是人所特有的。并且实现野心的重要手段，取得真正优势的重要手段，领导和指导其他人的判断和行动的重要手段，就是语言。

当我们得不到别人的信任时，总是会感到屈辱，特别是当我们怀疑产生这种情况的原因是人们认为我们不值得信任，并可能严重而又故意骗人时，更是会增加这种屈辱感。如果你当众揭穿某人的谎言，那么这对他来说是一种不可原谅的侮辱。但是，那些严重而又故意骗人的人，肯定会意识到自己应该遭到这种侮辱，肯定会意识到自己不该受到别人的信任，也肯定会意识到自己丧失取得那种信任的权利，有了这种权利，他能够在与那些和他地位相等的人的交际中得到各种安慰、安逸或满足。如果那个说真话的人很不幸地得不到别人的相信时，他会觉得自己好像被整个社会所遗弃，当他想到自己处于这种状态时会感到害怕，或害怕想到在此之前暴露自己，依我看来，他极有可能因绝望而死。然而，或许从来没有人对接受这种使自己丢脸的看法给予一个正当的理由。我更愿意相信，那个极为恶劣的说谎者，在撒这次严重而又故意的谎之前，肯定说了至少二十次真话；并且，正如同信任的倾向在极为谨慎的人中容易克服怀疑和不信任的倾向一样，在大多数情况下，说真话的天然倾向在那些最不尊重事实的人中将克服那种撒谎的倾向或在某一方面改变或隐瞒事实的倾向。

即便有时我们欺骗别人是纯属无意的，我们也会因此感到耻辱，并且对自己曾经骗过人而感到羞愧。虽然这种偶尔才犯的错误并不总是代表我们不诚实，也不总是表示我们没有热爱真理，但是它在某种程度上总是表示记忆力不好，判断力太差，表示某种不合宜的轻信，表示某种程度上的急躁和莽撞。它总是给我们劝说开导别人的威信打上折扣，也总是会让别人怀疑我们领导和指导别人的资格。然而，那个有时由于想错而领错路的人是不能与有可能存心欺骗的人画上等号的。前者在许多情况下肯定还是会受人信任的，而后者则无论在任何情况下都不会受到人们的信任。

只有做到真诚和坦率，才能让我们赢得别人的信任。我们信任那些看上去愿意信任我们的人。我们认为，他想带领我们走的道路是我们能清楚看见的，也就愿意服从他的领导和指导。反之，保留和隐瞒会将导致不和。我们害怕跟随那种不知道他自己往何处走的人。而且，情感和看法的某种一致，来自内心的某种和谐是交谈和社交中最大乐趣的来源，这一切正如众多的乐器配合恰当和合拍一样。但是，这种令人愉快的和谐的前提是情感和看法能够自由交流。由于这一原因，我们都想知道双方是如何受影响的，都想了解对方的内心世界，都想看到对方内心真正存在的情感和感情。看来，那个让我们陶醉于这种天生情感中的人，那个让我们深入其心的人，那个似乎向我们敞开心扉的人，都在展示着一种情感，一种似乎比其他任何东西更令人愉快的殷切之情。那个一般情怀性情温和的人，如果他有勇气去表达自己真实的情感——一如自己所感到的，也因他感到它们，就不会产生不愉快。正是由于这种毫无保留的真诚，别人甚至会对他孩子般颠三倒四的话感到高兴。我们乐意对那些无论有多么浅薄和不完善但却坦率的看法表示谅解，并且尽可能地努力降低我们自己的理解力去和他们的智能水平相一致。同时对这类问题，会以他们似乎曾经用来考察各种问题的特殊眼光去看待。这种想看出别人真实情感的激情是十分强烈的，因而常常会变质，变成一种令人讨厌的和不恰当的探听我们邻居的那些有极为正当的理由来保守的秘密的好奇心；在许多情况下，就要谨慎地对待这个问题，把这种激情控制在人类的其它一切天生激情的强烈的合宜感情范围内，并尽量把它降低以使任何公正的旁观者都能够赞同。然而，若好奇心不去针对有正当理由隐瞒的秘密而保持在适当的范围以内，则人们的这种好奇心将得不到满足，也同样是令人不快的。那个对我们所提出的最简单的问题予以回避的人，那个不满于我们毫无恶意的询问的人，那个把自己掩蔽在无人知晓的偏僻处的人，似乎在他的心中筑起了一堵高墙。我们怀着急切的好奇心想去叩开他的心扉，虽没有任何恶意，但却立即感到自己被十分粗暴无礼地推了回来。

与之相对的是有所保留和隐瞒的人，人们并不会因为他缺少一种和蔼可亲的品质而不尊重或鄙视他。他对我们的态度似乎冷漠，我们对他的态度也同样冷漠；人们不会去赞扬和热爱他，但也很少有人憎恨或谴责他。无论如何，他几乎没有理由悔恨自己的谨慎，并且很可能对自己所作的保留采取谨慎态度而沾沾自喜。所以，尽管他的行动可能很不正确，有时甚至是有害的，但是在雄辩家们面前，他几乎是不会愿意陈述什么的，或者认为自己没有必要去请求他们宣判自己无罪或得到他们的赞同。

但对于那些由于错误的消息、疏忽或鲁莽和急躁而偶然欺骗了别人的人来说，情况却大不相同。一个简单的例子是：告诉别人一条普通的但错误的消息，虽然它不会产生什么后果，但倘若他是一个真正热爱真理的人，就会因自己的粗心大意而感到羞愧，也绝对会抓住充分地承认自己错误的第一次机会。如果这件事情产生了某种后果，他的悔恨就会进一步加深；如果由于他提供的不正确消息而产生了某种不幸或致命的后果，他几乎是不会原谅自己所犯的错误的。虽然从法律上讲他没有犯罪，但他还是十分深切地体会到自己成了古人所说的那种罪人。同时，他会尽自己最大的努力焦虑和急切地做出各种赎罪的行为举动。这样一个人常常会愿意在雄辩家们面前陈述自己的情况，尽管他们有时会因急躁而合宜地加以谴责，但雄辩家们还是十分喜欢这样的人，而且一般总是宣称他无须为自己所犯的错误而蒙受耻辱。

但那些经常教在雄辩家面前陈述的人，是表面态度暧昧而内心悔恨的人，是当真故意欺骗别人的人，但同时，他却自认为真实地坦白了事情的真相。雄辩家们对待这些人的方式因人而异。当他们对他欺骗的动机表示赞成时，他们有时为他开脱罪责。但公道地说，他们一般总是谴责他。

因此，真心实意地尊重正义准则；如何去尊重我们邻居的财产和生命；赔偿的责任；妇女贞洁和贤淑之道，他们所谓的色欲罪是什么；诚实的准则，以及对誓言、诺言和各种契约的责任，就成了雄辩家著作的主题。

可以这么说，雄辩家们对那些只能用情感和感情来判断的事情，在自己的著作中想用明确的准则去指导，这是徒劳无益的。在每一种情况下，试图用准则来确定微妙的正义感究竟在哪一点上开始变为无意义和无力的良心顾虑显然是不可取的。保密和保留何时开始变为掩饰呢？令人愉快的假装无知可以进行到什么程度呢？它又究竟在哪一点上开始蜕变为令人厌恶的欺骗呢？行为上无拘无束可被看作得体和适度的行为的最大限度是什么？它又从什么时候开始变为不检点和轻浮的放荡行为呢？对于这一系列问题，在某种情况下适用的东西可能在其它任何情况下变得毫无用处，而且处境中即使微乎其微的变化都会改变在各种情况下使行为获得幸运和成功的那种东西。因此，雄辩家的著作一般是没有用处的，就像它们通常让人感到厌倦的那样。对于某个偶尔向其请教，甚至认为雄辩家们所作的决断是正确的人，那些著作也起不到任何作用，因为尽管这些书中网罗了大量的事例，但要从所有这些因情况变化而千变万化的事例中找到和自己完全一样的事例，几乎是不可能的。一个人如果想真正希望尽到自己的责任，就不会认为自己有任何理由去向它们请教，请教的结果只是承认了自己的软弱；而假如某个人忽视了这一点，那些著述的写作风格是不可能引起他的注意的。它们之中没有一本著作能够激发我们的慷慨而高尚之心，也没有一本能使我们的性情温和，产生和善而仁慈的感情。恰好相反，许多这类著作只能教会我们欺骗自己的良心，用它们所作的那些毫无意义的精细区分，来为自己应尽的最基本责任找出冠冕堂皇的推脱理由。那种他们强行加在本不能加以采用的一些论题上的毫无意义的精确，诱引他们犯那些危险的错误似乎是必然的，同时也必然使他们的著作变得枯燥乏味、令人费解和玄奥难懂，道德书籍中描述的那些应该被激发的感情也不会被它们激发。

所以，伦理学和法学是道德哲学的两个有用的部分。我们应该完全否定雄辩学；古代的道德学家们在研究同样的论题时，并不喜爱任何这种微妙的精确，看来，他们对此也做出了较好的评判，他们只是满足于以某种一般的方法去描述什么是节制、正义和诚实得以产生的情感，以及那些美德通常会指引我们采取的一般行为方式是什么。

同样的情况也发生在以前一些哲学家的身上，他们也曾试图考察和雄辩学家的学说相似的东西。在西塞罗所著的《论责任》第三册中就有这一类的内容，他在那里尽力以许多精巧的例证为我们提供行动的准则，这正如同雄辩家们所做的那样。在这些例证中，很难确定合宜之点在什么地方。在同一本书的多处也表明，其他一些哲学家也曾经在他之前试图考察这一类的内容。但是，他和他们都仅仅只是想说明为什么在各种不同的具体情况下，最大的行为合宜性是否存在于遵守或背弃在一般情况下作为责任准则的东西之中，而似乎都不指望为其提供一种完整的体系。对这一点人们是存有疑问的。

对于每个成文法体系，它们都可以被看作试图建立自然法学体系或试图列举各条正义准则的一种颇不完善的尝试。当人们相互之间坚决不能容忍违反正义的事发生的时候，地方行政官就会通过国家的权力采取强硬措施来实践这种美德。假如不采取这种预防措施，那么我们的社会将会动乱，充满骚乱和杀戮，任何认为自己受到伤害的人就会亲手为自己复仇。为了防止因每个人为自己伸张正义而随之产生的混乱，在所有具有很高权力的政府中，地方行政长官同意为所有的人主持正义，并保证听取和处理有关伤害的一切控告。在所有法制健全治安稳定的国家，不仅指定法官来评判个人之间的争执，而且规定一些准则来规范那些法官的判决，并尽力使那些准则同天然的正义准则保持一致。当然，它们并不是在任何时候都和那些正义准则相一致的。有时所谓国家的体制从某种意义上讲就是政府的利益，有时，国家的成文法会因政府的特殊阶层的利益而偏离自然的正义准则。

在某些国家中，天然的正义情感难以达到在比较文明的国家里它们自然达到的那种准确和精确的程度，因为它受到了本国人民的粗鲁和野蛮的阻碍。他们的法律正如同他们的生活方式，是粗俗、野蛮和混乱的。而在另外一些国家里，人民或许会因他们的生活方式得到了改善而去承认精确的法律，但是他们不恰当的法院制度总使一切正式的法律体系得以确立。在任何国家中，根据成文法所作的判决，都不会个个完全同天然的正义感所要求的准则相一致。因此，成文法体系绝不能被看作天然的正义准则的精确体系，尽管它作为对不同时代和国家人类情感的记录具有极大的权威性。

也许人们会以为法学家对不同国家法律的缺陷和改进所作的论证，会促使人们探讨和所有实际法律无关的天然的正义准则。人们或许认为，他们会因这些论证而努力去建立一个可以合宜地称为自然法学的体系，或建立一种所有国家都通用的法律，或成为所有国家立法基础的一般准则的理论。然而，某种这类东西虽然在法学家的论证下的确产生了，虽然不管是谁系统论述某一国家的法律时，在其著作的许多地方，都会谈到天然的正义法则，但是人们很晚才意识到要建立有关天然正义准则的一般体系，才开始在不牵涉任何国家的具体法律制度的情形下单独讨论法律哲学。在所有古代的道德学家中，我们没有看到有人试图特别详细地论述正义准则。在西塞罗的《论责任》和亚里士多德的《伦理学》中，他们都像探讨所有其它美德那样探讨正义。在西塞罗和柏拉图的法学中，我们很自然地希望看到他们详细论述那些准则——应由每一个国家的成文法推行的那些天然平等准则，但结果却让我们失望了。他们的法学不是正义的法学，而是警察的法学。格劳秀休斯似乎是试图向世人提供这种所有国家通用的法律，并成为所有国家制定法律的基础的体系的第一人；尽管他的那些关于战争与和平法则的论文存在各种不足，但或许现今没有哪部著作在描述这一论题上比它更全面。在我的另一篇论文中，我不仅将阐述有关正义的问题，而且会针对有关警察、国家税入和军备以及其它成为法律对象的各种问题进行讨论，努力阐明法律和政府的一般原理，以及它们在不同的年代和不同的社会时期经历过的各种剧烈变革。因此，现在对法学史就不做进一步的叙述了。

翰墨文学馆

HANMO WENXUEGUAN

童　年	〔苏联〕高尔基　著	李辉凡　译
我的大学	〔苏联〕高尔基　著	郭家申　译
在人间	〔苏联〕高尔基　著	李　蟠　译
巴黎圣母院	〔法〕雨果　著	李玉民　译
昆虫记	〔法〕法布尔　著	陈筱卿　译
八十天环游地球	〔法〕凡尔纳　著	陈筱卿　译
格列佛游记	〔英〕斯威夫特　著	白　马　译
悲惨世界	〔法〕雨果　著	李玉民　译
基督山伯爵	〔法〕大仲马　著	李玉民　译
木偶奇遇记	〔意大利〕科洛迪　著	刘月樵　译
名人传	〔法〕罗曼·罗兰　著	陈筱卿　译
鲁滨孙漂流记	〔英〕笛福　著	鹿　金　译
简·爱	〔英〕夏洛蒂·勃朗特　著	宋兆霖　译
飘	〔美〕米切尔　著	朱攸若　译
格林童话	〔德〕格林兄弟　著	杨武能　译
安徒生童话	〔丹麦〕安徒生　著	石琴娥　译
高老头	〔法〕巴尔扎克　著	郑克鲁　译
莫泊桑短篇小说精选	〔法〕莫泊桑　著	柳鸣九　译
汤姆·索亚历险记	〔美〕马克·吐温　著	莫雅平　译
飞鸟集	〔印度〕泰戈尔　著	吴　岩　译
一千零一夜	〔阿拉伯〕佚名　著	郅溥浩　译
爱丽丝漫游奇境	〔英〕卡罗尔　著	黄建人　译
假如给我三天光明	〔美〕海伦·凯勒　著	夏志强　译
古希腊神话与传说	〔德〕施瓦布　著	高中甫　译
茶花女	〔法〕小仲马　著	李玉民　译
伊索寓言全集	〔古希腊〕伊索　著	刘　荣　译
瓦尔登湖	〔美〕梭罗　著	王义国　译
欧·亨利短篇小说精选	〔美〕欧·亨利　著	王晋华　译
欧也妮·葛朗台	〔法〕巴尔扎克　著	郑克鲁　译
契诃夫短篇小说精选	〔俄〕契诃夫　著	朱宪生　译
爱的教育	〔意大利〕亚米契斯　著	刘月樵　译

呼啸山庄	〔英〕艾米莉·勃朗特　著	宋兆霖　译
堂吉诃德	〔西班牙〕塞万提斯　著	刘京胜　译
海底两万里	〔法〕凡尔纳　著	陈筱卿　译
复　活	〔俄〕列夫·托尔斯泰　著	李辉凡　译
大卫·科波菲尔	〔英〕狄更斯　著	宋兆霖　译
地心游记	〔法〕凡尔纳　著	陈筱卿　译
培根随笔集	〔英〕弗兰西斯·培根　著	王义国　译
傲慢与偏见	〔英〕奥斯丁　著	张经浩　译
神秘岛	〔法〕凡尔纳　著	顾微微　译
吹牛大王历险记	〔德〕拉斯伯　著	邵灵侠　译
红与黑	〔法〕司汤达　著	罗新璋　译
绿山墙的安妮	〔加〕蒙哥玛丽　著	姚锦镕　译
汤姆叔叔的小屋	〔美〕斯托夫人　著	李自修　译
钢铁是怎样炼成的	〔苏联〕奥斯特洛夫斯基　著	周　露　译
三个火枪手	〔法〕大仲马　著	李玉民　译
尼尔斯骑鹅历险记	〔瑞典〕拉格洛夫　著	石琴娥　译
雾都孤儿	〔英〕狄更斯　著	黄水乞　译
小王子	〔法〕圣埃克苏佩里　著	尹丽丽　译
安娜·卡列尼娜	〔俄〕列夫·托尔斯泰　著	力　冈　译
草原上的小木屋	〔美〕怀尔德　著	郑　溆　译
苦儿流浪记	〔法〕马洛　著	唐　珍　译
捣蛋鬼日记	〔意大利〕万巴　著	方小济　译
少年维特的烦恼	〔德〕歌德　著	杨武能　译
柳林风声	〔英〕格雷厄姆　著	吕　萍　译
父与子	〔德〕埃·奥·卜劳恩　绘	博　文　译
福尔摩斯探案集	〔英〕柯南·道尔　著	王逢振　译
老人与海	〔美〕海明威　著	张炽恒等译
母　亲	〔苏联〕高尔基　著	吴兴勇等译
秘密花园	〔美〕伯内特　著	朱碧恒等译
金银岛	〔英〕斯蒂文森　著	张贯之　译
居里夫人自传	〔法〕玛丽·居里　著	陈筱卿　译
水孩子	〔英〕金斯利　著	张炽恒　译
小鹿班比	〔奥〕费利克斯·萨尔登　著	杨曦红　译
绿野仙踪	〔美〕弗兰克·鲍姆　著	张炽恒　译

哈姆莱特	〔英〕莎士比亚　著	朱生豪　译
夜莺与玫瑰	〔英〕王尔德　著	林徽因　译
莎士比亚悲剧喜剧集	〔英〕莎士比亚　著	朱生豪　译
人性的弱点	〔美〕戴尔·卡耐基　著	尹丽丽　译
蒙田随笔集	〔法〕蒙田　著	肖　亮　译
安妮日记	〔德〕安妮·弗兰克　著	杨　平　译
了不起的盖茨比	〔美〕菲茨杰拉德　著	沈学甫　译
百万英镑	〔美〕马克·吐温　著	曹润雨　译
战争与和平	〔俄〕列夫·托尔斯泰　著	肖　亮　译
牛虻	〔英〕伏尼契　著	曹玉麟　译
童年在人间我的大学	〔苏联〕高尔基　著	李辉凡等译
梦的解析	〔奥〕弗洛伊德　著	姜春香　译
国富论	〔英〕亚当·斯密　著	陈　虹　译
道德情操论	〔英〕亚当·斯密　著	尹丽丽　译
沉思录	〔古罗马〕马可·奥勒留　著	陈　虹　译
猎人笔记	〔俄〕屠格涅夫　著	张晓林　译
王子与贫儿	〔美〕马克·吐温　著	姚锦镕　译
月亮和六便士	〔英〕毛姆　著	王晋华　译
乌合之众	〔法〕古斯塔夫·勒庞　著	谷　珊等译
仓央嘉措诗编	〔清〕仓央嘉措　著	
浮生六记	〔清〕沈复　著	
稻草人	叶圣陶　著	
宝葫芦的秘密	张天翼　著	
呼兰河传	萧　红　著	
鲁迅杂文精选	鲁　迅　著	
朝花夕拾	鲁　迅　著	
呐喊	鲁　迅　著	
你是人间的四月天	林徽因　著	
朱自清散文精选	朱自清　著	
徐志摩精选集	徐志摩　著	
傅雷家书	傅　雷　著	
茶馆·龙须沟	老　舍　著	
骆驼祥子	老　舍　著	
四世同堂	老　舍　著	